冰冻圈科学丛书

总主编：秦大河

副总主编：姚檀栋　丁永建　任贾文

第四纪冰冻圈

周尚哲　赵井东　等　编著

科学出版社

北　京

内 容 简 介

第四纪冰冻圈科学是冰冻圈系列科学的重要组成部分。本书讲述了第四纪冰冻圈的基本理论与研究方法，包括研究对象、意义、发展历程、第四纪冰冻圈地貌过程和第四纪冰冻圈研究方法，阐述了第四纪冰冻圈的最新研究成果，包括第四纪轨道尺度的冰冻圈演化、晚更新世以来亚轨道尺度冰冻圈变化、第四纪岩石圈运动与冰冻圈，以及第四纪生物和人类演化与冰冻圈变化的关系。

本书可供地理、地质等学科的科研和技术人员、大专院校相关专业师生使用和参考。

审图号：GS（2021）1296号

图书在版编目（CIP）数据

第四纪冰冻圈/周尚哲等编著. —北京：科学出版社，2023.5

（冰冻圈科学丛书 / 秦大河总主编）

ISBN 978-7-03-073869-1

Ⅰ. ①第… Ⅱ. ①周… Ⅲ. ①第四纪–冰川学–研究 Ⅳ. ①P343.6

中国版本图书馆CIP数据核字（2022）第221082号

责任编辑：杨帅英 张力群 / 责任校对：郝甜甜

责任印制：赵 博 / 封面设计：图阅社

科学出版社出版

北京东黄城根北街16号

邮政编码：100717

http://www.sciencep.com

北京建宏印刷有限公司印刷

科学出版社发行 各地新华书店经销

*

2023年5月第 一 版 开本：787×1092 1/16

2024年6月第三次印刷 印张：11 1/4

字数：260 000

定价：89.00元

（如有印装质量问题，我社负责调换）

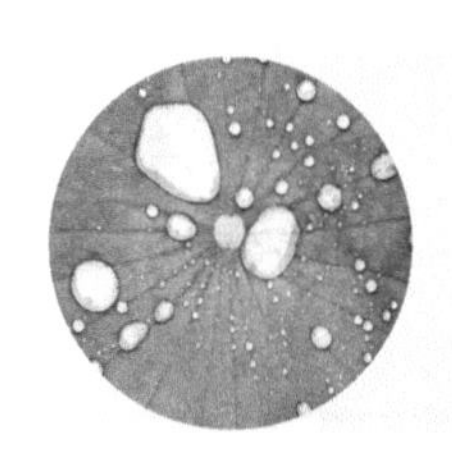

“冰冻圈科学丛书”编委会

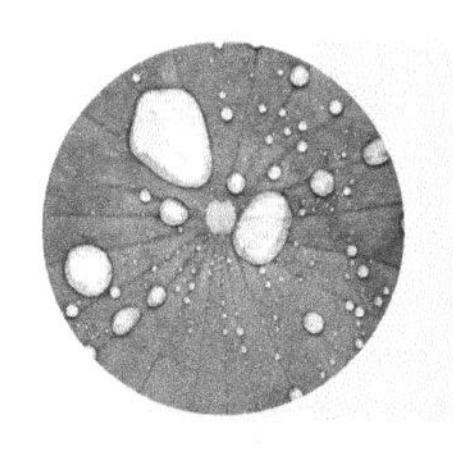

本书编写组

主　　编：周尚哲

副 主 编：赵井东

主要作者：王　杰　许刘兵　崔建新　欧先交

秘　　书：赵井东

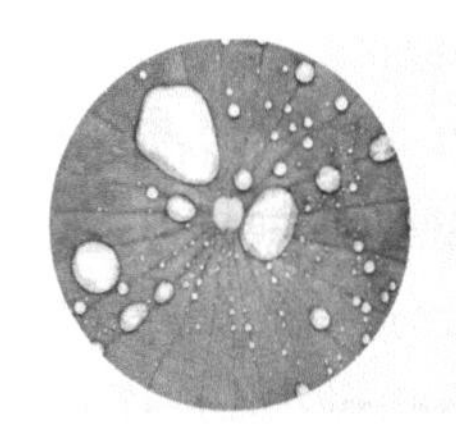

丛书总序

习近平总书记提出构建人类命运共同体的重要理念，这是全球治理的中国方案，得到世界各国的积极响应。在这一理念的指引下，中国在应对气候变化、粮食安全、水资源保护等人类社会共同面临的重大命题中发挥了越来越重要的作用。在生态环境变化中，作为地球表层连续分布并具有一定厚度的负温圈层，冰冻圈成为气候系统的一个特殊圈层，涵盖冰川、积雪和冻土等地球表层的冰冻部分。冰冻圈储存着全球77%的淡水资源，是陆地上最大的淡水资源库，也被称为“地球上的固体水库”。

冰冻圈与大气圈、水圈、岩石圈及生物圈并列为气候系统的五大圈层。科学研究表明，在受气候变化影响的诸环境系统中，冰冻圈首当其冲，是全球变化最快速、最显著、最具指示性，也是对气候系统影响最直接、最敏感的圈层，被认为是气候系统多圈层相互作用的核心纽带和关键性因素之一。随着气候变暖，冰冻圈的变化及对海平面、气候、生态、淡水资源以及碳循环的影响，已经成为国际社会广泛关注的热点和科学研究的前沿领域。尤其是进入21世纪以来，在国际社会推动下，冰冻圈研究发展尤为迅速。2000年世界气候研究计划（WCRP）推出了气候与冰冻圈计划（CliC）。2007年，鉴于冰冻圈科学在全球变化中的重要作用，国际大地测量和地球物理学联合会（IUGG）专门增设了国际冰冻圈科学协会（IACS），这是其成立80多年来史无前例的决定。

中国的冰川是亚洲十多条大江大河的发源地，直接或间接影响下游十几个国家逾20亿人口的生计。特别是以青藏高原为主体的冰冻圈是中低纬度冰冻圈最发育的地区，是我国重要的生态安全屏障和战略资源储备基地，对我国气候、生态、水文、灾害等具有广泛影响，又被称为“亚洲水塔”和“地球第三极”。

中国政府和中国科研机构一直以来高度重视冰冻圈的研究。早在1961年，中国科学院就成立了从事冰川学观测研究的国家级野外台站——天山冰川观测试验站。1970年开始，中国科学院组织开展了我国第一次冰川资源调查，编制了《中国冰川目录》，建立了中国冰川信息系统数据库。1973年，中国科学院青藏高原第一次综合科学考察队成立，拉开了对青藏高原进行大规模综合科学考察的序幕。这是人类历史上第一次全面地、系统地对青藏高原的科学考察。2007年3月，我国成立了冰冻圈科学国家重点实验室，其是国际上第一个以冰冻圈科学命名的研究机构。2017年8月，时隔四十余年，中国科学院启动了第二次青藏高原综合科学考察研究，习近平总书记专门致贺信勉励科学考察研究队。此后，中国科学院还启动了“第三极”国际大科学计划，支持全球科学家共同研

究好、守护好世界上最后一方净土。

当前，冰冻圈研究主要沿着两条主线并行前进：一是深化对冰冻圈与气候系统之间相互作用的物理过程与反馈机制的理解，主要是评估和量化过去与未来气候变化对冰冻圈各分量的影响；二是以“冰冻圈科学”为核心，着力推动冰冻圈科学向体系化方向发展。以秦大河院士为首的中国科学家团队抓住了国际冰冻圈科学发展的大势，在冰冻圈科学体系化建设方面走在了国际前列，“冰冻圈科学丛书”的出版就是重要标志。这一丛书认真梳理了国内外科学发展趋势，系统总结了冰冻圈研究进展，综合分析了冰冻圈自身过程、机理及其与其他圈层相互作用关系，深入解析了冰冻圈科学内涵和外延，体系化构建了冰冻圈科学理论和方法。丛书以“冰冻圈变化—影响—适应”为主线，包括自然和人文相关领域，内容涵盖冰冻圈物理、化学、地理、气候、水文、生物和微生物、环境、第四纪、工程、灾害、人文、地缘、遥感以及行星冰冻圈等相关学科领域，是目前世界上最全面系统的冰冻圈科学丛书。这一丛书的出版，不仅凝聚着中国冰冻圈人的智慧、心血和汗水，也标志着中国科学家已经将冰冻圈科学提升到学科体系化、理论系统化、知识教材化的新高度。在丛书即将付梓之际，我为中国科学家取得的这一系统性成果感到由衷的高兴！衷心期待以丛书出版为契机，推动冰冻圈研究持续深化、产出更多重要成果，为保护人类共同的家园——地球，做出更大贡献。

白春礼院士

“一带一路”国际科学组织联盟主席

2019年10月于北京

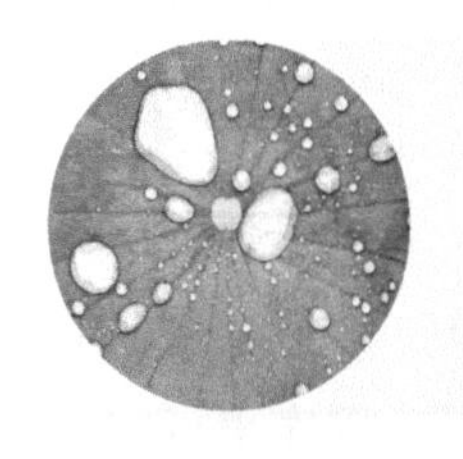

丛书自序

虽然科研界之前已经有了一些调查和研究，但系统和有组织地对冰川、冻土、积雪等中国冰冻圈主要组成要素的调查和研究是从20世纪50年代国家大规模经济建设时期开始的。为满足国家经济社会发展建设的需求，1958年中国科学院组织了祁连山现代冰川考察，初衷是向祁连山索要冰雪融水资源，满足河西走廊农业灌溉的要求。之后，青藏公路如何安全通过高原的多年冻土区，如何应对天山山区公路的冬春季节积雪、雪崩和吹雪造成的灾害，等等，一系列亟待解决的冰冻圈科技问题摆在了中国建设者的面前。来自四面八方的年轻科学家齐聚在皋兰山下、黄河之畔的兰州，忘我地投身于研究，却发现大家对冰川、冻土、积雪组成的冰冷世界知之不多，认识不够。中国冰冻圈科学研究就是在这样的背景下，踏上了它六十余载的艰辛求索之路！

进入20世纪70年代末期，我国冰冻圈研究在观测试验、形成演化、分区分类、空间分布等方面取得显著进步，积累了大量科学数据，科学认知大大提高。20世纪80年代以后，随着中国的改革开放，科学研究重新得到重视，冰川、冻土、积雪研究也驶入发展的快车道，针对冰冻圈组成要素形成演化的过程、机理研究，基于小流域的观测试验及理论等取得重要进展，研究区域也从中国西部扩展到南极和北极地区，同时实验室建设、遥感技术应用等方法和手段也有了长足发展，中国的冰冻圈研究实现了与国际接轨，研究工作进入平稳、快速的发展阶段。

21世纪以来，随着全球气候变暖进一步显现，冰冻圈研究受到科学界和社会的高度关注，同时，冰冻圈变化及其带来的一系列科技和经济社会问题也引起了人们广泛注意。在深化对冰冻圈自身机理、过程认识的同时，人们更加关注冰冻圈与气候系统其他圈层之间的相互作用及其效应。在研究冰冻圈与气候相互作用的同时，联系可持续发展，在冰冻圈变化与生物多样性、海洋、土地、淡水资源、极端事件、基础设施、大型工程、城市、文化旅游乃至地缘政治等关键问题上展开研究，拉开了建设冰冻圈科学学科体系的帷幕。

冰冻圈的概念是20世纪70年代提出的，科学家们从气候系统的视角，认识到冰冻圈对全球变化的特殊作用。但真正将冰冻圈提升到国际科学视野始于2000年启动的世界气候研究计划-气候与冰冻圈核心计划（WCRP-CliC），该计划将冰川（含山地冰川、南极冰盖、格陵兰冰盖和其他小冰帽）、积雪、冻土（含多年冻土和季节冻土），以及海冰、

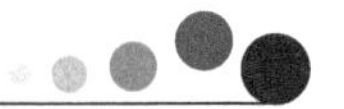

冰架、冰山、海底多年冻土和大气圈中冻结状的水体视为一个整体，即冰冻圈，首次将冰冻圈列为组成气候系统的五大圈层之一，展开系统研究。2007 年 7 月，在意大利佩鲁贾举行的第 24 届国际大地测量与地球物理学联合会上，原来在国际水文科学协会（IAHS）下设的国际雪冰科学委员会（ICSI）被提升为国际冰冻圈科学协会，升格为一级学科。这是 IUGG 成立 80 多年来唯一的一次机构变化。“冰冻圈科学”（cryospheric science, CS）这一术语始见于国际计划。

在 IACS 成立之前，国际社会还在探讨冰冻圈科学未来方向之际，中国科学院于 2007 年 3 月在兰州成立了世界上第一个以“冰冻圈科学”命名的“冰冻圈科学国家重点实验室”，同年 7 月又启动了国家重点基础研究发展计划（973 计划）项目——“我国冰冻圈动态过程及其对气候、水文和生态的影响机理与适应对策”。中国命名“冰冻圈科学”研究实体比 IACS 早，在冰冻圈科学学科体系化方面也率先迈出了实质性步伐，又针对冰冻圈变化对气候、水文、生态和可持续发展等方面的影响及其适应展开研究，创新性地提出了冰冻圈科学的理论体系及学科构成。中国科学家不仅关注冰冻圈自身的变化，更关注这一变化产生的系列影响。2013 年启动的国家重点基础研究发展计划 A 类项目（超级 973）“冰冻圈变化及其影响研究”，进一步梳理国内外科学发展动态和趋势，明确了冰冻圈科学的核心脉络，即变化—影响—适应，构建了冰冻圈科学的整体框架——冰冻圈科学树。在同一时段里，中国科学家于 2007 年开始构思，从 2010 年起先后组织了 60 多位专家学者，召开 8 次研讨会，于 2012 年出版了《英汉冰冻圈科学词汇》，2014 年出版了《冰冻圈科学辞典》，匡正了冰冻圈科学的定义、内涵和科学术语，完成了冰冻圈科学奠基性工作。2014 年冰冻圈科学学科体系化建设进入一个新阶段，2017 年出版的《冰冻圈科学概论》（其英文版已于 2022 年出版）进一步厘清了冰冻圈科学的概念、主导思想，学科主线。在此基础上，2018 年发表的科学论文 *Cryosphere Science: research framework and disciplinary system*，对冰冻圈科学的概念、内涵和外延、研究框架、理论基础、学科组成及未来方向等以英文形式进行了系统阐述，中国科学家的思想正式走向国际。2018 年，由国家自然科学基金委员会和中国科学院学部联合资助的国家科学思想库——《中国学科发展战略 • 冰冻圈科学》出版发行，《中国冰冻圈全图》也在不久前交付出版印刷。此外，国家自然科学基金委员会 2017 年资助的重大项目“冰冻圈服务功能与区划”在冰冻圈人文研究方面也取得显著进展，顺利通过了中期评估。

一系列的工作说明，中国科学家经过深思熟虑和深入研究，在国际上率先建立了冰冻圈科学学科体系，中国在冰冻圈科学的理论、方法和体系化方面引领着这一新兴学科的发展。

围绕学科建设，2016 年我们正式启动了“冰冻圈科学丛书”（以下简称“丛书”）的编写。根据中国学者提出的冰冻圈科学学科体系，“丛书”包括《冰冻圈物理学》《冰冻圈化学》《冰冻圈地理学》《冰冻圈气候学》《冰冻圈水文学》《冰冻圈生态学》《冰冻圈微生物学》《冰冻圈气候环境记录》《第四纪冰冻圈》《冰冻圈工程学》《冰冻圈灾害学》《冰冻圈人文社会学》《冰冻圈遥感学》《行星冰冻圈学》《冰冻圈地缘政治学》分卷，共计 15 册。内容涉及冰冻圈自身的物理、化学过程和分布、类型、形成演化（地理、第四纪），冰冻圈多圈层相互作用（气候、水文、生态、环境），冰冻圈变化适应与可持续发展（工程、灾害、人文和地缘）等冰冻圈相关领域，以及冰冻圈科学重要的方法学——冰冻圈遥感学，而行星冰冻圈学则是更前沿、面向未来的相关知识。“丛书”内容涵盖面之广、涉及知识面之宽、学科领域之新，均无前例可循，从学科建设的角度来看，也是开拓性、创新性的知识领域，一定有不少不足，我们热切期待读者批评指正，以便修改、补充，不断深化和完善这一新兴学科。

这套“丛书”除具备学术特色，供相关专业人士阅读参考外，还兼顾普及冰冻圈科学知识的目的。冰冻圈在自然界独具特色，引人注目。山地冰川、南极冰盖、巨大的冰山和大片的海冰，吸引着爱好者的眼球。今天，全球变暖已是不争事实，冰冻圈在全球气候变化中的作用日渐突出，大众的参与无疑会促进科学的发展，迫切需要普及冰冻圈科学知识。希望“丛书”能起到普及冰冻圈科学知识、提高全民科学素质的作用。

“丛书”和各分册陆续付梓之际，冰冻圈科学学科建设从无到有、从基本概念到学科体系化建设、从初步认识到深刻理解，我作为策划者、领导者和作者，感慨万分！历时十三载，“十年磨一剑”的艰辛历历在目，如今瓜熟蒂落，喜悦之情油然而生。回忆过去共同奋斗的岁月，大家为学术问题热烈讨论、激烈辩论，为提高质量提出要求，严肃气氛中的幽默调侃，紧张工作中的科学精神，取得进展后的欢声笑语……，这一幕幕工作场景，充分体现了冰冻圈人的团结、智慧和能战斗、勇战斗、会战斗的精神风貌。我作为这支队伍里的一员，倍感自豪和骄傲！在此，对参与“丛书”编写的全体同事表示诚挚感谢，对取得的成果表示热烈祝贺！

冰冻圈科学学科建设和系列书籍编写的过程中，得到许多科学家的鼓励、支持和指导。已故前辈施雅风院士勉励年轻学者大胆创新，砥砺前进；李吉均院士、程国栋院士鼓励大家大胆设想，小心求证，踏实前行；傅伯杰院士在多种场合给予指导和支持，并对冰冻圈服务提出了前瞻性的建议；陈骏院士和中国科学院地学部常委们鼓励尽快完善冰冻圈科学理论，用英文发表出去；张人禾院士建议在高校开设课程，普及冰冻圈科学知识，并从大气、海洋、海冰等多圈层相互作用方面提出建议；孙鸿烈院士作为我国老一辈科学家，目睹和见证了中国从冰川、冻土、积雪研究发展到冰冻圈科学的整个历程。中国科学院院长白春礼院士也对冰冻圈科学给予了肯定和支持，等等。在此表示衷心感谢。

“丛书”从《冰冻圈物理学》依次到《冰冻圈地缘政治学》，每册各有两位主编，分别是任贾文和盛煜、康世昌和黄杰、刘时银和吴通华、秦大河和罗勇、丁永建和张世强、王根绪和张光涛、陈拓和张威、姚檀栋和王宁练、周尚哲和赵井东、吴青柏和李志军、温家洪和王世金、效存德和王晓明、李新和车涛、胡永云和杨军以及秦大河和杜德斌。我要特别感谢所有参加编写的专家，他们年富力强，都承担着科研、教学或生产任务，负担重、时间紧，不求报酬和好处，圆满完成了研讨和编写任务，体现了高尚的价值取向和科学精神，难能可贵，值得称道！

“丛书”在编写过程中，得到诸多兄弟单位的大力支持，宁夏沙坡头沙漠生态系统国家野外科学观测研究站、复旦大学大气科学研究院、云南大学国际河流与生态安全研究

院、海南大学生态与环境学院、中国科学院东北地理与农业生态研究所、延边大学地理与海洋科学学院、华东师范大学城市与区域科学学院、中山大学大气科学学院等为“丛书”编写提供会议协助。秘书处为“丛书”出版做了大量工作，在此对先后参加秘书处工作的王文华、徐新武、王世金、王生霞、马丽娟、李传金、窦挺峰、俞杰、周蓝月表示衷心的感谢！

秦大河

中国科学院院士

冰冻圈科学国家重点实验室学术委员会主任

2019 年 10 月于北京

前　言

冰冻圈是地球表层和气候系统的重要组成部分，是地球表层具有一定厚度且连续分布的负温圈层。冰冻圈科学是研究自然背景下，冰冻圈各要素形成和变化的过程与内在机理，冰冻圈与气候系统其他圈层相互作用，以及冰冻圈变化的影响和适应的新兴交叉学科。第四纪是包括现在在内的过去 2.6 Ma 地球近代史，故现代冰冻圈是第四纪冰冻圈的延续，第四纪冰冻圈是现代冰冻圈的基础与背景。第四纪冰冻圈科学是冰冻圈系列科学的重要组成部分。《第四纪冰冻圈》是在《冰冻圈科学概论》的基础上，编写的与之配套的教学参考书之一，是对冰冻圈科学体系的完善与拓展。

第四纪冰冻圈的科学目标就是恢复过去 2.6 Ma 以来的冰冻圈变化历史，认识冰冻圈演化的规律及其原因。因此，第四纪冰冻圈科学研究除了冰川、冻土、积雪等冰冻圈核心要素在第四纪期间的变化之外，凡反映气候与环境变化的其他物理的、化学的、生物的各种沉积记录与机理研究也必然包括在内，这是冰冻圈渗透于其他四大圈层的跨学科性质及其长时间尺度所决定的。

本书是多人协同努力的成果。各章节分工及作者如下：周尚哲（华南师范大学地理科学学院）：第 1 章，第 4 章 4.2，第 6 章 6.1，第 7 章 7.1.1 和 7.2.1；赵井东（中国科学院西北生态环境资源研究院）：第 2 章 2.1，第 3 章 3.1.2、3.1.4、3.3.1、3.3.2；王杰（兰州大学资源环境学院）：第 2 章 2.2，第 3 章 3.2，第 5 章；许刘兵（华南师范大学地理科学学院）：第 3 章 3.1.1，第 4 章 4.1，第 6 章 6.2；崔建新（陕西师范大学西北历史环境与经济社会发展研究院）：第 3 章 3.3.3，第 7 章 7.1.2、7.2.2 和 7.3；欧先交（嘉应学院地理科学与旅游学院）：第 3 章 3.1.3、3.1.5。

“冰冻圈科学丛书”秘书组王文华、徐新武、王世金、王生霞、马丽娟、李传金、窦挺峰、俞杰、周蓝月在专著研讨、会议组织、材料准备等方面做了大量工作，在幕后做出了重要贡献。全书最后由赵井东进行统稿修订，周尚哲审阅定稿。博士研究生谢金明为本书处理部分图件。硕士研究生刘瑞连在参考文献整理与书稿校对方面做了十分细致的工作。本书撰写得到了国家自然科学基金面上项目（41771018；41971003；41830644）的资助，在本专著即将付印之际，对他们的无私奉献表示衷心的感谢！

作为以《第四纪冰冻圈》为书名的首例教学参考书，涉及的方面之广及内容之繁自不待言，从中做出取舍则是令人纠结的：既要阐释基本概念和理论，也要纳入新成果；既要内容齐全，也要重点突出；既要交代研究历史，也要说明研究现状。为此，本书各

章侧重点有所不同。书的前半部更多地涉及基本理论与方法，后半部则更多地展示第四纪冰冻圈研究目前所达到的认识以及不同的观点。凡此种种，本书作者都尽力进行适当处理。尽管如此，书中不足之处在所难免。第四纪冰冻圈各分支方向发表的论文是海量的，本书引用部分已一一标注，但仍恐有挂一漏万之处，诚请多加包涵。热忱希望读者不吝指正，以期逐渐完善。

作　者

2022 年 6 月

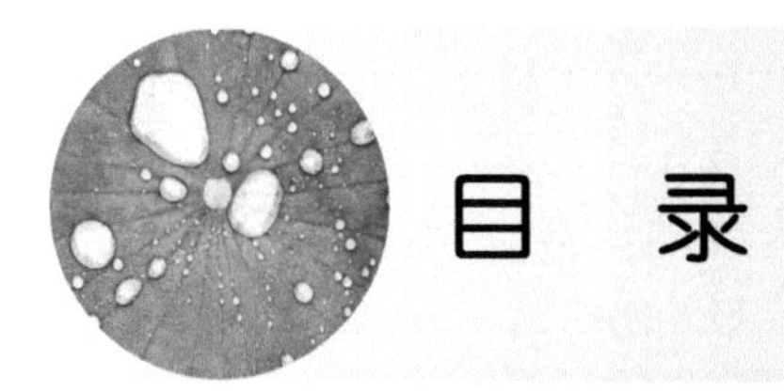

目 录

丛书总序

丛书自序

前言

第 1 章 绪论……1

1.1 第四纪冰冻圈研究的科学意义……1

1.2 第四纪冰冻圈的研究内容……2

1.3 第四纪冰冻圈的研究历史……4

思考题……7

第 2 章 第四纪冰冻圈地貌过程……8

2.1 冰川作用与冰川地貌……8

2.1.1 冰川作用……8

2.1.2 冰川侵蚀地貌……11

2.1.3 冰川沉积地貌……19

2.2 冰缘作用与冰缘地貌……24

2.2.1 冰缘作用……25

2.2.2 冰缘地貌……28

2.2.3 冰缘地貌发育的空间差异性……34

思考题……40

第 3 章 第四纪冰冻圈研究方法……41

3.1 年代学方法……41

3.1.1 宇宙成因核素测年……43

3.1.2 ^{14}C 测年…………50
3.1.3 释光测年…………51
3.1.4 电子自旋共振测年法…………54
3.1.5 其他定年方法…………56
3.2 冰川物质平衡线重建与冰川发育气候模拟…………63
3.2.1 冰川物质平衡线重建…………63
3.2.2 古冰川发育的气候模拟…………71
3.3 气候变化代用指标…………78
3.3.1 物理与化学指标…………78
3.3.2 生物指标——孢粉…………82
3.3.3 考古与文献记录…………84
思考题…………87

第 4 章 第四纪轨道尺度的冰冻圈演化…………88

4.1 更新世冰期重建…………88
4.1.1 更新世冰川演化…………88
4.1.2 更新世多年冻土…………90
4.1.3 冰期气候与环境…………91
4.1.4 间冰期气候与环境…………91
4.1.5 冰期-间冰期旋回…………92
4.2 冰期天文理论…………93
4.2.1 冰期天文理论的创立与发展…………93
4.2.2 冰期天文理论的基本原理…………94
4.2.3 冰期天文理论的修正…………98
4.2.4 冰期天文理论面临的问题和挑战…………98
思考题…………99

第 5 章 晚更新世以来亚轨道尺度冰冻圈变化…………100

5.1 末次冰期亚轨道尺度气候变化事件…………100
5.1.1 Dansgaard-Oeschger 事件…………100
5.1.2 Heinrich 事件及其形成机制…………102
5.1.3 Younger Dryas、Bølling–Allerød 与 ACR 事件…………103
5.2 全新世亚轨道尺度气候变化事件…………105
5.2.1 全新世环境变化基本特征及其气候分期…………105
5.2.2 全新世气候突变事件及其驱动机制…………108

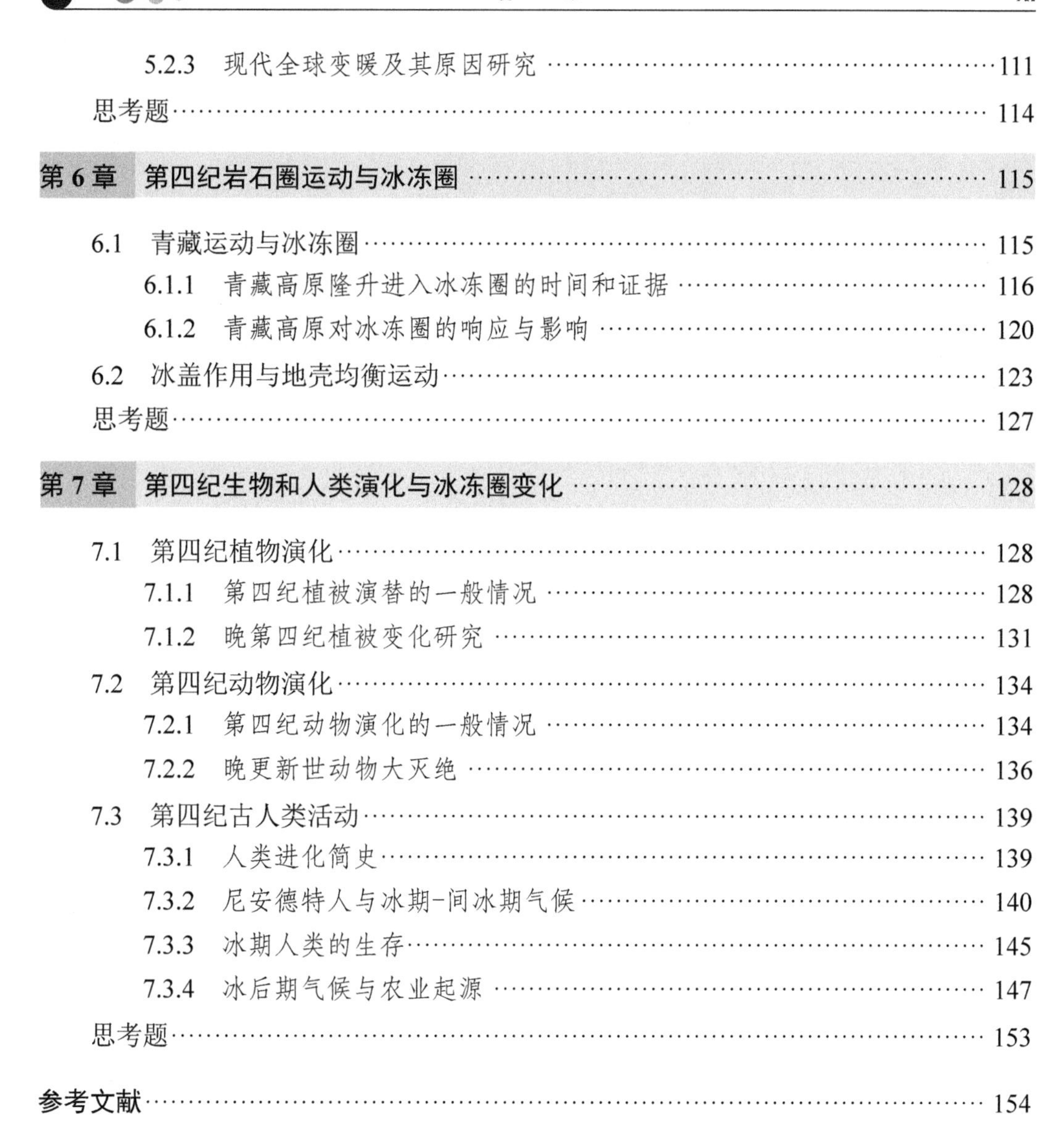

5.2.3 现代全球变暖及其原因研究 ……111
思考题……114

第 6 章 第四纪岩石圈运动与冰冻圈 ……115

6.1 青藏运动与冰冻圈……115
6.1.1 青藏高原隆升进入冰冻圈的时间和证据 ……116
6.1.2 青藏高原对冰冻圈的响应与影响 ……120
6.2 冰盖作用与地壳均衡运动……123
思考题……127

第 7 章 第四纪生物和人类演化与冰冻圈变化 ……128

7.1 第四纪植物演化……128
7.1.1 第四纪植被演替的一般情况 ……128
7.1.2 晚第四纪植被变化研究 ……131
7.2 第四纪动物演化……134
7.2.1 第四纪动物演化的一般情况 ……134
7.2.2 晚更新世动物大灭绝 ……136
7.3 第四纪古人类活动……139
7.3.1 人类进化简史……139
7.3.2 尼安德特人与冰期-间冰期气候……140
7.3.3 冰期人类的生存……145
7.3.4 冰后期气候与农业起源 ……147
思考题……153

参考文献……154

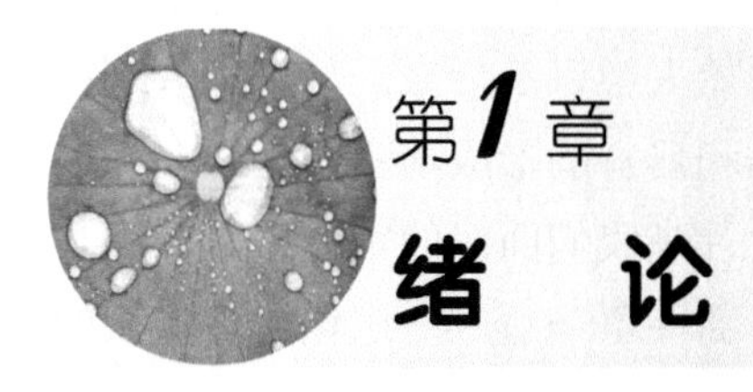

第1章 绪 论

1.1 第四纪冰冻圈研究的科学意义

冰冻圈科学源于地理学，同时又与其他学科高度交叉且融合了现代科学技术的一门新兴学科。地理学发展有诸多重要的阶段，随着研究的深入和社会发展的需求，其研究对象和内容一直处在分化、交叉、重构当中。古希腊的地理学无所不包，直到近代地理学鼻祖 Alexander Humboldt 还把自己的地理学巨著称为《宇宙》。文艺复兴开创的科学繁荣很快使地理学发生分化，依岩石圈、大气圈、水圈与生物圈等四大圈层独立自成学科。到了现代，迫于资源、环境、气候变化等全球性问题，人们试图发展出一门能应对危机和挑战的新学科。于是，地球系统科学应运而生。冰冻圈科学是目前地球系统科学中的一大分支，在地球系统科学中占有十分重要的地位。

第四纪冰冻圈研究的科学意义在于：①掌握第四纪的本质特征。第四纪被定义为冰川纪，其最本质的特征是轨道尺度的冰期-间冰期旋回以及亚轨道尺度的冰阶-间冰阶变化，亦即冰冻圈不同幅度的盛衰消长变化。作为相对独立又与其他四大圈层有密切联系的第五大圈层，这些变化对其他圈层乃至整个地球系统有着举足轻重的影响，特别是决定了地表过程的重大调整、生物圈的凋零与繁荣乃至物种的进化与植被的演替。所以第四纪冰冻圈研究属于第四纪科学最关键的基础研究之一。对于推动与完善整个第四纪科学至关重要。②作鉴往知来的凭据。地球历史与人类历史一样，离我们越近的地质历史时段，各种气候环境变化信息保存得越全越真，对我们越有理论意义与应用价值，这是因为历史是相因继承的。我们现在所处的全新世相对暖湿的地质时段和环境现状，是更新世演变发展而来的，也是第四纪气候环境演化的延续。第四纪冰冻圈研究可以使我们了解第四纪气候环境变化的幅度、频率及其原因与后果。掌握这些规律，有利于预测未来的气候环境变化趋势。尤其是在全球持续变暖的大背景下，地球这个宇宙中的诺亚方舟到底驶向何方？第四纪冰冻圈研究至少可以给出不同时间尺度上的极限幅度。进一步参考末次间冰期、末次冰期间冰阶和全新世大暖期，进行古相似（Paleo-analogue）研究与预估，帮助人类未雨绸缪，从容应对。③了解人地关系的深刻内涵。人类诞生于上新世甚或中新世，差不多与北半球冰川作用（glaciation）同时期登上历史舞台。而人类快速进化又几乎与北半球欧美大冰盖反复出现的第四纪相对应。这种冰期-间冰期环境巨变必然对人类进化有着极其重大的影响。诞生于非洲的原始人类以及后来的早期智人到底何时和如何走出非洲，怎样迁徙扩散于世界，人类形体和器官的形成演变、大脑和智能的形成与发育与冰冻圈的扩张和退缩有着怎样的联系，都是我们面对的重大科学问题与亟待破解的重大谜团。所以第四纪又是一幅人类与冰冻圈斗争—适应—进化或被淘汰的波澜壮阔的历史画卷，隐含最为生动的人地关系真谛，对人类学、人文地理学都具有十分深远的学术意义。

因此，研究第四纪冰冻圈有多方面的科学意义，不仅具有挽近地质的历史意义，也有全球变暖背景下的现实意义，还有预测未来气候环境变化的理论指导意义以及应对未来人类生存危机的应用价值。

1.2 第四纪冰冻圈的研究内容

第四纪冰冻圈科学是重建冰冻圈在第四纪期间的演化历史、探索其演化规律和驱动机制、揭示其与其他四大圈层相互关系的一门学科。

第四纪在地球历史上是一个冰冻圈扩张、冰期-间冰期交替变化、动植物快速演化及人类登上历史舞台的“新纪元”。在地球约 46 亿年地质历史中，寒武纪开始至今仅 542 Ma，之前的 40 余亿年被称为前寒武纪时期。前寒武纪时期被分为冥古宙（4600～4000 Ma）、太古宙（4000～2500 Ma）和元古宙（2500～542 Ma）。地球经过冥古宙和太古宙早期演化，结束炽热星球时期，形成了岩石圈、大气圈、水圈和生物圈。于太古宙晚期（2800～2500 Ma 前），地球表面温度趋于现在的水平，此后就以这一温度为基准大幅度波动，有了冰冻圈及其变化的记录。现已查明，早元古代、晚元古代、奥陶-志留纪、石炭-二叠纪以及晚新生代均不同程度地发生冰川作用。其中尤以晚元古代、石炭-二叠纪和晚新生代第四纪冰期为盛（图 1-1）。

晚新生代冰期始于晚始新世，东南极近海钻孔资料反映了当时的冰筏沉积，这次冰期启动与南极大陆的形成及其所处的地理位置密切相关，属于构造尺度的大冰期事件。然而，南极之外的冰川作用开始于中新世。格陵兰、阿拉斯加、冰岛、巴塔哥尼亚均发生冰川作用。这些早期的冰川作用均为大西洋冰筏沉积所记录。到了上新世，南美玻利维亚安第斯山、大洋洲的塔斯马尼亚有冰川作用发生（Ehlers and Gibbard, 2007）。第四纪开始，北半球高纬度地区普遍发生冰川作用，进入大幅度的冰期-间冰期旋回的地质历史时期。因之，国际地层学委员会至今尊重 Louis Agassiz 的第四纪就是冰川纪的意见，将第四纪下限（亦即更新世下限）规定为冰川大规模发生的 2.6 Ma。这个规定具有很特殊的意义，因为它是不以生物进化原则来划分的少数地质时段之一。

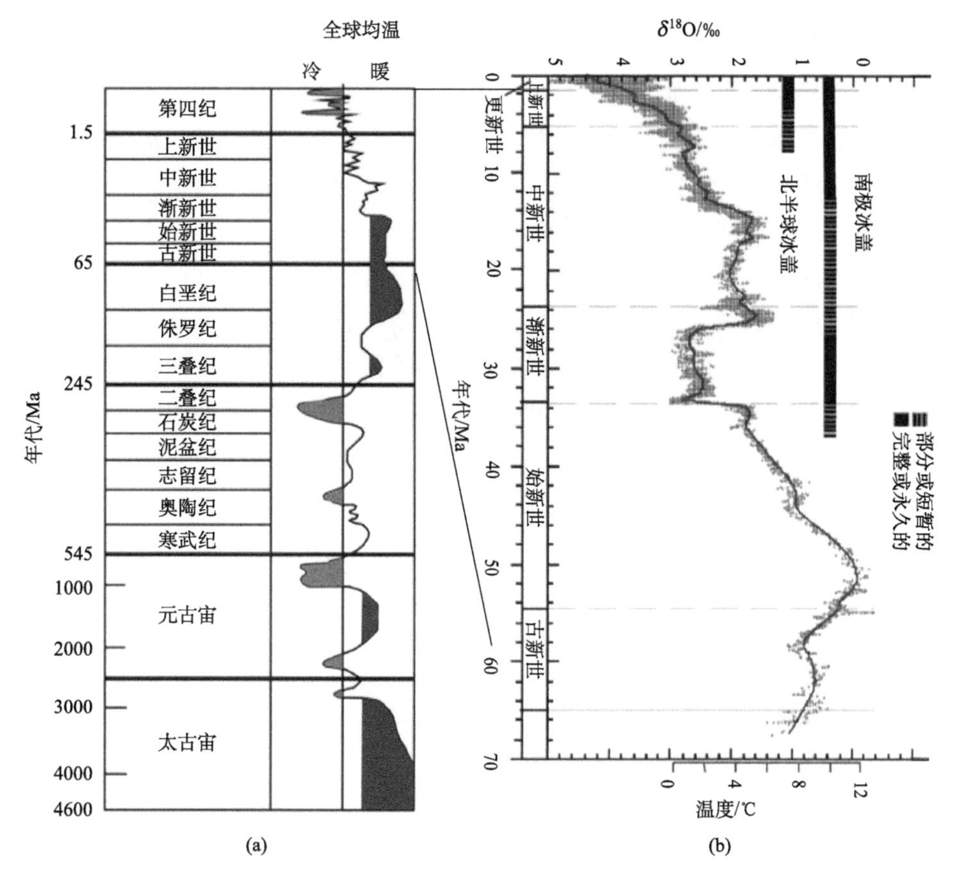

图 1-1　地质时期氧同位素所记录的温度变化　（Frakes, 1979；Zachos et al., 2001）

第四纪冰冻圈研究的内容十分丰富。大致可归结为以下几个方面。①冰冻圈地貌和沉积，这是冰冻圈演化最直接的证据，也是重建冰冻圈的基础。包括冰川侵蚀地貌（glacial erosion landforms）和冰川沉积地貌（glacial depositional landforms）、冰缘地貌（periglacial landforms）和冰缘沉积、残存冻土。冰川沉积也包括冰筏作用搬运沉积在远洋的冰碛物。好在第四纪冰川冰缘遗迹分布在高纬度和高山高原地区，没有像前寒武纪或石炭-二叠纪冰川遗迹那样经过漫长地壳运动而变得支离破碎。②环境记录，这是用来重建第四纪冰冻圈各个时期变化幅度和环境特征的重要依据，包括深海岩芯、冰芯、湖芯、黄土-古土壤、石笋等气候环境变化信息的记录载体。这些记录反映在 $\delta^{18}O$ 等多种同位素、沉积物粒度、CO_2、孢粉、粉尘、碳酸钙、磁化率、有机碳、硅藻、风化指数等一系列指标中。利用它们来揭示第四纪长时间尺度的气候变化和根据冰冻圈地貌沉积恢复的环境变化彼此印证，获得规律性的认识。③第四纪年代学，这是支撑地貌、沉积和环境变化记录的技术基础。包括生物定年、古地磁定年、电子自旋共振定年、释光定年、宇宙成因核素定年、U 系定年等。这些定年技术各有优缺点，分别适合于测试不同沉积物和不同时段，它们的适用性和准确性也在不断探索、发展和完善中。④建模与模拟，模拟研究是重建过去气候环境变化与预测未来气候环境变化的重要手段。模型包括概念模型、物理模型和数学模型。建模研究在诸如古雪线、冻土下限、古森林林线的升降、大陆冰量增减、海平面涨落等这些冰冻圈关键参数变化认识中应用广泛。在获得必要的基础资料之后，率定参数，建立模型进行模拟。在对过去古气候环境变化形成规律性认识的基础上，可模拟预测未来不同升温或降水情形下的气候环境变化。⑤生物演化，生物演化与冰冻圈变化息息相关，借助于动植物化石可以认知当时的气候环境。例如，暗针叶林、猛犸象-披毛犀化石揭示西伯利亚在末次冰期曾经是广阔的冻土苔原地带，并且一直向南延伸到我国华北一带。地球冰冻圈的扩张与退缩反映在各个纬度带和高度带的带谱中，整个地球系统都有响应，故任何一个地带的生物变迁信息都能间接反映冰冻圈的变化。⑥人类生存进化与冰冻圈，由于人类主要是在第四纪进化而来，故对第四纪人地关系的研究具有重要的学术意义。人类进化到底是适应冰期还是适应间冰期的结果？人类又是如何适应和度过冰期的？这类研究目前尚受到古人类遗址数量的限制，有很大的发展空间。⑦冰冻圈变化的原因和驱动机制，这是从地质记录向理论认识的必然发展。内容包括地外空间环境，如银河系和太阳系运动，太阳黑子活动等。尤其是基于地球轨道参数变化的冰期天文理论受到特别的重视。此外，如地球岩石圈运动与冰冻圈发育的耦合（如高原隆升与中更新世转型等）、海洋能量传输与冰冻圈发育的耦合（如温盐环流与 Heinrich 事件等）等，这些都表现地球系统内部圈层之间的影响与作用。

地球系统的复杂性使第四纪冰冻圈研究的内容广泛而神秘，由此引起的质疑和争论经常是激烈而持久的，这符合科学发展的一般规律，更反映这门学科蕴含巨大的内在动力。但要求我们对研究具体对象要有十分的耐心，真正做到博学、审问、慎思、明辨，尽可能避免误入歧途。

1.3 第四纪冰冻圈的研究历史

冰冻圈虽然是一个较新的概念，其历史始于对第四纪冰川的认识。可以以几个标志性进展分为若干阶段。

1. 起步阶段

1742 年，来自日内瓦的地理学者 Pierre Martel 考察了阿尔卑斯山 Chamonix 谷地。报道该谷地山民将谷地中散布的漂砾归因于一度扩张的冰川。由此拉开了古冰川研究的序幕。1795 年苏格兰火成论地质学家 James Hutton 提出阿尔卑斯山漂砾为冰川作用的产物。类似的解释也见于歌德（Johann Wolfgang Von Goethe）的相关科学著作。1815 年，Jean-Pierre Peraudin 解释瑞士 Valais 州 Bagnes 镇的大漂砾也是以前冰川扩展的产物。1829 年，瑞士工程师 Ignaz Venetz 指出阿尔卑斯山、侏罗山附近和德国北部平原上散布的大漂砾是大冰川的产物。Jean de Charpentier 将 Venetz 的意见转变成一种限于阿尔卑斯山的

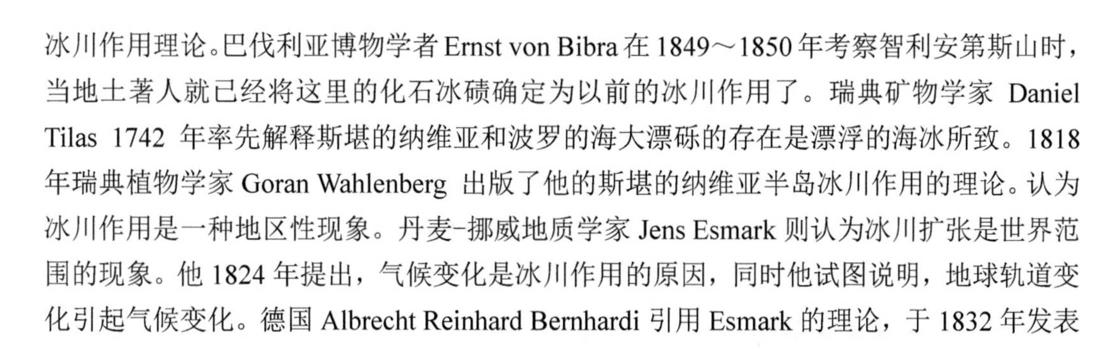

冰川作用理论。巴伐利亚博物学者 Ernst von Bibra 在 1849～1850 年考察智利安第斯山时，当地土著人就已经将这里的化石冰碛确定为以前的冰川作用了。瑞典矿物学家 Daniel Tilas 1742 年率先解释斯堪的纳维亚和波罗的海大漂砾的存在是漂浮的海冰所致。1818 年瑞典植物学家 Goran Wahlenberg 出版了他的斯堪的纳维亚半岛冰川作用的理论。认为冰川作用是一种地区性现象。丹麦-挪威地质学家 Jens Esmark 则认为冰川扩张是世界范围的现象。他 1824 年提出，气候变化是冰川作用的原因，同时他试图说明，地球轨道变化引起气候变化。德国 Albrecht Reinhard Bernhardi 引用 Esmark 的理论，于 1832 年发表的文章，认为以前的极地冰帽达到了全球温带。

2. 冰期概念的诞生

1835 年，德国植物学家 Karl Friedrich Schimper 对巴伐利亚阿尔卑斯进行了考察，断定高山上的大漂砾一定是冰川搬运的。他在慕尼黑举行了一些讲演，认为过去一定存在全球性的寒冷气候。1837 年初，Schimper 创造出了专业术语冰期（Eiszeit）。1836 年夏天，Schimper 和他以前的大学朋友 Louis Agassiz、Jean de Charpentier 在阿尔卑斯山的 Devens 进行了几个月的观察。1836～1837 年 Agassiz 和 Schimper 总结了以前歌德以及 Venetz de Charpertier 和他们自己的野外工作。1837 年 7 月向瑞士 Naturforschende 协会年会提交了他们的综合报告。听众对这种新理论很是挑剔甚至对抗，因为大家确信，地球诞生以来，是由一个熔融的星体逐渐变凉的。

3. 冰川学的诞生

1840 年，Louis Agassiz 在下鹰冰川（Unteraar glacier）旁活动的冰碛垄上搭建了一个简易房，观测冰川结构、运动和气象。通过观测，Agassiz 发现冰川运动具有中段中央部分最快，向上游、下游及两侧递减的特点。与此同时，他也非常重视冰川沉积的描述，创造了诸如终碛、侧碛、中碛等名词，明确地讲述冰川搬运漂砾的作用。很快，Agassiz 校对并出版了他一生中最重要的冰川学专著《冰川研究》（*Etudes sur les glaciers*）。在这本书中，Agassiz 宣布在最近地质时期，瑞士全境几乎都被冰川覆盖："大冰盖如同现在的格陵兰，一度覆盖全国，留下了无层次的巨砾层（boulder drift）"。1847 年出版《冰川体系》（*Système glaciaire*）一书，Agassiz 修改了此前阿尔卑斯古冰川与极地古冰盖相连的观点，认为两者是分开的；修改了阿尔卑斯古冰川发生在山脉隆升之前，而订正为冰川发育于阿尔卑斯隆升之后。Agassiz 在其著作中提出的大冰期理论标志着现代冰川学的诞生。

4. 第四纪冰川学产生

Louis Agassiz 于 1840 年和 C. Forbes 于 1846 年均把更新世定为冰川世，并提出多次冰川作用的概念。James Geikie 于 1874 年发现 6 套分离的冰碛层，分别被含有植物遗体

的泥炭层分开。Albrecht Penck 和 Eduard Bruckner 在 1909 年根据德国南部阿尔卑斯山冰碛和冰水砾石层提出 4 次冰期，分别以多瑙河 4 条支流 Günz、Mindel、Riss 和 Würm 命名。随后这 4 次冰期划分模式成为世界各国第四纪冰川研究中冰期划分与对比的参照蓝本，欧美多国均发现 4 次冰期沉积证据。随着研究进展，阿尔卑斯山又发现更老的 Donau 和 Biber 冰期以及介于 Günz 与 Mindel 冰期之间的 Haslach 冰期（周尚哲，2012）。这些工作意味着冰川地貌学和第四纪冰川学诞生并走向成熟。

5. 冰期天文学说诞生

1842 年，一位法国学者 Joseph Alphonse Adhemar 出版了 *The revolution of the sea* 一书，他试图从地球轨道形态变化寻求地球发生冰期的原因。后来，苏格兰学者 James Croll 用 U. Le Verrier 的公式计算了 3 Ma 以来地球轨道偏心率的变化，首次把这种变化用曲线的形式表达出来，发现偏心率有 100 ka 的变化周期。但每个 100 ka 周期的变化不同，又表现为 400 ka 循环的大周期。到了 20 世纪前叶，关于轨道参数变化的认识已臻完备。冰期天文理论经过塞尔维亚科学家 Milutin Milankovitch 的研究而再次复苏并发展。他于 1941 年出版 *Canon of Insolation and the Ice Age Problem*，标志冰期天文理论成为成熟的学说。他计算了不同纬度 600 ka 以来夏季太阳辐射的变化曲线，并将其绘制成图，被誉为 Milankovitch 曲线。特别是对大冰盖发育最为敏感的纬度 65°曲线，成功解释多个冰期问题。Milankovitch 将辐射换算成温度，其谷值比现在低 6.7℃，而高值比现在高 0.7℃，足以导致冰期-间冰期旋回。

6. 年代学与深海岩芯阶段

20 世纪中叶，地球科学进入了一个繁荣的时期。铀-钍（U-Th）法、钾-氩（K-Ar）法、钚同位素及古地磁定年技术相继问世。1970 年，James D. Hays 和 John Imbrie 发起建立了 Climap 研究组，获得西太平洋浅水区 V28-238 岩芯和南印度洋 RC11-120 岩芯，测定 70 万年同位素曲线。发现了 100 ka、40 ka 和 20 ka 的周期记录，与 Milankovitch 理论中轨道偏心率、黄赤交角和岁差周期高度吻合。由此，V28-238 钻孔被誉为记录气候变化的罗塞达碑（Rosetta stone）。此后数十年，更多长时间尺度的海洋岩芯记录、大陆黄土记录、极地冰芯记录不断问世，海陆记录揭示与深海氧同位素（marine oxygen isotope stage, MIS）相同的记录使得 Milankovitch 的冰期天文理论成为解释第四纪气候环境变化的成功学说。20 世纪末，电子自旋共振、释光、宇宙成因核素等可对冰川侵蚀与沉积地形进行直接定年的测年技术发展与应用再次促进了第四纪冰冻圈学科的发展。

7. 进入冰冻圈科学时期

由全球变暖及其带来的一系列气候环境变化引起科学家和全世界的高度重视，学界和国际组织纷纷行动起来。1972 年，世界气象组织首次建议将冰冻圈列为与岩石圈、水圈、大气圈和生物圈并列的地球第五大圈层。1986 年，国际科学理事会（International Council for Science, ICSU）发起并组织的重大国际科学计划——国际地圈生物圈计划（International Geosphere Biosphere Programme, IGBP），即全球变化研究，目标是提高人类对重大全球变化的预测能力。2000 年，世界气候研究计划将“气候与冰冻圈（Climate and Cryosphere, CliC）”作为其研究的核心计划。国际大地测量与地球物理学联合会（The International Union of Geodesy and Geophysics, IUGG）于 2007 年设立了“国际冰冻圈科学学会（International Association of Cryospheric Science, IACS）”。同年，获科技部批复成立了中国科学院西北生态环境资源研究院冰冻圈科学国家重点实验室，其研究成果在国际上的影响力也日益增强。于是，冰冻圈科学应运而生。

中国第四纪冰川研究起步较晚，20 世纪初有西方学者在青藏高原探险与考察中做了零星的研究与报道。20 世纪 20 年代开始，李四光倡导了中国东部（105°E 以东）的第四纪冰川研究，形成了东部中低山地的泛冰川学派。40 年代初，黄汲清对天山台兰河流域的第四纪冰川做了开创性研究。从 50 年代末开始，施雅风组建祁连山冰川与第四纪冰川研究队，成立冰川冻土研究所，形成稳定发展的研究机构和队伍。大力开展青藏高原及周边山地的冰川、冻土、冰缘及其地貌和沉积学等研究。几十年来，基本查清了青藏高原为重点区域的中低纬度高亚洲第四纪冰冻圈演化及其特征，取得冰冻圈与高原隆升等一系列规律性的认识。中国也在 2016 年成立冰冻圈科学学会，第四纪冰冻圈科学进入新的发展时期。

思 考 题

明确冰冻圈对第四纪的意义及其中外研究历史。

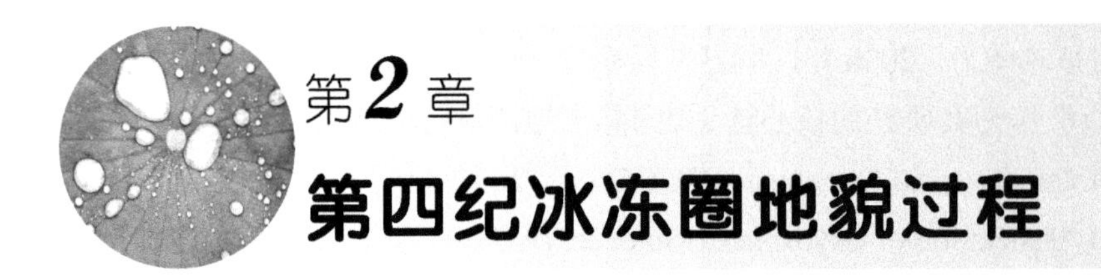

第2章 第四纪冰冻圈地貌过程

冰冻圈的不同组分（冰川/冰盖、积雪、冻土、海冰、湖冰等）均以不同的方式作用于岩石圈、大气圈、水圈与生物圈。这些作用过程及其变化信息都保存在高寒地区的表层地貌与沉积物中。因此，冰冻圈作用所成的地貌与相关沉积是研究和重建第四纪冰冻圈的基础与关键。本章主要涉及冰川、冻土和积雪等冰冻圈组成要素及其地貌形成过程与沉积学基础。也涉及可用于冰冻圈研究与重建的海洋、湖泊、冰川/冰盖、黄土等沉积介质的记录与分析。

2.1 冰川作用与冰川地貌

冰川是塑造地表形态最积极、最重要的外营力之一。冰川区大量清晰且形态独特的冰川侵蚀与沉积地形统称为冰川地貌，它们包含有重要的古气候环境变化信息，这些信息不仅是恢复古冰川作用的基础，也是重建冰冻圈时空演化的关键。美中不足的是，与连续且分辨率高的冰芯、黄土、深海沉积、洞穴沉积（石笋等）、湖泊沉积、树轮等获得的古气候环境变化信息相比，基于冰川地形获得的古气候环境信息具有“断片残简”的特点，但冰川地形是过去冰川变化最确切、最直接的证据，忠实地记录了古冰川作用的期次、规模、性质与类型等，故保存在冰川地形中的古气候环境变化信息是其他气候环境变化代用指标无法替代与实现的。另外，特定性质与规模的冰川也是某地质时期温度、降水等多个自然要素综合的结果，这进一步使得古冰川时空变化信息成为古气候环境重建的重要依据，进而也成为检测模型模拟结果与率定模型输入参数的关键。因此，基于冰川地形获得的古气候环境信息与连续且分辨率高的其他沉积记录可互为补充，这将有助于第四纪冰冻圈变化的重建与未来冰冻圈变化的评估与预测。

2.1.1 冰川作用

冰川是高寒地区积雪通过成冰作用形成的。积雪经过粒雪化、冰晶生长和渗浸冻结重结晶等过程不断密实化，最终变质形成冰川冰（图2-1）。成冰作用的时间长短和气温成反比，和年积雪量成正比。如南极冰盖区，从固态降水（降雪、凝华所成的冰晶等）到最终变质成为冰川冰，成冰作用所需时间自沿海到内陆由几十年到几百年不等。在中低纬度的山地冰川区，特别是存在渗浸冻结重结晶成冰过程的冰川区，冰川冰形成需要的时间就很短，通常仅需数年。因成冰作用时间的长短、冰晶大小、冰层中气泡开始封闭的时间等关系密切，故成冰作用在冰川物理学以及冰芯记录研究中受到较多的关注。冰川是形成于负温条件下运动着的冰体，其源头不断有新雪补给，末端则消融成冰川融水。这样的新陈代谢标志着水分完成了一个由气态到固态再到液态的三相变化，同时也伴随着能量的变化。

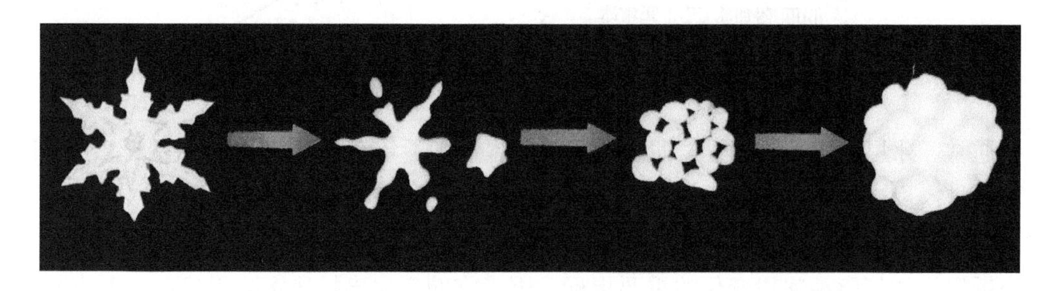

图 2-1　从新雪到冰川冰的形成过程示意图

冰川对气候变化响应灵敏，故有“大陆温度计”之美誉。当气候发生变化时，首先引起了冰川表面能量平衡的变化，进而影响冰川动力学参数、物质平衡线高度（equilibrium-line altitude, ELA）等的变化，并最终导致冰川几何形态（面积、长度、厚度和体积等）的变化。冰川物质平衡线（equilibrium line）指冰川上某一时段内物质平衡为零所有点的连线，该线可将冰川分为上部的积累区和下部的消融区（图 2-2）。实际上，冰川物质平衡线为冰川积累区向消融区过渡的狭窄区域，对于整条冰川而言，可形象地将其看作一条线。在没有特别说明时，平衡线指年平衡线，即物质平衡年末，冰川表面积累和消融量的代数和为零的点的连线。冰川上仅当所有物质平衡交换发生于冰川表面且无附加冰时，平衡线与雪线（snow line）或粒雪线（firn line）重合。对于冷渗浸和渗浸-冻结成冰为主的大陆型冰川，平衡线与粒雪线下界之间有一附加冰带（superimposed-ice zone），附加冰的下界为冰川平衡线之所在，粒雪的下界高于平衡线。冰川表面自物质平衡年始，任一时间累计积累与累计消融相平衡点的连线为瞬时平衡线此时对应的平均海拔高度为瞬时平衡线高度。同样，通常平衡线高度一般指年平衡线高度。一条冰川多年平均物质为零的高度是平衡状态下的平衡线高度（balanced-budget ELA），又被视为稳定状态下的平衡线高度。

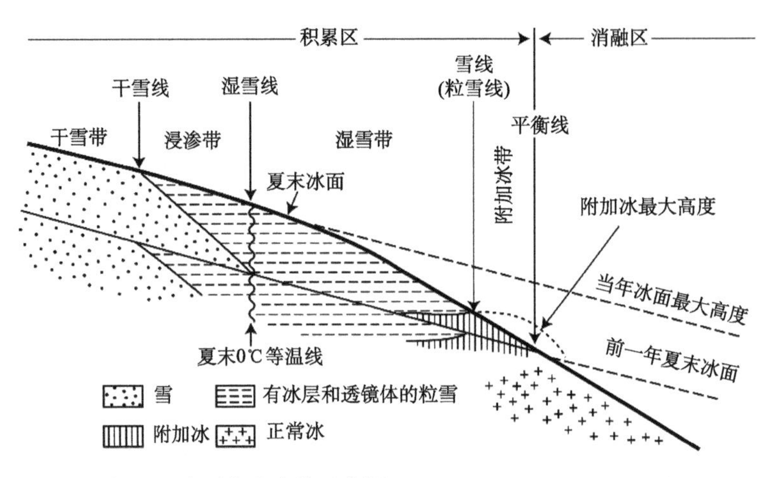

图 2-2 冰川的成冰带示意图（Cuffey and Paterson, 2010）

通常，冰川物质平衡为正，即冰川的年积累量大于年消融量，ELA 会降低，冰川将增厚前进；反之，冰川物质平衡为负，即冰川的年积累量小于年消融量，ELA 将升高，冰川将减薄退缩，极端情况下甚至会出现冰川的消亡。冰川物质平衡与 ELA 升高与降低是分析气候如何驱动冰川变化的重要指标，因为它的变化直接决定冰川稳定、前进与退缩等状态。这个变化过程将涉及冰川的侵蚀、搬运与沉积等作用过程。高寒地区清晰且形态独特的冰川侵蚀与沉积地形均是在这些过程中形成的。冰川侵蚀（glacial erosion）是指冰川向外与向下运动过程中通过其磨蚀、拔蚀、挤压等动力过程对冰川区地形的塑造。冰川磨蚀（glacial abrasion）是指富含岩屑的冰川冰对下伏基岩冰床或对其束缚的谷壁进行的磨光与磨平等的侵蚀，冰川磨蚀是冰川对基岩冰床与谷壁水平方向的塑造。因冰层之间与冰层剪切面间存在冰流的流速差，冰川磨蚀作用在这些部位也可以发生。岩屑改造基岩冰床或谷壁时，自身也得到了改造。大的岩屑被压碎或被磨蚀成次棱角状的冰碛石，与此同时也产生了大量的粉砂级的细颗粒物质。冰川拔蚀（glacial quarrying）又称为冰川掘蚀（glacial plucking）或冰川刨掘（glacial ploughing），是指冰川冰通过复冰或再冻结作用对下伏冰床上松动的岩块进行拖曳或移动的侵蚀作用。冰川拔蚀作用多发生在基岩冰床凸起或遇到障碍物的冰川背流面上（迎冰面主要是以磨蚀为主）。当冰流越过冰床凸起或障碍物，冰流所受的压力减小，在复冰作用与冰下融水渗入基岩裂隙或节理面反复冻融等的影响下，冰床基岩岩块将出现松动、断裂乃至脱落。当底冰剪切应力超过松动断裂岩块的摩擦力时，这些岩块将被冰流拖曳向下或向外运动。冰川拔蚀作用不同于冰川磨蚀对下伏基岩冰床与谷壁水平方向上的塑造，它是冰川对下伏基岩冰床垂直向下的破坏。而且冰川拔蚀也是最强的冰川侵蚀方式，还是大量岩块与岩屑进入冰川成为其组分的主要途径。

冰川搬运（glacial transport）是指冰川将其携带的岩屑等物质通过冰流向外或向下输送到冰川消融区或其边缘与更低的位置。冰川搬运的物质来源具有多样性，既包括通过冰川磨蚀与拔蚀从下伏冰床与谷壁上获得的岩屑物质，也包括冰川区山脊、边坡因寒冻风化滚落进入冰川的岩屑，还有因风力搬运沉降进入冰川的细颗粒物质等。故冰川搬运的物质大小混杂，从极其细小的粉砂物质至重量过万吨的巨大漂砾。岩屑随冰流向外与向下搬运过程中，因其所处的位置不同而被赋予不同的名称，位于冰面的被称为表碛（supraglacial debris）、冰内的为内碛（englacial debris）、冰下为底碛（subglacial debris）或滞碛。在冰川向外与向下搬运岩屑的过程中，因下伏冰床的起伏造成了冰川伸张流与压缩流的交替出现（伴随着的是冰面裂隙与剪切面的交替出现），所以岩屑在冰川中的位置也在不断变化中，这也造成表碛、内碛、底碛的相互转化。

冰川沉积（glacial deposition）是指冰川将向外或向下搬运的岩屑等物质卸载后形成各种沉积物统称。由冰川沉积物堆积而成的各种形态的地形称为冰川沉积地形。通常，在冰川/冰盖的边缘或末端，其搬运能力逐渐减弱，最后将大小混杂的岩屑物质卸载下来。如果气候较为稳定，冰川/冰盖边缘或末端稳定在某个位置，源源不断输送而至的岩屑物质沉积下来可形成较为高大的垄状地形，即冰碛垄。

无论是高寒地区（如现在的南北极与青藏高原及周边山地）正在发育的冰川侵蚀与沉积地形还是保存在地层中不同地质时期的冰川遗迹，均是冰川塑造地表的产物。冰川规模的不同可形成差异性的地貌组合。地处中低纬度地区依托高大山体发育的山地冰川，如青藏高原及其周边山地，这些冰川发育、发展与运动均或多或少地受下伏地形的束缚，形成的冰川地貌具有垂直地带性的组合特点。发育在高纬度地区，诸如覆盖南极洲与格陵兰岛的面积超过5万km^2的冰盖，其发育、发展与运动受下伏地形约束较小，它们形成的地貌以及北美洲和北欧曾发育大陆冰盖的地区的冰川地貌组合均呈现出环状地带性的组合特征。

2.1.2　冰川侵蚀地貌

冰川通过磨蚀、拔蚀、挤压等动力作用对冰川区地形进行改造所成的冰川地形统称为冰川侵蚀地貌（glacial erosional landforms）。从某种意义上讲，冰川侵蚀地形是冰川塑造出来的有利于冰川冰流动和输送的具有特定几何形态的冰床及其边界地带。因此，冰川侵蚀作用集中表现在冰川与下伏冰床的接触界面上，如前所述，磨蚀、拔蚀是冰川侵蚀中最主要的两种侵蚀作用，其中冰川拔蚀尤为重要。故冰下过程的研究与观测是获得冰川侵蚀动力过程与形成侵蚀地貌形态的关键。需要指出的是，纯冰的侵蚀能力很弱，冰川强大的侵蚀能力多因其携带了相当数量、粒径不等的岩屑物质，它们是冰川进行侵蚀的工具，这些岩屑物质在积极塑造下伏基岩冰床与束缚冰流谷地的同时自身也得到了改造。还需要关注的是冰川侵蚀能力的大小还受其性质的影响，对于冷底冰川，由于冰体多与下伏冰床呈冻结状态，一般难以形成有效的侵蚀，暖底冰川或底部处于压融状态的冰川能够对下伏冰床进行积极有效改造。不过冰川不同部位温度状况的差异以及在其生命过程中不同时期冷（冰川）暖（冰川）性质等的变化都影响其形成的冰蚀地形。

冰川不断将积累区的物质向消融区输送，为了更好地了解冰川的侵蚀作用，我们需要先探讨冰川向下运动时的内部流路，特别是 ELA 附近的冰川内部流路（图 2-3）。从图可以看出，某些流路与冰床一度或者始终接触，在这些流路上，岩屑与冰床有相互接触、相互磨蚀与相互改造的机会，冰川侵蚀得以进行；而某些流路始终不与冰床接触，故其携带的岩屑就无法与下伏冰床接触。我们将能够对下伏冰床进行塑造的前一种流路叫作积极流路而将后一种流路叫作消极流路。冰川通过磨蚀与拔蚀等侵蚀作用可形成刃脊、角峰、冰斗、冰川谷、羊背岩（鲸背岩）、基岩磨光面、刻槽等大小不一的冰蚀地形与被改造的冰川擦面（石）等。

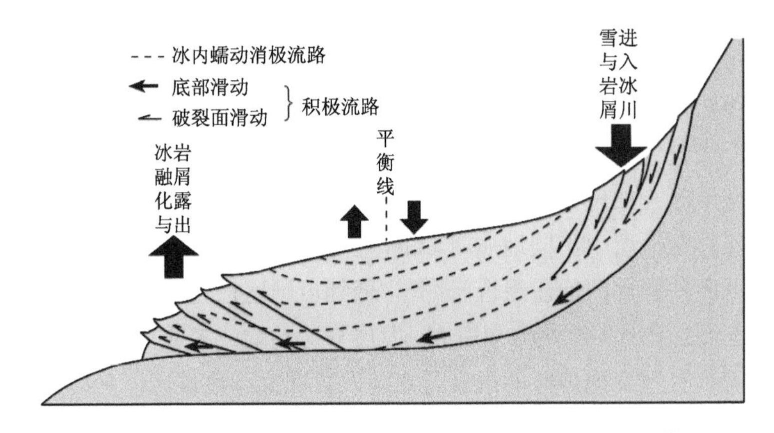

图 2-3 ELA 附近冰川内部积极流路与消极流路示意图（施雅风等，1989）

山地冰川形成的冰川地貌组合较为复杂且多样。以 ELA 为界可分为上下两部分，上部的主要冰蚀地形有角峰、刃脊等；下部的冰蚀地形有 U 形谷、谷坡与谷底过渡区的羊背岩、槽谷中的刻槽、岩（冰）盆与岩（冰）坎，以及冰碛地形中带有擦面的冰川擦面石；ELA 为其过渡区，可发育成群的冰斗；大面积的基岩磨光面既可以发育在古冰川的积累区，也可以形成于古冰川的消融区。大陆冰盖区，冰蚀地形主要分布在冰盖中心至高大的终碛垄之间，有冰蚀岛山、基岩磨光面、冰蚀湖等。如果冰盖发育期间有入海冰流，冰川侵蚀形成的深邃槽谷可被海水淹没形成峡湾（fjord）。

1. 冰斗

冰斗（cirque）是山地冰川区最常见的冰蚀地形，多呈围椅状、底平、下凹的岩（冰）盆形态，三面是陡峻的岩壁，向下坡方向有一开口，此处常有一个高起的反向岩坎。冰斗一般由斗底、斗壁、斗口与斗口高起的反向基岩岩坎几部分构成（图 2-4）。

图 2-4　祁连山东段冷龙岭北坡宁缠河河源区冰斗（赵井东 摄）

冰斗直径一般只有几百米，深几十米至百米不等，底部有时被厚度不一的冰碛物或斗壁寒冻风化的崩塌物所覆盖。冰斗的大小、发育程度与形态完整性等受地形、气候、岩性、坡向与时间等因素的共同控制：①地形，多数学者认为冰斗发源于山坡上的雪蚀洼地，所以太陡峻的山地反而不利于冰斗的发育。坡度和缓的山地可保证山坡洼地中的积雪不断得以积累，同时还可以接纳从周围山坡吹来的积雪；②气候，冰斗发育在 ELA 附近，是冰川积累与消融的过渡区，ELA 附近降水越丰沛，冰川运动越快，则磨蚀作用就越显著，冰斗发育就越快；③岩性，冰川运动速度的最大值出现在 ELA 稍下某个位置（通常该位置与冰斗底部相接近），这就意味着冰川在 ELA 附近的侵蚀作用是最强烈的，所以抗侵蚀能力相对较强、坚硬的岩石，如花岗岩、片麻岩、砂岩等比较适宜发育形态较完整的冰斗。反之，抗侵蚀能力弱、质地较软的页岩和泥岩等就很难发育成形态较好的冰斗；④坡向：对于同一山区，冰斗的数量是阴坡比阳坡的多，规模也比阳坡的大，冰斗底部的高度阴坡比阳坡要低些。这是小冰川为了生存发育利用地形屏蔽的结果；⑤时间：该因素可以控制冰斗发育的大小及其完整性。通常时间越长，冰斗越大，形态也越完整。

冰斗的形成可用已被观测证实的“旋转滑动”理论进行解释[图 2-5（a）]。这个理论较容易理解，冰斗冰川 ELA 以下为消融区，冰川物质呈负平衡，ELA 以上为积累区，冰川物质为正平衡，整个冰川为了保持平衡，将沿着冰床旋转滑动。根据我国冰川的地理分布、发育条件和物理特征，我国冰川“三分法”中的海洋型冰川区冰斗发育较为完好；亚大陆型冰川作用区冰斗发育次之；极大陆型冰川作用区冰斗发育程度最不理想。这说明气候对冰斗发育的重要影响。

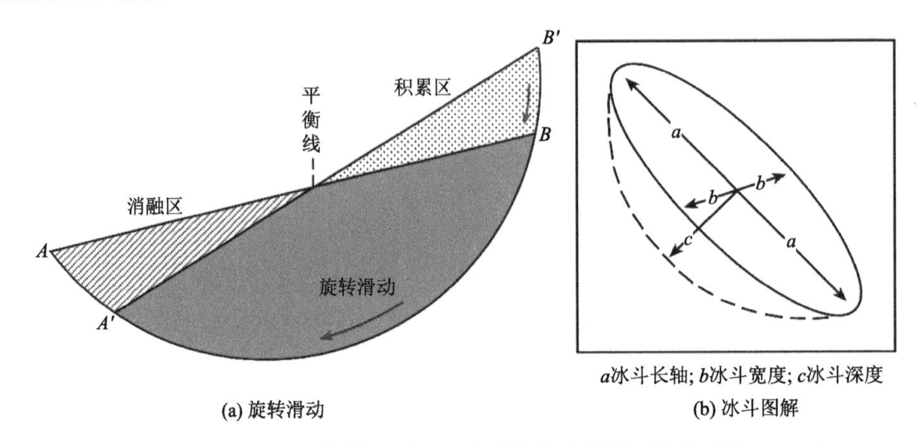

(a) 旋转滑动 (b) 冰斗图解

图 2-5 冰斗形成的“旋转滑动”及冰斗指数示意图（施雅风等，1989）

单从形态上判别，石灰岩溶蚀洼地、雪蚀洼地、谷源汇水洼地等与冰斗形似的地形容易被误判成冰斗。野外观测时，应对疑似的冰斗进行综合研判。首先，应该考虑某山地是否具有冰川发育所需的气候、地形与地势等条件；其次，观测疑似地形是否具有岩（冰）盆与反向岩坎的独特组合，该组合是冰斗的专属标志，在冰斗鉴别中具有决定性意义。对于形成时间较近的岩坎还应观察有无保留下来的面积较大的基岩磨光面；再次，在大致相同海拔高度带上，这样的疑似地形是否成群出现；最后，还可以利用冰斗平坦指数作进一步准定量化评判，鉴别冰斗的真伪及其发育程度[图 2-5（b）]。

$$F = a / 2c \tag{2-1}$$

式中，F 为冰斗平坦指数；a 为冰斗后壁冰川作用最高点至冰斗口反向岩坎的长度；c 为垂直于 $a-b$ 面所量取的冰斗的深度。

根据研究，真正冰川塑造的冰斗平坦指数较小，数值一般为 1.7～5。大陆型冰川作用区冰斗的平坦指数分布范围稍微大一些，如天山乌鲁木齐河河源大西沟的冰斗平坦指数是 3.3～6.3，说明大陆型冰川底部旋转滑动不活跃。中国东部中低山地，如庐山地区的“大坳冰斗”，其平坦指数高达 8.4。山东沂源县芝芳沟十八转谷地“国内罕见的、保存如此完好的、侵蚀地貌与堆积地貌相对应的复合景观”的“沂源冰斗”既无明显的岩（冰）盆，更无斗口高起的反向基岩岩坎，大致相同的高度也无成群出现的冰斗群。这些信息共同显示这些“冰斗”非冰川所成。因此古冰斗鉴别时可以用古冰川具备的岩（冰）盆和岩（冰）坎与冰斗平坦指数相结合的办法。

冰斗发育在 ELA 附近，因此古冰斗的位置可以很好地指示古 ELA 的位置。在包括现在在内过去 2.6 Ma 的第四纪中出现了多次冰期-间冰期旋回，加上新构造运动造成一些构造活跃山区山体的抬升，所以在高山区可以看到多层冰斗分布，这种现象又被叫作“冰斗阶梯”，根据“冰斗阶梯”的级数可初步判断冰川作用次数。需要引起注意的是，古冰斗底部高度为古 ELA 的大致海拔，但古冰斗底部的绝对高度只是古冰川平衡线的现代高度，可能与古 ELA 的真正高度存在差异，特别是构造活跃的地区。为了获得冰川在相应冰期内的ELA，应该结合该山地的构造抬升资料等来综合研究相应冰期时ELA。

2. 冰川谷

冰川谷是冰川区比冰斗更宏观的冰蚀地形（图2-6）。冰川谷又叫槽谷（trough），因其横剖面呈“U”形，所以又被称为U形谷（U-shaped valley）。一般而言，冰川谷谷底宽缓，谷坡陡峻，有时保存有面积较大的磨光面，在其两侧有时发育有刻槽。在过渡到较和缓的谷坡时，冰川谷上部较为明显的坡折为槽谷的谷肩。因冰量的多少决定侵蚀能力的大小，发育较好的冰川谷在平面上呈上宽下窄的形态。但最典型的标志不在其横剖面，而是其纵剖面，冰川在起伏的冰床上可交替出现伸张流与压缩流，在压缩流部位，冰川底部岩屑经过剪切面被带到冰面，冰盆底部被不断降低，则反向坡愈来愈明显，最终导致冰川谷内冰（岩）盆与冰（岩）坎的交替出现，这是冰川槽谷最典型的判别标志。如天山乌鲁木齐河源区的冰川谷内发育着一系列形态明显的冰（岩）盆与冰（岩）坎。

图2-6 喜马拉雅山阿玛直米雪山北坡冰川槽谷（甄东海 航拍）

规模较大的树枝状或复式山谷冰川均存在数量不一的支冰川，当冰川消失或后退后，在主冰川谷的两侧留下了一些呈悬挂状与其相交汇的谷地，即悬谷（hanging valley）。形成这种地貌格局的主因是主冰川与支冰川下蚀量不同所致。主冰川冰层厚、侵蚀力强、侵蚀量大，而支冰川冰层薄、侵蚀力弱、侵蚀量小。故支冰川形成的U形谷成悬挂状相交于主谷。在多次冰川作用的山区，还可以发现镶嵌的冰川谷，即“谷中谷”现象，如天山乌鲁木齐河流域上下镶嵌的冰川谷。这种地貌组合可用来判别谷地形成的新老顺序。在北欧与北美洲的大陆冰盖区，流进海洋的古冰流也可以侵蚀形成低于海平面的规模巨大的槽谷，冰盖消退海平面升高后，这些槽谷被海水淹没形成了峡湾（一般都是优良的深水港湾，如挪威沿海的一些港湾）。

在自然界，一些被后期沉积物等充填形成箱形的河谷、地貌演化壮年期的宽谷、构造控制的向斜谷等外在形态与槽谷相似，需谨慎研判。如中国东部争议比较大的庐山地区，李四光等中低山地泛第四纪冰川学派认为王家坡谷地是最典型的 U 形谷。单从其有悖于冰川槽谷的上窄下宽的形态判别它就不是冰川侵蚀所成，研究也证实王家坡谷地实质上是一个向斜谷。对于 U 形谷，首先要判断它们是否为构造或其他成因所成；其次根据其平面形态（上宽下窄）与纵剖面内的冰（岩）盆与冰（岩）坎等组合来识别；再次，发育较好槽谷的横剖面可用抛物线方程来表示：$y = ax^b$（其中，a 为系数；x 为谷壁上任何一点到谷底中心的水平距离；b 为指数，发育较好的槽谷 b 值近似为 2），这是槽谷判别指标之一。鉴别时还可结合其他一些规模较小的侵蚀地形（羊背岩、鲸背岩、磨光面、刻槽等）以及谷中沉积物是否含有冰川擦面石等来进行综合研判。研判 U 形谷另一个形态参数是谷形指数（计算公式为 $FR = D / W$，其 D 为谷深，W 为谷宽。真正的冰川谷的谷形指数在 0.24～0.5）。上述 U 形谷判别的指标与研判标准的综合运用可以获得接近事实的判断。

羊背岩又称为羊背石（roches moutonnées），是冰床上典型的中小型侵蚀地形。自上而下观之，如羊（群）伏地而得名（图 2-7）。需要指出的是羊背岩是基岩而非漂砾，一般发育在 U 形谷谷壁和谷底的转折处，其迎冰面缓，呈流线型，以磨蚀为主，故其表面布满擦痕，多以磨光面形态存在。背冰面陡，成锯齿参差状，这是复冰作用拔蚀对冰床向下破坏造成的。长轴方向与冰流方向相一致，迎冰面平行于长轴方向的擦痕可以指示古冰流方向。羊背岩是冰川磨蚀与拔蚀共同形成的。羊背岩的出现说明冰下水层不发育，冰川底部冰温尚未达到压力融点，或至多是接近压力融点。在迎冰面压应力集中，压融作用产生融水加大了冰川的滑动，在滑动过程中产生一些可指示冰流方向的各种擦痕。

图 2-7 天山乌鲁木齐河源区羊背岩（赵井东 摄）

背冰面因压应力降低而重新冻结，复冰作用能造成冰川的拔蚀，致使背冰面被挖掘成参差的锯齿状（图 2-8）。羊背岩在冰床上广泛出现是冰床发育良好的标志，也是判定冰川谷的重要标志之一。羊背岩地形在我国亚大陆型冰川区较为发育。鲸背岩发育在谷底中心线附近，形态与羊背岩相似，不过迎冰面与背冰面均为流线形，可能是冰下水层比较发育，冰川底部以滑动为主，拔蚀作用很弱或基本不存在所致。在甘肃省甘南地区的迭山西北部，在海拔 4100～4200m 残存夷平面上保留大量呈东西走向的鲸背岩，可能意味着当时冰川底部冰温较高或处于压力融点，冰川以滑动为主，加上质地比较柔软的石灰岩配合，形成了大量的鲸背岩。

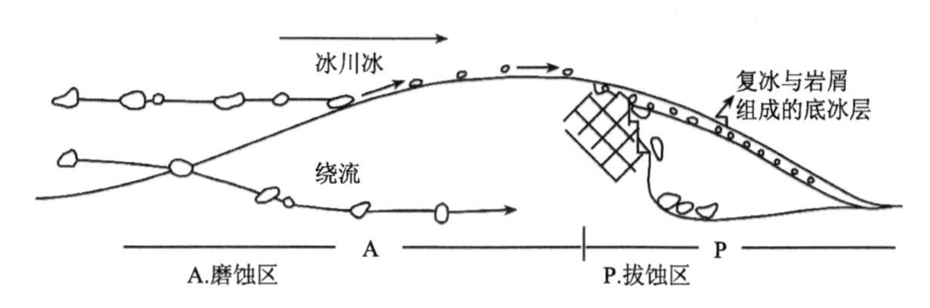

图 2-8　羊背岩的形成示意图（施雅风等，1989）

擦痕（striation）和冰川磨光面（polished surface）：冰川擦痕是冰川侵蚀作用所造成的微地貌形态，是呈流线形的负地形，广泛出现在冰床上与冰碛石表面，是冰川地貌鉴别中常用的最具价值的证据。也是最直观、最快捷冰川作用识别标志之一。因自然界多种营力可形成擦痕，使其具有多解性，故擦痕不是古冰川作用鉴别的专属标志，在实际运用中不可作为鉴别古冰川作用的唯一标志。

冰川是岩屑搬运与改造的特殊介质，随着冰川学的发展，特别是冰川底部动力过程研究的突破，学者们逐渐对冰川擦痕形成机理及其固有属性有了正确的认知。冰川对岩屑改造是“优先磨平作用”，有别于流水的“优先磨圆作用”。冰川冰的密度、黏滞性和厚度等静态性质与运动速度、方向、稳定性等动态性质对被搬运的岩屑物质及其改造都有影响，这些信息均可以保存在冰川沉积之中。在“优先磨平作用”下，岩屑最终可被改造成擦面石[图 2-9（a）]。被改造的岩屑对下伏冰床也有磨蚀作用，冰川区常见的擦面石或基岩磨光面[图 2-9（b）]就是在这个过程中形成的。经过改造的典型冰碛石为三边形或五边形，形如“熨斗”的熨斗石，它们有一个集中了大量擦痕平坦的底部主擦面和隆起的、棱角钝化或具流线型的顶面，前端尖角往往有辐射形的裂口，尾部边沿则具贝状断口。除了熨斗石外，还有龟背条痕石（又称为弹头形石）、若干擦面向尖端辐聚的箭镞石等也可作为古冰川作用的鉴别标志。龟背条痕石可反映冰川底部冰川冰的运动状态，是滞碛中最典型的冰碛石。沉积物中含有这些标志的岩屑可判别其为冰川作用的产物。

(a) 昆仑山东段阿尼玛卿山哈龙冰川外围典型的冰川擦面石（郭万钦 摄）

(b) 天山博格达峰西南坡基岩磨光面（赵井东 摄）

图 2-9　冰川区擦面石与基岩磨光面

我国早期第四纪冰川研究论著，特别是东部中低山地“第四纪冰川”研究论著中多有带条痕岩块的内容描述。他们形象地将这些擦痕描述成“钉”字形或“老鼠尾巴”形等。20 世纪上半叶，在沉积相与沉积体系尚未形成，山洪泥石流尚未被公众熟知的背景下，这种认知促进了当时地学的发展。随着学科的发展，学者们逐渐认识到除冰川外，断层、崩塌、滑坡、山洪泥石流等也可在岩屑或基岩表面形成擦痕，不过它们的形成机制与过程不同。以冰川与山洪泥石流形成的擦痕石为例，缓慢向下运动的冰川，上下冰层存在流速差，冰中裹挟的岩屑受周围冰体的束缚，很少有机会发生翻滚，为了达到阻力最小，岩块慢慢调整使其长轴平行于冰流，故冰川擦面石上的擦痕与岩块的长轴大致平行[图 2-9（a）]。山洪泥石流是特殊洪流，剧烈急速的流动过程中，岩块先是相互碰撞形成撞击坑，然后快速擦划形成“钉”字形或“老鼠尾巴”形的擦痕，在重力影响下，有些擦痕带有一定的弧度。同时，为了达到搬运的阻力最小，岩块在向下运动过程中还有沿着短轴发生多次翻滚的可能，所以山洪泥石流中岩块表面的擦痕方向杂乱不一，且多与短轴平行。据此可判断出早期我国第四纪冰川研究中关于冰川擦痕的论述存在缺陷，且为非冰川所成。

颤痕（chattermarks）：是与冰川擦痕相伴随的另一种微形态，常见于基岩冰床、岩壁、羊背石、鲸背岩、大漂砾上。典型的颤痕大体呈新月形、半月形，其轴线平行于冰川擦痕。新月形颤痕的弧背标志着受力方向。故冰床上的颤痕弧背朝上游，而漂砾上的颤痕，弧背朝下游，即冰川运动方向。颤痕的发生可能表明，冰川运动时，携带的岩屑并非匀速前进，而是应力不断积累，达到一定程度后突然前进一段距离并释放了应力，周期性间歇前进所致。

角峰（horn）与刃脊（arête）也是冰蚀地形中形态较为凸显的冰蚀地形，它们的形成与冰斗的发育密切相关，它们是在冰斗发育的基础上发展起来的。随着冰斗的不断扩大，冰斗壁不断地后退，相邻冰斗之间的山脊形成刀刃状，称为刃脊。若几个冰斗的后斗壁不断后退交汇，最终残留一个形状与金字塔相似的地貌形态，称为角峰。

2.1.3　冰川沉积地貌

运动着的冰川/冰盖不断地把卷入其中的岩屑物质从冰川的积累区搬运到消融区，在搬运过程中对岩屑进行了加工改造，冰川携带的岩屑物质因冰川的不断消融而最终释放出来，在消融区的适当位置形成不同形态的冰川沉积地貌。冰川沉积一种非常复杂的“混杂堆积”，包含有细小粒径的黏粒到体积巨大、重量过万吨的漂砾。冰川沉积有广义与狭义之分，广义的冰川沉积指冰川环境下形成的陆源碎屑沉积的总称，它包括直接由冰川沉积下来的冰碛，冰川冰与冰川融水共同作用形成的冰川接触沉积，冰川融水径流形成的冰水沉积和接近冰川水体中形成的冰湖（或海）沉积（Embleton and King，1975）。狭义的冰川沉积指直接由冰川沉积下来，分选性与磨圆度都很差、呈次棱角状未受后期扰动的沉积。对冰川沉积过程的研究十分重要，一是因为冰川沉积过程影响着所堆积的沉积物的性质和特征；二是沉积过程与最终沉积的地貌息息相关。在冰川沉积体系中保存有大量的冰川作用信息，同时这些信息受冰川搬运与沉积等动力过程的影响与控制。

冰川/冰水沉积所成的各种形态的沉积地形勾勒出冰川曾达到的范围，这是冰川演化序列与古冰川重建最重要的研究内容之一。在各种冰川堆积地貌中，冰碛垄最受重视，它们是冰川直接沉积地形且能指示古冰川的范围。冰碛地形主要有终碛垄（end moraine）、侧碛垄（lateral moraine）、中碛垄（medial moraine）与冰碛丘陵（hummocky moraine）等。不过需要指出的是，这种由松散岩屑物质堆积起来的冰碛地形很难长久保存，冰川消退后接踵而来的寒冻风化、雪蚀作用、坡面块体运动以及流水作用可以很快将其改造或破坏掉。根据野外考察，只有末次冰期的冰碛垄保存得相对完整，倒数第二次冰期的冰碛垄以及更老冰期的冰碛垄基本上都遭到了后期各种地貌过程不同程度的破坏或改造，确定越老的冰川作用越要谨慎。

1. 终碛垄

冰川补给和消融达到动态平衡，冰川末端较长时间停留在某个位置，由冰川搬运来的冰碛在其末端不断沉积而形成弧形冰碛垄（图 2-10）。终碛垄是冰川前进或相对稳定时的沉积地形，可以清楚地指示某次冰川作用中冰川曾到达的最远位置和冰川冰进曾达到的最大范围。与大陆冰盖区的终碛垄相比较，山地冰川的终碛垄有高度大、长度小与弧形曲率大的特点。终碛垄可分为前进型和后退型两种类型。一般而言，前进型终碛垄的规模比较大，有时山地冰川的终碛垄可能是几次冰进的终碛位于同一位置叠加而成的，形成高大的锥形终碛，气势雄伟。高度从数十米到二三百米不等。

前进型终碛垄沉积物除了冰川携带来的冰碛外，还包括相当数量的冰期前河流相沉积与坡积物，这些物质是被前进的冰川推挤集中起来的。在剖面中常出现逆冲断层，褶曲或焰式构造，属变形冰碛。这种以变形冰碛为基础的终碛垄被专门命名为推碛垄。不过推碛垄的规模一般不大。真正高大的终碛垄底部以变形冰碛为核心，其上主要是卸碛或冰上融出碛。它们具有明显的倾斜层理，倾角一般为岩屑从冰舌前沿滚落或滑落后停积下的休止角。由于冰上融出碛来源于冰面，一些细小的物质早已被冰面融水冲走，因而粗大疏松，属岩屑支撑型。有时在岩屑空穴中可见到后期填充砂层，其形状随空穴形状而异。这种填充砂层的水平层理与冰上融出碛急倾斜层形成鲜明的对照。山地冰川在后退过程中时常发生多次短期的停顿或再前进，形成一系列规模较小的冰退型终碛垄，一般比较低矮。如果只是短期的冰川停顿堆积的冰碛垄，那么其中就不包含有变形冰碛形成的推碛垄。如果在后退过程中出现了冰川的再前进，则在沉积中就可以发现因冰川推挤作用形成的推碛垄。一般而言，最外一道终碛垄常为推挤终碛垄，它内侧其余的多道终碛垄有可能为冰退终碛垄。

2. 侧碛垄

在冰川消融区，向侧面倾卸滚落的表碛连同位于冰川侧面的冰碛共同堆积而成的冰碛地形称为侧碛垄。在山地冰川区的冰川谷中，侧碛垄多呈堤状或垄状沿谷分布。如果冰川的规模比较大，为溢出山口的山麓冰川或宽尾山谷冰川，那么侧碛垄也随冰川的延伸而延伸。当冰川减薄退缩的时候，侧碛垄就凸显在冰川的两侧，故侧碛垄不易被冰川融水或后期的河流作用破坏，较终碛垄，侧碛垄是相对容易保存的冰碛地形。坡度陡峻且两坡不对称是侧碛垄的一大特点。一般而言外坡稍缓，沉积物停积的角度接近碎屑物质的休止角，内坡因冰川的挤压显得更加陡峻。有时在谷坡上可保存下来高度不同的多列侧碛垄，这可能系冰川作用过程中，数次剧烈的冰川作用的产物。

终碛垄与侧碛垄在相对冰期划分和了解冰川进退方面意义重大。侧碛垄向上可达冰川平衡线附近，在坡度较为和缓的谷地，侧碛垄最先出现的高度可以看作是对应冰期的冰川 ELA 的位置。终碛垄与侧碛垄可以确切的指示冰川所达到的最大作用范围（图 2-10），因此它们是第四纪冰川重建最重要的冰川沉积地貌之一。

3. 中碛垄

若两条冰川以很小的角度汇流后，自汇流点向下，原来分属两条冰川的相邻的侧碛就合起来，成为夹在两者之间的中碛。那么冰川后退后，由中碛沉积下来形成的冰碛地形即为中碛垄。如果两条冰川的规模相当，那么中碛垄呈对称状态。如果两条冰川一条规模大些，另外一条规模稍小，那么形成的中碛垄成具有一定弧度的斜坡状，由规模稍大冰川向规模稍小冰川倾斜。

图 2-10　天山乌鲁木齐河源区 1 号冰川末端小冰期三道冰碛垄（苏珍 摄）

4. 冰碛丘陵

冰碛丘陵的形成需要富含岩屑的冰流与宽阔且地形和缓的山谷或山麓带的密切配合。通常是富含岩屑的冰川进入宽阔且地形和缓的山谷中或山麓带，因气温突然升高造成了冰川平衡线的迅速升高，那么原来冰川消融区的一部分将形成死冰。富含岩屑的死冰在缓慢消融过程中，位于冰川不同部位的岩屑，即冰面的表碛、冰内的内碛经过反复的聚集，最终降落到底碛之上，形成状如“坟冢”的冰碛丘陵（图 2-11）。冰碛丘陵广泛发育于大陆冰盖区，如欧洲斯堪的纳维亚与北美洲古大陆冰盖区均发育有大量的冰碛丘陵。我国帕米尔高原，介于慕士塔格峰与公格尔九别峰间的康西瓦河流域、天山台兰河流域的山麓带以及藏东南波密地区波堆藏布流域均发育有大面积的冰碛丘陵。已有的研究表明，基于 TNC^{10}Be 的冰碛丘陵定年往往要远小于其实际年龄，其可能原因之一是被厚层表碛覆盖的死冰消融缓慢，死冰的消融造成了表层漂砾的不稳定所致。因此，对冰碛丘陵展开研究，特别是其形成年代的测定需要格外地谨慎。

图 2-11　公格尔山-慕士塔格山之间卡拉库里湖附近的冰碛丘陵（赵井东 摄）

5. 鼓丘

鼓丘（drumlin）是形成于冰川底部的流线型岗丘，其典型形态像是背面朝上的勺子。一般多发育在大陆冰盖区，分布在大陆冰川终碛垄以内几公里到几十公里范围里，往往成群出现，呈放射状排列，短距离内呈平行排列状。在山地冰川作用区很少见，但在青藏高原局部发育过冰帽的古冰川作用区可发育此地形。鼓丘主要是由冰碛或部分冰水沉积组成，一般没有层理。形态上呈椭圆形、长条形，长轴平行于冰流的流向，可指示古冰流运动的方向。鼓丘迎冰面坡度陡，背冰面和缓，和鲸背岩、羊背岩的形态特征恰恰相反。鼓丘的可能成因是：前期形成的冰碛被冻结，冰川再前进时侵蚀而形成。

除了上述冰川直接沉积形成的各种冰碛垄，冰碛丘陵等地形外，冰川融水也具有一定的侵蚀搬运能力，它能将冰川磨蚀与拔蚀形成的粉砂、粗砂、粒径较小的砾石以及岩块搬运到冰碛垄的外围。冰川附近因冰川融水侵蚀搬运形成的沉积地形多为冰川接触沉积或冰水沉积和接近冰川的水体中形成的冰湖（或海）沉积。冰川接触沉积是在冰川边沿、表面和底部的冰川融水中所沉积的砂砾层或粉砂层。沉积发生时，有冰川的支撑与包围，冰川消亡后它们失去支撑而发生塌陷变形。冰水沉积指的是冰川融水携带的粒径较小的粉砂、粗砂及砾石等在冰碛外围沉积，接近冰川的水体中形成的冰湖（或海）沉积指的是冰川融水携带的物质在冰湖中沉积的纹泥以及冰川崩解入海入湖消融后的冰碛/冰筏沉积等。

6. 冰川接触沉积

蛇形丘、冰砾阜与冰砾阜阶地都是冰川接触沉积形成的冰川沉积地形：①蛇形丘（esker）是一种狭长而曲折的垄岗地形，两坡对称，丘顶较狭窄，如蜿蜒伸展之蛇形，故命名为蛇形丘。蛇形丘多发育于大陆冰盖区，在山地冰川作用区较为少见。蛇形丘长度约数千米或者数十千米。高度10～30m，有时候可以达到70～80m，底宽几十米到几百米，蛇形丘的延伸方向大致与冰川流向相一致。蛇形丘可以分布在低处，也可以爬高。蛇形丘的成因可分两种：一是冰下隧道成因：在冰川融水很多的消融期，冰川融水沿着裂隙进入冰下，在冰川底部流动形成冰下隧道，冰川融水携带的沙砾在搬运沿途不断堆积填充冰下隧道。待冰川完全消融后，隧道中的沉积物就显露出来，形成蛇形丘。二是由冰川连续后退冰水三角洲堆积连接而成。在消融季，冰川融水携带的物质在冰川末端流出进入到冰湖中形成冰水三角洲，到下一个消融季冰川再次后退沉积形成另一个冰水三角洲，一个个冰水三角洲连接起来，就形成了串珠状的蛇形丘。②冰砾阜（kame）是一种椭圆形的或不规则的小丘（丘陵），由一层有层理并经过分选的细沙组成，通常在冰砾阜的上部有一层冰碛层。冰砾阜是冰面上小湖或小河的沉积物，在冰川消融后沉落到底床堆积而成。其形态也由形成时的负地形转变为最终的正地形。与冰碛丘陵的主要区别是其组成物质为有层次的砂砾层。这些砂砾层是冰面与冰内空穴所接纳的冰水沉积。

在山地冰川区与大陆冰盖区均可发育冰砾阜。③冰砾阜阶地（kame terraces）是由充填冰川两侧的冰水河道的砂砾在冰川消融时堆积而成，主要组成物质为冰水砂层。因在冰川两侧，由于岩壁和侧碛吸热较多，附近冰体融化较快，又由于冰川两侧冰面较中部要低，所以冰融水就汇聚在这里，形成侧向河流，并带来大量的冰水物质。当冰川全部融化后，这些冰水物质就堆积在冰川谷的两侧，形成了冰砾阜阶地。冰砾阜阶地与河流阶地不同之处是其分布的断续性，且左右岸与上下游阶地面起伏变化大，前坡的砂砾层向谷地中心倾斜，而且它只发育在山地冰川作用区。

7. 冰水沉积

冰水沉积类型多样。根据冰水沉积地貌部位、形态特征和物质结构可分为冰水扇和冰水平原、冰湖沉积、锅穴等。①冰水扇和冰水平原（outwash plain），在冰川底部的冰融水常形成冰下河道，它可携带大量的泥砾从冰川末端排出，在终碛堤的外围沉积成扇形地，叫作冰水扇。冰水扇一般顶端厚，向外变薄的冰水堆积体。冰水扇在大陆冰盖区与山地冰川区均可形成。在大陆冰盖外围许多冰水扇相连形成规模较大的平原被称为冰水平原。在山地冰川作用区冰水扇可联合成谷地冰水平原。由于水流较急，冰水平原的组成物质粗大而缺乏分选，砂砾层中常常夹有大漂砾，并有许多锅穴。其中谷地冰水平原在后期被切割则成冰水阶地，冰水阶地向下游倾斜较急并逐渐尖灭，故冰水阶地是典型的气候阶地。②冰湖沉积，由冰川融水携带的物质在冰湖中形成具有一定沉积韵律的沉积层，这种沉积被称为季候泥或纹泥（varve）。其沉积韵律的形成与冰川融水多少，水动力大小关系密切。在冰川消融强烈的夏季，冰川融水增多，水动力变强且挟沙能力增大，冰水物质入湖之后，其中颗粒较大的沙子与粉沙颗粒较快地沉积下来。秋冬季节，冰川融水减小，水动力变弱，冰湖中悬浮的细颗粒黏土等物质才开始缓慢沉积。夏季颗粒较大的沉积层颜色较浅，秋冬季节颗粒较细的沉积层颜色较深，这样，冰湖沉积层中就形成了颜色较浅的粗颗粒沉积层与颜色较深的细颗粒沉积层交替出现的季候泥（纹泥）。钻取较好的季候泥沉积可以细数出其年层，进而确定冰湖沉积的年龄。③锅穴，冰水平原上常常有一种圆形洼地，深度约数米，直径可以达到数十米。锅穴是埋在沙砾中的死冰块融化引起的塌陷而成的。

冰川侵蚀与沉积地貌的空间组合：山地冰川与大陆冰盖形成的冰川地貌组合有其共性也有其独特性。山地冰川地貌组合具有垂直地带性分布规律（图2-12）。以古冰川ELA可分为上下两部分。上部以冰蚀地貌为主，分布有角峰、刃脊等；古冰川ELA附近分布有成群出现的冰斗；平衡线高度以下的冰蚀地貌有U形谷、谷坡与谷底过渡区的羊背岩、槽谷中的冰（岩）盆与冰（岩）坎，以及冰碛地形表面广泛分布的冰川擦面石。大面积出露的基岩磨光面既可以出现在古冰川积累区，也可以出现在古冰川消融区。冰碛地貌则主要分布在古冰川ELA以下区域。有分布在古冰川两侧，上可达古冰川ELA，下可接终碛垄的侧碛垄；分布在冰川末端高度数米数十米乃至超过百米的终碛垄；分布在两条冰川之间的中碛垄；分布在地势和缓山谷或山麓带的冰碛丘陵等。冰水沉积则分布在冰碛地貌外围，沉积形态有冰水阶地、冰水扇等。

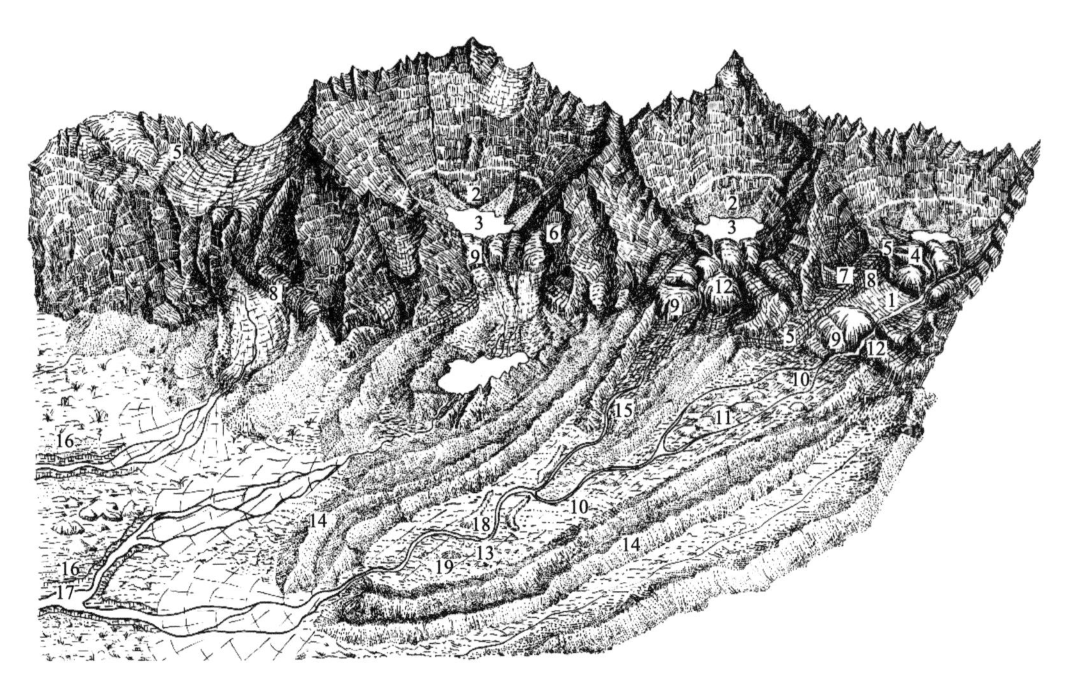

1.槽谷；2.冰斗；3.冰斗湖；4.岩坎；5.冰蚀上界；6.岩墙；7.岩肩；8.刻槽；9.谷阶；10.冰床；11.鼓丘；12.羊背石；13.底碛（滞碛）；14.冰进型终碛垄；15.冰退型冰碛垄；16.冰水砾石滩；17.现代河床；18.蛇形丘；19.冰砾阜

图 2-12 山地冰川消退后的地貌形态素描图（据 Streiff-Becker, 1947，郑本兴 改绘）

大陆冰盖的地貌组合表现为水平分布规律，以高大的终碛垄为界，垄内以冰蚀与沉积地貌为主，垄外以冰水沉积地貌为主。从冰盖作用中心向外围分布有大面积的基岩磨光面、冰蚀湖、基碛、终碛垄、冰碛丘陵、蛇形丘、冰水平原等。如果冰盖有入海冰流，冰川侵蚀形成的槽谷将被海水淹没形成峡湾。需要引起注意的是，我们通常论述冰川强大的侵蚀能力，但有时候也出现冰川对下伏地形的保护现象，这种现象多出现的冷底大陆冰盖区。虽然这种现象比较少见，但却是客观存在的。

2.2 冰缘作用与冰缘地貌

冰缘一词是由波兰地质学家 Walery von Lozinski 于 1910 年在第 11 届国际地质学会上发表《机械风化的冰缘相》一文中首次提出，用以描述更新世冰盖边缘区域找到的一些能代表寒冷气候特征的地貌和沉积物，也为狭义的冰缘定义。目前，国际上绝大多数学者认同的冰缘区以 Albert Lincoln Washburn 于 1979 年的定义为准，即出现于非冰川作用的陆地上，且冻融作用在该区地貌形态塑造中起到重要作用，而不管冰缘区离冰川有多远及与冰川有无联系（Washburn, 1979）。冰缘区主要分布于高纬度和高海拔地区，这些区域又是冻土，尤其是多年冻土的主要分布区。冰缘区受寒冻和冻融等冰缘作用所形成的各种地表形态统称为冰缘地貌。

现代冰缘地区约占全球陆地面积的 20%，第四纪期间则有近 40%的地球表面曾受到寒冷气候影响而经历冰缘过程（Lowe and Walker，1997）。中国多年冻土面积可达 $2.15\times10^6km^2$，占国土面积的 22.3%，季节性冻土则为其 2 倍（周幼吾等，2000），这些区域均不同程度地进行着冻融过程。我国的冰缘地貌主要分布在西部高山高原地区，属垂直带或高度带多年冻土的产物；而纬度地带性冰缘地貌主要分布于东北大小兴安岭、西北的阿尔泰山等地区，属于欧亚冰缘带的南部边缘。

2.2.1　冰缘作用

冰缘作用（periglacial action）指在寒冷气候环境下，由岩土中水分的冻结及负温条件下温湿变化而产生的应力，引起水分迁移、冰的形成及融化、岩土变形及位移、沉积物的改造等一系列过程。它按照作用过程和方式差异可分为寒冻风化（frost weathering/action）-重力作用（mass movement）、雪蚀作用（nivation）、冻融蠕流（soliflution）-重力作用、冻融分选作用（frost sorting）以及冻胀推挤（frost heaving and thrusting）和冻裂作用（frost cracking）、热融作用（thermokarst）等（周幼吾等，2000）。

1. 寒冻风化–重力作用

寒冻风化是因气温正负频繁交替，岩石节理裂隙中水分冻结膨胀而导致岩石的破碎过程。因而，寒冻风化的速率受到气温、湿度（含水量）和岩性等因素的影响。寒冻风化又可分为寒冻劈裂（frost splitting）（寒冻作用对无裂隙岩石整个表面冻结（常<–20℃）后产生的寒冻爆裂过程）及寒冻楔入（frost wedging）（主要是寒冻作用对岩石原有裂隙进行的拓宽过程）；这两个过程又可被统称为冻碎作用（frost shattering）。以此为主导作用形成的冰缘形态有冰缘岩柱（或突岩，tor）、石海（blockfeild / felsenmeer）、石流坡（block slope）、倒石堆（talus）、岩屑锥（scree）及岩屑坡等。尤其是在冰川 ELA 附近，正负温交替频繁，岩石寒冻风化进行得更为强烈而充分。

2. 雪蚀作用

雪蚀作用是岩石崩解破碎的一种形式，就其发生机制而言，也可称是一种特殊类型的寒冻风化。与寒冻风化不同之处在于水分参与充分。雪蚀作用主要发生在 ELA 附近山坡积雪洼地的周边。当气温高于 0℃时，融雪水渗入岩层；当温度下降到 0℃以下，裂隙中的水冻结，体积膨胀而使岩石崩解破碎。由于 ELA 附近温度在 0℃上下波动频率高于其他地方，因此由雪蚀作用形成的冰缘形态多分布于此。雪蚀作用形成的主要形态有雪

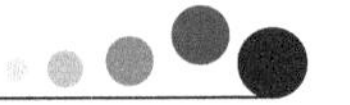

蚀洼地（navtion hollow/depression），冻融剥夷台地（cryoplanation terraces）、峰林地形、岩屑堆、雪蚀洼地-泥流扇等。

3. 冻融蠕流-重力作用

Washburn（1979）认为，冻融蠕流的产生包括两个过程，一是冻爬（frost creep）过程，即斜坡土体冻结时沿坡面法线方向隆升，融沉时沿垂直方向回落而产生的向坡下移动；二是解冻蠕流（melting creep），由于融化期间季节融化层饱水受重力作用影响而顺坡面向下流动的过程（图 2-13）。冻融蠕流-重力作用产生的相应冰缘形态，主要有泥流阶地、泥流舌（soliflution lobes）、泥流坡坎、泥流扇、石冰川（rock glacier）、石河（rock/block stream）、石流坡坎、草皮坡坎等。冻融蠕流-重力作用主要发生在坡面上，是坡地主要的冰缘过程及坡地冰缘的主要形态。泥流或土溜（solifluction）一词，通常是指碎屑组成的坡地，其表层土体富含水分，在重力作用下向坡底缓慢流动或蠕动，形成叶状、舌状和阶坎状地形，因此该词可广泛用于各种环境坡地物质的块体流动或蠕动；而融冻泥流（gelifluction）仅指冰缘环境的土流，且特指冻融环境中融冻蠕流过程的蠕流，即冰缘作用中的冻融蠕流大致为冻爬与蠕流之和（solifluction≈frost creep+gelifluction）（French, 2007）。高山、高原冰缘区约占我国冰缘区总面积 3/4 之多，因此冻融蠕流-重力作用及其上述冰缘形态的发育和分布广泛。

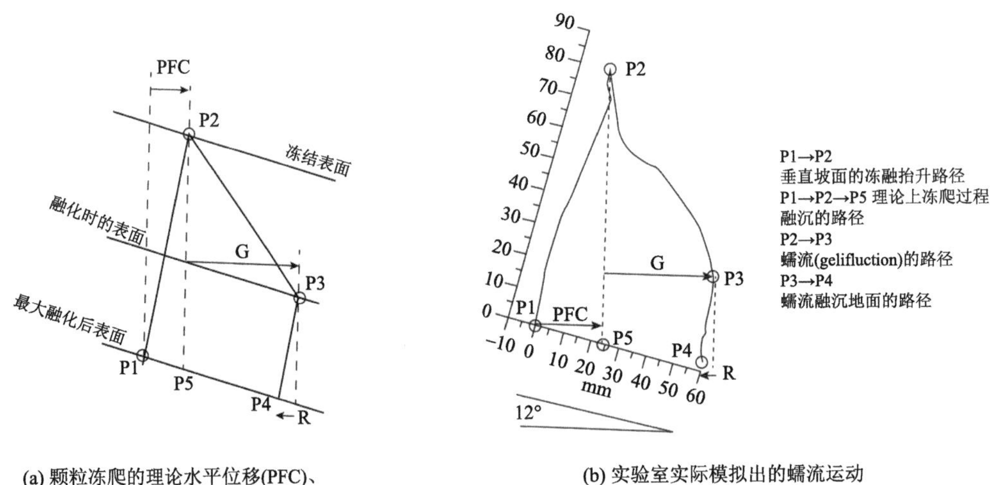

(a) 颗粒冻爬的理论水平位移(PFC)、蠕流(gelifluction)水平位移(G)和逆行运动理论的水平位移(retrograde movent)

(b) 实验室实际模拟出的蠕流运动

图 2-13 冻融蠕流（solifluction）的组成（Harris et al., 2000）

4. 冻融分选作用

冻融分选作用是季节融化层在频繁的正负温波动下反复冻结和融化，由于差异冻胀使不同粒度成分的物质产生分异、重新组合的过程。对于活动层来说，冻融分选及其形态类型要求有充足的水分，土层不均匀且含相当数量的细粒土。这就决定了此类型冰缘形态出露于斜坡中下部、冲洪积扇前缘、空冰斗、雪蚀洼地等地面平缓而又潮湿的地貌部位。冻融分选包括垂直（frost-pull）和水平（frost-push）两个方向。①垂向分选：冬季，多年冻土的活动层冻结，其砂砾孔隙中的水也会冻结膨胀，致使地面和砂砾层中的砾石一起被抬高，砾石的下部出现空隙，砂土填入或水渗入而形成（冰）透镜体。夏季，活动层上部解冻，但由于砾石和砂土的导热率不同，砂土中的冰会先融化，从而地面逐渐回降到原来位置，但此时砾石下部仍为冻结状态，因此一些大颗粒碎石或砾石会相对高出周围含水的砂土；等砾石下部冰开始融化时，砾石周围的砂土又会迅速向砾石下部移动并占据砾石下部已空出的空间，当活动层全部融化后，大颗粒碎石或砾石无法降至原来位置而相对抬升了。在这种周期性反复垂向冻融分选作用下，大的石块或砾石就逐渐被顶托抬升到地面。②水平分选：该过程是在活动层上部和表面进行的，细粒砂层中含水较多，冻结时其体积膨胀要比含水较少的粗粒碎石层大，导致细粒砂层就形成一个略微向上凸起的膨胀中心，从而使分布于表层的砾石会随膨胀中心向四周移动；解冻时，由于砾石和含水砂土的导热率不同，先融化的细粒砂土回到原来的位置，填充了融化后的空隙，等砾石下部也融化时，则不能回到其未冻结时的位置，而是相对向外侧发生了移动（杨景春和李有利，2001）。由冻融分选作用形成的冰缘形态主要有石环、多边形土（polygons）、石条（带）（stripes）、分选台阶（steps）和石网（nets）等成型土。

5. 冻胀推挤和冻裂作用

冻土层中常夹有未冻结层，其中的水分在地下慢慢凝结成冰，由于冻胀可使地面隆起形成冻胀丘（pingos/frost heave mound），水分直接出露地表则形成冰锥；冻胀中同时会产生推挤作用使多年冻土上部活动层中产生冻融扰动。而冻裂作用则使地面开裂，地表水周期性注入，使裂隙扩大并为冰体充填，剖面成楔，称为冰楔（ice wedge），如后期被充填，则可形成砂楔（sand wedge）或土楔（soil wedge），后两者在现代非冰缘区的出现可作为地质历史时期该地区气候寒冷的证据。属于此种作用的主要冰缘形态有冰椎、冻胀丘、自喷型冻胀丘、泥炭丘（palsa）、斑土、冻拔石、冻胀草环、冻融褶曲（frost involution）、土楔、砂楔、冰楔等。前八种形态类型主要系冻胀推挤作用所成；后三种形态类型的形成主要以冻裂作用为主，并有风力等其他外营力的参与。这些冰缘形态类型多分布于平缓的地貌部位，如山间盆地低级阶地、河漫滩和山前缓坡等。

6. 热融作用

热融作用是冻土中地下冰因温度升高融化致使地面沉降的过程，其冰缘地貌类型有热融滑塌、热融洼地（thermokarst hollow）、热融湖（alas/thermokarst lake）、热融冲沟等热融喀斯特地貌。由于此类型冰缘形态是由冻土中地下冰融化所引起，致使其分布往往

与厚层或透镜状地下冰的埋藏密切相关，因而它们多见于山间盆地、谷底及山地缓坡。随着全球变暖，多年冻土发生了严重的退化，热融作用也越来越剧烈，产生众多严重的冻融灾害。

2.2.2 冰缘地貌

冰缘区受寒冻和冻融等冰缘作用所形成的各种地表形态统称为冰缘地貌（periglacial landform）。中国的冰缘地貌主要分布在西部高山高原地区，属垂直带或高度带多年冻土的产物；而纬度地带性冰缘地貌主要分布于东北大小兴安岭、西北的阿尔泰山等地区，属于欧亚冰缘带的南缘。

1. 雪蚀洼地与冻融剥夷台地

由于山坡积雪及其融水的参与，寒冻风化和冻融作用强烈地破坏积雪周围及其下伏基岩，并在重力和融水水流的作用下，将风化碎屑物向下搬运，进而形成了碟形雪蚀洼地（navtion hollow）。其出口处，一般无明显陡坎，但当气候继续转冷，固态降水增加并转化成冰川冰时，雪蚀洼地可逐渐演化为冰斗。

冰缘环境下，坡地通常由两部分组成：上部为较陡的基岩坡（坡度可达40°以上），由于强烈的寒冻风化与冻融作用，它的演化以平行后退为主；下部为风化物质组成的缓坡（坡度多<10°），在融冻泥流和融水的冲刷下，坡地不断向平坦方向发展。这种基岩坡平行后退和低角度坡扩展作用被称为冻融夷平作用；基岩坡不断后退，使其坡麓地带形成有少量碎屑物质覆盖的平坦地形，称为冻融剥夷台地（cryoplanation terraces）。而持续冻融夷平作用的最终结果是陡坡景观的消失，最终形成仅剩少数孤立突岩的平坦地形，称为冻融剥夷平原（cryoplanation surface）。因为是冻融作用的产物，冻融剥夷平原的高度受控于冰缘带下界的高度，而冻融山足面的高度更是取决于局部坡地坡麓的高度。

2. 成型土

成型土（patterned ground）按照几何形态可分为多边形土、石环、石条（带）、分选台阶和石网等，通常分布于坡度<10°的区域。

石环（circles）是平面形态呈圆形的一种冰缘地貌，其中部为细粒土或碎石，边缘则由粗大砾石构成。石环的直径越大，外缘砾石的粒径也越大，但粒径会随深度增加而减小。它们在极地、亚极地以及高山平坦或近水平的地面上常有发育，既可单个存在也可成群出现。石环的直径一般为0.5～2.0 m，在极地地区可达十余米。石环是由多年冻土活动层反复地冻融分选所成，因此石环的发育仍需要具备良好的冻融分选条件，即碎屑中有一定比例的细粒土（通常不少于总体积的25%～35%），并且土层中要有充足的水分。

随着坡度的增大，在冻融分选、重力和融冻泥流的共同作用下，可逐渐演变为分选台阶；而当坡度>3°时，则可发育成线状石条（带），石条宽度在数厘米至数米之间，长度有时可超过 100 m（图 2-14）。

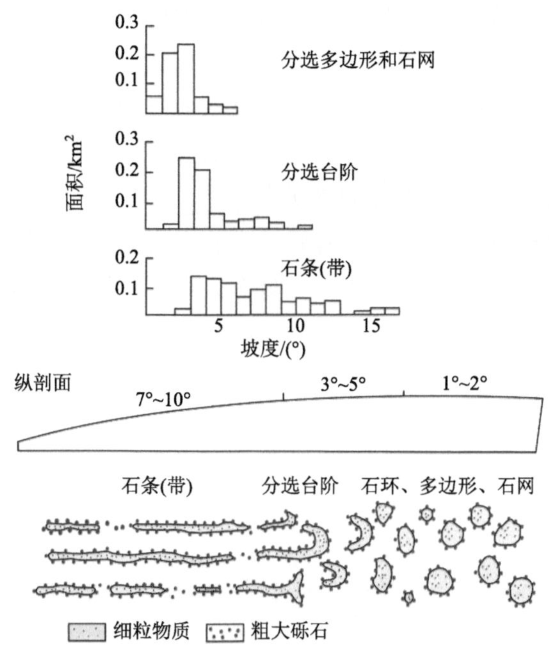

图 2-14　挪威南部成型土随坡度的分布（Odegard et al., 1988）

多边形土（polygons）多成群出现而不是单个发育，且其组成物质既可能经历了冻融分选，也可能未经分选。分选型多边形土是由粗大砾石组成的多边形外缘，中部则为较细的碎屑；未分选型多边形土，也可称为冰楔多边形土（ice-wedge polygons），即冰楔、砂楔等在地面的表现形式，从平面看呈多边形，但其边缘缺乏粗大砾石，仅呈现比中心略为高起的垄状或略低的小纹沟。此外，分选型多边形土与石环相似，通常在坡度较小的平坦区域发育，直径由数十厘米至 10 m，外缘砾石粒径随其直径增加而增大，随深度增加而减小；未分选型多边形土则受坡度影响较小，曾在 30°坡度的区域有发现，有时规模也较前者大得多，直径可从数米到百米。

3. 倒石堆、岩屑锥和石流坡

倒石堆、岩屑锥和石流坡都是基岩风化后在斜坡直接堆积的产物，它们运动主要受重力作用影响，是块体运动（mass movement）的表现形式，沉积坡度通常>17°；组成物质粗大，细粒物质少，很难保持水分（崔之久等，1998b）。

倒石堆和岩屑锥是受重力作用及雨水冲刷、冰雪融水或雪崩作用等参与下沉积于陡坡坡麓的岩屑堆积体。倒石堆可分为五种类型，即落石型倒石堆（rockfall talus）、冲积型倒石堆（即岩屑锥，alluvaial talus or scree）、雪崩型倒石堆（avalanches talus）、雪崩石舌（avalanches boulder tongue）和倒石堆前缘堤（protalus rampart）。落石型倒石堆的小岩屑多位于倒石堆顶部，大岩屑则可能滚到坡麓。落石型倒石堆多分布于较陡的阴坡或半阴坡且几无植被生长。冲积型倒石堆是雨水或融雪水冲刷沉积下来的碎屑堆，较大的石块集中于倒石堆顶部，较细岩屑因冲刷可通过空隙进入坡角，坡面常呈凹型，植被多呈条形在坡上发育。雪崩型倒石堆，由于雪崩冲击力强，可将冰、雪和岩屑混合物带至较远地带堆积，外缘常形成环状粗岩屑带，坡度较前两种类型要小，坡面呈平缓凹型。倒石堆前缘堤是由悬崖上或较陡峭岩石坡上单一的落石，从雪斑处滑落到雪斑下方，并在雪斑消融后构成沿谷壁呈线状展布的堤状堆积体。

石流坡（block slope）是基岩坡上岩屑组成的席状体，其坡度>10°，顺坡延伸，厚度仅有数十厘米至几米，表面岩屑粗大，深处多为细颗粒类型；多发育于风化的基岩面上（图 2-15）。当石流坡顺坡呈狭窄线状延伸时可转变为石河。

图 2-15 甘南迭山西北部海拔 3900～4100 m 处发育的石流坡（王杰 摄）

4. 石海和石河

石海发育于冰缘地区平坦的山顶或缓坡等地貌部位（通常坡度<10°），由基岩寒冻风化崩解而成的巨大块砾组成。巨砾层透水性好，水分不易保存，这就减缓了冻融作用对巨砾的进一步分解；而少量细粒物质又多被水流带走，因此组成石海的巨砾，一般直接覆盖在基岩之上，石海形成后很少运动并能长期保存。石海往往形成于富有节理的花岗岩、玄武岩和石英岩等坚硬岩性地区；而在砂岩和页岩等软弱岩性区，寒冻风化易形成粒径较小的碎屑，则很难发育石海。

石河多发育在多年冻土区山坡的坡地或谷地里。由充填沟谷的冻融风化碎屑物或老冰碛物组成，在重力和冻融作用下，石块沿着湿润的碎屑下垫面或多年冻结层顶面，顺坡向下缓慢蠕动而成。石河的运动多发生在夏季，速度缓慢，多呈蠕动状态。欧洲阿尔卑斯山的石河边缘部分的运动速度为 0.23～0.25 m/a，而中亚较为干旱区域石河的运动速度仅为 0.13～0.15 m/a。岩块经过长期运动，可以被搬运至坡脚停积下来，形成石流扇。

在比较湿润的气候条件下，发育于高山苔原带的石河甚至能伸到森林带的上部，如在贡嘎山（图 2-16）、念青唐古拉山东段。

图 2-16　贡嘎山雅家梗南侧海拔 3800 m 处发育的石河（王杰 摄）

大型石河被称为石冰川。石冰川一词最早是由美国学者 Stephen R. Capps Jr.于 1910 年在关于阿拉斯加地区考察的文章中提出。它是一种非分选、似冰碛、具有冰核或孔隙冰、由粗细不同岩屑构成的堆积体。由于其形态类似冰川舌形体（长宽比值>1.0）并顺谷运动；或呈叶状（lobate shape）（长宽比值<1.0）自谷壁向外运动，故取名石冰川。其源头部分比较低洼，舌部因含有冰核而外形上凸；规模可达几百米宽，数千米长，几十米厚。

石冰川的形成必须具备岩屑物质补给、多年冻土和一定坡度的斜坡（实验表明使石冰川产生蠕动的最小坡度必须达到 5°以上）。ELA 以上气温过低，冻融频率低，不易产生石冰川形成所需的大量碎屑物质；而多年冻土下界以下虽有岩屑堆积但不能多年冻结，也无法造成冰岩混合体的蠕动，因此石冰川发育集中在 ELA 和多年冻土下界之间（图 2-17）。在这也

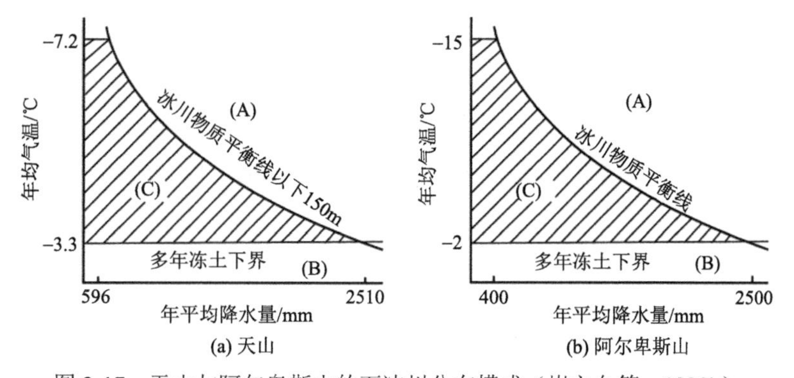

图 2-17　天山与阿尔卑斯山的石冰川分布模式（崔之久等，1998b）

（A）无岩屑积累的冰川积累带；（B）有岩屑积累但不能多年冻结且无多年冻土的地带；（C）有岩屑积累且能多年冻结的石冰川潜在发生带

使得石冰川仅在山地和极地的多年冻土区出现。石冰川可由冰碛演化形成，即冰川退缩后，聚集在冰斗和U形谷中的冰碛物，在冻融作用下顺谷地缓慢向下运动形成石冰川，石冰川也可由倒石堆和倒石堆前缘堤循谷地移动形成。发育在山区，年平均气温上限为–2℃，因此该类型的古石冰川也可用于古气候重建。

石冰川存在层间运动差异，即主动方是介于表层和冻结底层之间的冻结砂砾石层，被动方是表面松散岩屑的活动层，当中部冻结岩屑层沿剪切面逆冲前进时，拖拽其上松散岩屑作局部滚动、滑动，表现为既有前进下降又有后退抬升等复杂现象。石冰川总体运动速度较慢，如阿拉斯加石冰川的表面运动速度为 1.0～1.5 m/a，底部只有 0.3～1.0 m/a。石冰川不仅是块体运动的一种形式，而且也是集多种冰缘现象于一身的复杂地貌综合体。

5. 冻融泥流与冻融褶曲

冻融泥流是坡地上碎屑物在受重力和反复冻融作用下，沿下伏冻结面顺坡而下地缓慢蠕动，堆积于缓坡或洼地中形成的冻融泥流堆积物。这是寒冷地区重要的物质移动方式和地貌过程之一。冻融泥流可分为表层泥流和深层泥流，表层泥流发生在多年冻土区的活动层上部，或在冻结深度大而融化缓慢的季节冻土层上部。在高山草甸带，表现为草皮蠕动。表层泥流具有分布广、规模小、流动较快等特点；深层泥流常分布在排水不良的缓坡，以地下冰或多年冻结层为滑动面，缓慢移动，长可达几百米，宽几十米。冻融泥流堆积物通常无层理、无分选，碎屑成分单一，细粒土堆积中常见草皮和泥炭夹层，并产生褶皱。

冻融褶曲，又称为冰卷泥，是多年冻土上部活动层中的冻融扰动构造。当每年秋末活动层自地表向下冻结时，底部的多年冻土层的顶托作用使中间未冻结的融区（含水土层）受冻胀挤压而产生塑性变形。冻融褶曲常表现为各种不规则的微褶皱层，顶底平行，底面可指示多年冻土上限，冻融扰动可使地层相互包裹和穿插，产生袋状、肠状、束状构造或包裹体。冻融褶曲变形的特点是它之上和之下的地层均未变形，仅中间发生变形；这是多年冻土存在的重要标志之一，在古环境变化研究中，可为活动层深度和古温度重建提供证据，尤其借助于大型冻融褶曲构造时则更为可靠和精准。但由于构造作用等非冻融环境中，也可产生相似的褶曲，因此应用时还需借助冰楔和石河等冰缘地貌组合来谨慎鉴别。

6. 冰楔、砂楔

多年冻土区，地表水周期性注入冻裂作用形成的裂隙中，再经反复冻结，使裂隙不断扩大并为冰体填充，剖面成为楔状，称为冰楔。众多冰楔在平面上构成网状，每个网眼都呈多边形，即冰楔多边形土（ice-wedge polygons）。

冰楔的形成要经历以下几个过程：首先冬季地表遇冷收缩，冻裂作用在活动层和上

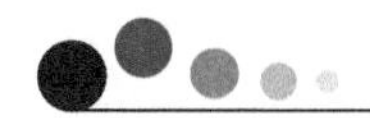

部冻结层形成几毫米宽的裂隙；之后春季至夏初地表水或活动层内的水会注入裂隙内形成脉冰，经过温暖季节，上部活动层的脉冰融化消失，而多年冻土层中的脉冰则仍然存在；下一个冬季，冻土又发生体积不均衡变化，地面重新形成裂隙，往往这些裂隙又发生在原来有脉冰的位置，随后又在裂隙中注入水分并形成更大的脉冰，该过程不仅使裂隙进一步加深变宽，还会挤压周围的冻土层使其发生变形；如此反复作用，就形成了冰楔（图 2-18）。由此可见，冰楔形成的条件是：①有深入到多年冻土层中的裂隙，并为脉冰所填充；②冰楔的围岩是可塑性的，水在裂隙中才能反复冻结、膨胀，冰使围岩不断受挤压而变形；③需要严寒的气候条件，年平均温度通常需低于–3℃。如围岩为细颗粒物时，需要的温度为–4～–3℃，而砂或砾石沉积物中，则需要–6℃才能形成。

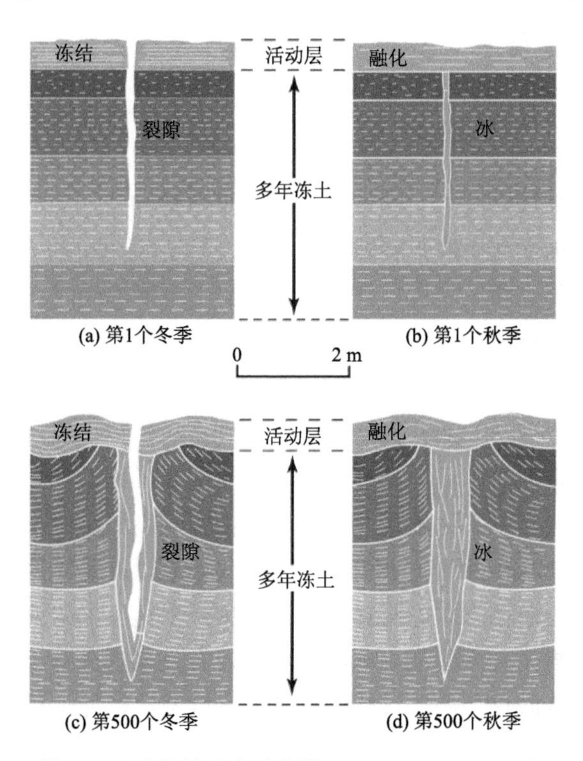

图 2-18　冰楔的形成示意图（Lachenbruch, 1966）

此外，冰楔可分为同生冰楔和后生冰楔两类。同生冰楔是指冰楔与围岩沉积物同时形成，后生冰楔则是指冰楔形成于其围岩沉积层堆积之后。一般后生冰楔规模较小，平均宽度数十厘米，深度常不足 1 m；同生冰楔因冰聚合体规模较大，故冰楔宽达 5～8 m，最大深度达 40 m 以上，主要分布在高纬极地平原区。规模巨大的同生冰楔的形成是由于多年冻土上限随着堆积物不断加积而上升，促使冰楔随之增长，所以这类冰楔多形成于构造沉降地区，发育历史较为悠久。冰楔内的冰层呈近于直立的带状构造，每层条带代表一个年层，冰楔中部冰的年层最新，向两侧依次变老。根据南极大陆、加拿大和阿拉斯加等地的观测，冰楔增长速度大约为 1 mm/a。

与冰楔形态相似，但裂隙中填充的不是脉冰，而是松散的砂或土，因此被称为砂楔或土楔。砂楔与土楔可从冰楔演变而来，即当冰楔内的脉冰完全融化后，砂或土代替冰体填充于楔内形成，所以又把它们看成古冰楔（fossil ice wedge）。另外，这两种楔也可能是地面冻裂或干裂产生以后，砂土直接由风或其他外力带来填充到裂隙中，因而可能在现代冰缘或其他环境下形成，也就不能准确指示古环境和多年冻土的分布。由于两者在形态上非常相似，因此鉴定古冰楔时需要特别谨慎，判别时还应借助以下几种方法：围岩是否有相应的弯曲变形，深度/宽度比值是否大致介于 3∶1～6∶1（现代冰楔的特征），填充物中是否具有滑动和凹面向下的构造层理，以及周边是否存在多年冻土冻融过程中产生的冻融褶皱等。

7. 冻胀丘和泥炭丘

多年冻土层中常夹有未冻结层，未冻结层中的水分在地下慢慢冻结成冰体，使地面膨胀隆起，形成冻胀丘；高度小于 10 m，且内部含有丰富泥炭的冻胀丘又被称为泥炭丘。冻胀丘在平面上呈圆形或椭圆形，边缘较陡（坡度可达 40°～50°），顶部扁平且分布有因隆起变形而产生的纵横交错的张裂隙。现代冻胀丘发育区域的年平均气温为–6～–2℃。

冻胀丘可分为一年生和多年生，在冬季土层自上至下冻结时，地下水向冻结面转移（水分迁移），形成地下透镜体状冰层，体积增大且会产生很大膨胀力，当超过上覆地层强度时，使地表隆起，形成冻胀丘。夏季冰层融化、冻胀丘消失，被称为一年生冻胀丘。一年生冻胀丘多发育于冻土的活动层内，规模较小，高仅数十厘米至数米。夏季冻胀丘内部冰核的消融，会使地面下沉和变形，从而破坏地面工程设施。多年生冻胀丘常深入多年冻土层中，规模较大，高达数米至数十米。如青藏高原昆仑山地区发现的我国最大多年生冻胀丘，高约 20 m，长 70～80 m，宽 30～40 m，近些年因气候变暖，地下冰已发生部分融化致使其表面塌陷。冻胀丘形成过程中，依据冻土层地下水对其内部冰核的补给状况可分为：①封闭型冻胀丘，冻结过程中没有外来水分补给，形成的冰层较薄，冻胀率小；②开敞型冻胀丘，冻结过程中有外来水分补给，能形成厚层地下冰，产生强烈冻胀，形成的冻胀丘规模大。

爆炸型膨胀丘是一种特殊类型的冰丘，它常在春末隆起，当夏季气温上升时，顶部冻土层迅速融化，土层强度降低，冰丘内富含气体压力很高的地下水发生喷水爆炸，状如火山。

2.2.3 冰缘地貌发育的空间差异性

任何一种冰缘作用及形态类型均受诸多自然因素影响和制约。首先是水热条件，它包括年均气温、年日气温差、降水量及干燥度等；其次是区域地质构造、岩性、海拔高度、水文地质、地形、坡向、植被等（周幼吾等，2000）。水热条件一般属地带性因素，它决定冰缘环境是否存在，冰缘作用类型、冰缘过程发育强度，以及它们所表现出的地带性变化规律。

1. 冰缘地貌发育的地带性差异

冰缘地貌与冰川地貌相似，两者的发育和分布都受寒冷气候条件的控制。对于冰川而言，在一定的地势地形条件下，年物质积累量高于年物质消融量则可发育冰川。一般而言，冷湿的气候条件最有利于冰川发育；而冰缘作用的强度主要受冻融频率以及冻融温度变化幅度的影响，同时还需要适量的水分参与，加之冰缘作用和冰川作用区的范围常相互交织，因此冰缘地带性更为复杂。

水热组合条件是控制冰缘地貌地带性规律的基础，而不同的水热条件又归属于不同的气候带。海洋性气候控制下的冰缘区，气候以冷湿为主，由于有较多降雪和水分的参与，雪蚀作用会增强，冻融蠕流-重力作用构成的斜坡过程也表现突出，但由于该气候背景也适合冰川作用致使多数区域会被冰川所占据，冰缘作用带的宽度相对狭窄，加之较厚的积雪还会降低冻融温度的变化幅度，反而不利于冰缘地貌的发育；如冰期时北美洲大陆冰盖的外围区域就是如此。大陆性气候的冰缘作用区，以冷干气候为主，寒冻风化较强，雪蚀作用会受到一定程度的抑制，冻胀和热融作用也较弱；但在该气候状况下，冰川作用也会受到极大的限制，因此冰缘作用带的宽度较大，加之多数区域的地表都或多或少有一定的水分，冰缘地貌反而较为发育。

此外，冰缘地貌的发育还具有明显的纬度地带性和垂直地带性特征。俄罗斯西伯利亚、加拿大北部以及中国东北北部等世界高纬度冰缘作用区，冰缘地貌主要受纬度的控制；而中国西部高山高原及世界其他高山冰缘区，则呈现出显著的垂直地带性特征。有时，纬度和高度同时影响冰缘地貌的分布与发育，如我国东北现代冻土南界在东西部存在差异，高度相差 900 m，东端嘉荫的冻土南界位于 49°N，海拔为 100 m，而西端阿尔山的冻土南界位于 47°N，海拔为 1000 m。地处北半球中低纬度的青藏高原地区则更为特殊，该区域海拔高度对冰缘地貌的发育起着决定性作用，但由于其南北纬度跨越近 30°，各类冰缘地貌产生所受控的海拔高度自北向南又展现了很好的纬向变化规律，如纬度每降低 1°，石海的下限高度就要升高约 120 m，冻融蠕流的作用下限则可升高约 110 m。

2. 中国西部高山高原冰缘地貌的垂直地带性差异

崔之久（1981）按冰缘作用区的气候条件、冰缘作用类型及冰缘地貌组合，将中国西部高山高原冰缘地貌划分为 3 种类型，即大陆型（Ⅰ）、亚大陆型（Ⅱ）和海洋型（Ⅲ）。之后，周幼吾等（2000）在此基础上又按照地壳运动性质、岩性以及由此引起的冰缘作用和冰缘地貌的差异，进一步将大陆型和亚大陆型分别划分成 3 种亚区（表 2-1），并绘制和详细阐述了各区的冰缘地貌的垂直带谱。

表 2-1 中国西部高山高原冰缘类型区划分（崔之久，1981；周幼吾等，2000）

指标		冰缘区类型		
		大陆干旱型冰缘区 （Ⅰ）	大陆半干旱型冰缘区 （Ⅱ）	海洋型冰缘区（Ⅲ）
气候条件	年平均气温/℃	−8.0～−1.0 （ELA 上） −7.0～−5.0 （山麓带）	−8.0～−7.0 −3.0～−1.0	约−1.0 8.0～10
	年平均降水量/mm	700～800 （ELA 上） 300～350 （山麓带）	600～900 300～450	>2000 500～1000
	干燥度 气温年较差/℃ 气温日较差/℃	1.5～2.0 20～27 15～25	1.0～2.0 15～25 12～20	<1.0 12～20 8～16
冰缘亚区		Ⅰ-1. 大陆性干旱气候强烈抬升坚硬岩石高山冰缘亚区 Ⅰ-2.大陆性干旱气候缓慢抬升软弱岩石山地冰缘亚区 Ⅰ-3.大陆性干旱气候沉降盆地、高平原冰缘亚区	Ⅱ-1.大陆性半干旱气候强烈抬升坚硬岩石高山冰缘亚区 Ⅱ-2.大陆性半干旱气候缓慢抬升软弱岩石山地冰缘亚区 Ⅱ-3.大陆性半干旱气候沉降盆地冰缘亚区	

1）大陆干旱型冰缘区

Ⅰ-1. 大陆性干旱气候强烈抬升坚硬岩石高山冰缘亚区

该亚区主要包括帕米尔高原东部、喀喇昆仑山、昆仑山、祁连山西段及天山东段等地区。这些山地自然基带为半荒漠、荒漠高山草甸，向上为甸状植被的高山苔原带，最上部多为裸露的寒漠或冰雪带。

该亚区冰缘地貌的垂直带谱大致可分为三个带[图 2-19（a)]。上带为寒冻风化、雪蚀作用带，由于植被稀疏，坡面裸露面积较大，加之组成山体岩石坚脆，以及构造抬升强烈加速山体均夷等，使其成为各亚区垂直带谱上寒冻风化作用最强的一带，从而形成岩堡、岩柱和雪崩槽等冰缘形态组合。中带系冻融蠕流—重力作用带，此带中上部为面状分布的石海和石流坡，下部为石河、石条、石冰川及倒石堆。下带为冻融分选、冻胀、泥流作用带，该区域坡度逐渐变缓，并进入坡麓带，发育有泥流坡坎、草皮坡坎、小型冻胀丘、小型石环和石条等冰缘地貌类型。但由于水分条件欠佳，发育冰缘地貌形态不典型，多以小型为主。

Ⅰ-2. 大陆性干旱气候缓慢抬升软弱岩石山地冰缘亚区

该亚区主要见于青藏高原昆仑山与唐古拉山之间的低缓山地及丘陵带，其中风火山、可可西里山和五道梁为其代表性地段。山体主要由粉砂岩、泥岩、页岩、砂板岩及其他软弱岩层组成，山顶浑圆，起伏平缓。山地的坡面及坡脚都堆积了细粒为主的松散沉积层。山地坡麓及斜坡下半部为高山草甸，再向上至斜坡上部则由土斑与植被相间逐渐过渡为高山苔原，山顶为寒漠景观。

冰缘垂直带谱可分为上下两带[图 2-19（b)]。斜坡的上部至山顶为上带，冻胀、寒冻风化和雪蚀作用均有显示，发育有冻拔石、小型冻胀斑土、冻融剥夷台地等冰缘地貌；但冻融剥夷台地并不典型，发育程度较低，在风火山和五道梁盆地周围山地上均能见到。下带分布于斜坡中下部及坡脚，为冻融蠕流及泥流作用带；斜坡中下部存在以细土为主（亚黏土夹碎石） 较厚的松散沉积层，为冻融蠕流作用的施展提供了良好物质条件，使泥流舌、泥流阶地、泥流坡坎、草皮坡坎、热融滑塌等成为该亚区坡地突出的冰缘地貌类型。

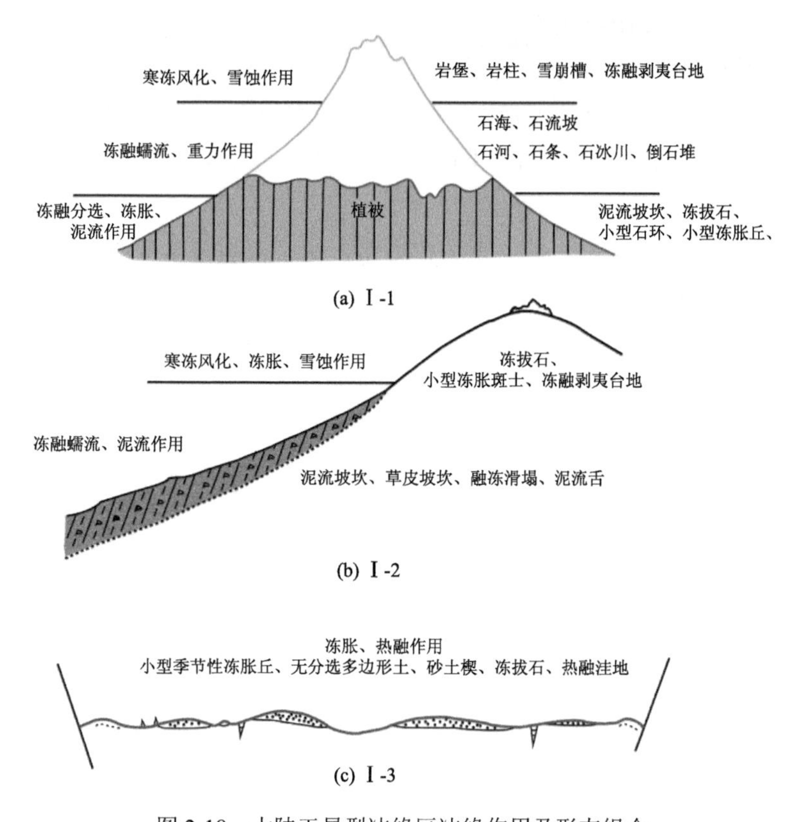

图 2-19　大陆干旱型冰缘区冰缘作用及形态组合

Ⅰ-1. 大陆性干旱气候强烈抬升坚硬岩石高山冰缘亚区；Ⅰ-2. 大陆性干旱气候缓慢抬升软弱岩石山地冰缘亚区；Ⅰ-3. 大陆性干旱气候沉降盆地、高平原冰缘亚区

Ⅰ-3. 大陆性干旱气候沉降盆地、高平原冰缘亚区

该亚区包括青藏高原的西大滩滩地、楚玛尔河高平原、沱沱河盆地、通天河盆地，以及青藏公路以西的昆仑山与唐古拉山之间一些盆地及高平原，海拔高度多在 4500～4800 m。上述区域的岩层主要系更新统泥岩、泥灰岩、侏罗纪及三叠纪粉砂岩、板岩，且多覆盖数米厚的冲积、洪积、冰水和湖相松散沉积层。干寒的气候及频繁的大风，造成该亚区植被景观较为单调，主要为匍状荒漠、半荒漠草原或寒漠景观。

主导冰缘过程为冻胀和热融作用，个别浅洼地及丘间低地也存在冻融分选作用，冰缘地貌形态有小型季节性冻胀丘、无分选多边形土、小型砂土楔、热融洼地及冻拔石等

[图 2-19（c）]。

2）大陆半干旱型冰缘区

Ⅱ-1. 大陆性半干旱气候强烈抬升坚硬岩石高山冰缘亚区

祁连山东段、天山、阿尔泰山、唐古拉山南坡，以及藏南山地等均属此亚区。这些地区高山带降水量大于 450 mm，水分条件明显好于Ⅰ-1 亚区，因此植被分布范围上升较高，ELA 以下坡面的裸露范围仅 200～300 m。冰缘作用范围不仅包括高山草甸、苔原、寒漠带，也包括部分高山灌丛草甸带。

垂直带谱不同层位冰缘形态组合及发育主要表现如下[图 2-20（a）]：

a.冰缘形态组合垂直带谱的上带由于降水增多，雪蚀作用较Ⅰ-1 亚区上带显著增强，雪崩的频率与强度也相应增加。因此不仅发育有岩堡、岩柱、雪崩槽，还出现了雪蚀洼地和冻融剥夷台地。

b.垂直带谱的中带即冻融蠕流—重力作用带，由于植被覆盖度增大，石海和石流坡的面积较Ⅰ-1 中带明显缩小，冻融蠕流作用居突出地位。降水及冰雪融水造成此带坡面侵蚀增强，来自上方坡的石海、石流坡的岩屑汇入坡面沟谷，形成的石河、石冰川和石条向坡脚延伸，并与坡面植被呈条带相间形式展布。

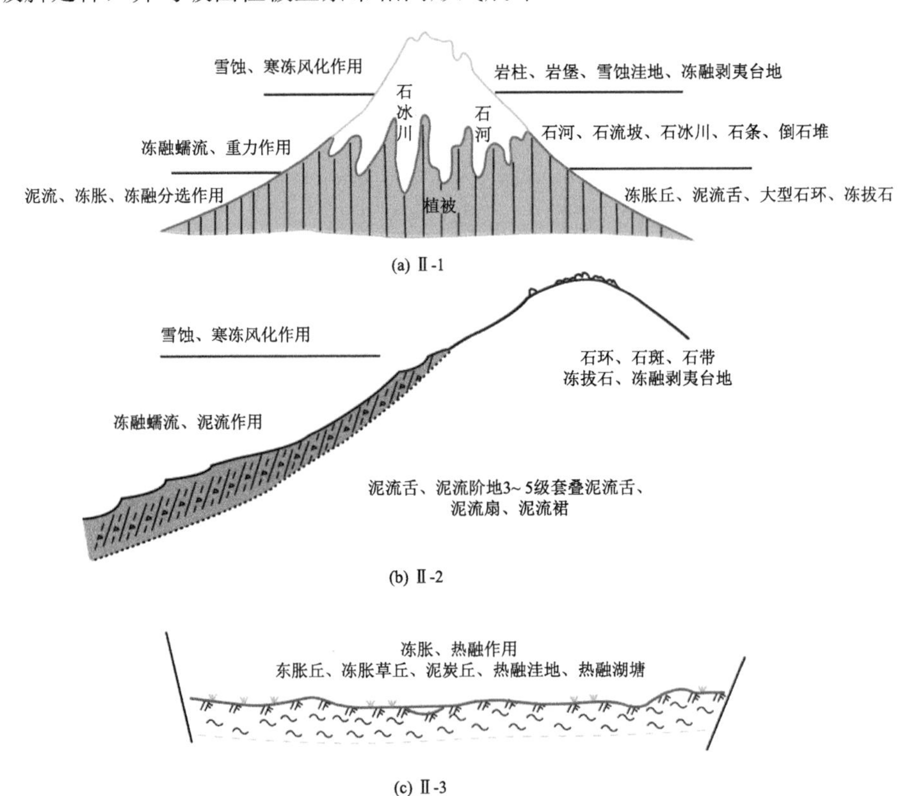

图 2-20 大陆半干旱型冰缘区冰缘作用及形态组合

Ⅱ-1. 大陆性半干旱气候强烈抬升坚硬岩石高山冰缘亚区；Ⅱ-2. 大陆性半干旱气候缓慢抬升软弱岩石山地冰缘亚区；Ⅱ-3. 大陆性半干旱气候沉降盆地冰缘亚区

c.坡麓地带由于细粒土增多，加以水热条件搭配适于冻胀、泥流、冻融分选作用发展。因此，冻胀丘、泥流舌、泥流坡坎、草皮坡坎的发育规模和形态明显好于Ⅰ-1 亚区之下带，同时还时常见到直径 3～5m 的大型石环。

Ⅱ-2. 大陆性半干旱气候缓慢抬升软弱岩石山地冰缘亚区

这一亚区主要分布于祁连山东段、西天山、巴颜喀拉山和积石山的一些平缓山地。该亚区山脊线大多未到达 ELA 高度。较之Ⅱ-1 亚区，其自然带结构更为简单，且高山苔原带范围缩小而高山草甸带变宽，高山灌丛草甸带同样也部分进入了冰缘带。

冰缘垂直带谱系两层结构[图 2-20（b）]。由于冬春多雪且积雪时间较长，其上带雪蚀作用明显强于寒冻风化；较之Ⅰ-2 亚区，形成了形态、发育程度更典型的冻融剥夷台地。在祁连山东段海拔 4000 m 以上的山地，常见到这种冻融剥夷台地，台地面宽数百米，后缘和前缘均为高 5～15 m 的基岩阶坎（李吉均，1983）。台地面后缘由于融雪水渗浸形成沼泽湿地，经冻融分选、冻胀作用形成石环、石斑、石带、冻拔石等冰缘形态组合。垂直带谱下带，由于松散层中水分充足，冻融蠕流、泥流作用相当发育，泥流舌、泥流阶地、泥流坡坎，就其形态大小，发育程度均好于Ⅰ-2 亚区。同时还有新的形态类型出现，如泥流扇、泥流裙等。

Ⅱ-3. 大陆性半干旱气候沉降盆地冰缘亚区

此亚区主要包括阿尔泰山，祁连山东段一些开阔的山间盆地，以及巴颜喀拉山北坡黄河源区的一些谷地等。这些区域的海拔大多接近多年冻土的下界高度，因此多年冻土多呈岛状分布。大气降水和周围山地冰雪融水补给，加之盆地排水不畅，使本亚区发育了大片沼泽和湿地，并形成了以藏南嵩草为优势种的沼泽草甸植被。

冰缘垂直带谱为单层结构[图 2-20（c）]，冰缘作用类型与Ⅰ-3 亚区虽然大体相同，但水分充足，冻胀作用要更强，因此季节性冻胀丘和泥炭丘更为发育。此外，由热融作用产生的热融洼地、热融湖及边坡热融坍塌也是此亚区常见的冰缘地貌类型。

3）海洋型冰缘区

该类型冰缘区主要分布于藏东南及川西山地。鉴于该类冰缘区的组成岩层多属坚硬岩石，且冰缘垂直带谱表现也大致类似，因而未划分亚区。

该区域为显著的季风海洋性气候所控制，ELA 附近年降水量可达 1200～3000 mm，年均气温在–6.0℃以上，冰川末端可下伸到山地针叶阔叶混交林上限；同时，该区域的纬度又相对较低，因此多年冻土的下限较高。这造成冰缘作用的垂直带范围非常狭窄，冰川作用区与冰缘作用区也多相互交织。此外，该区域的植被覆盖较好，积雪较厚，致使冻融蠕流过程不发育，冰缘类型相对单调。仅在冰缘带的上部有较强的雪蚀、雪崩和寒冻风化作用，相应地发育了雪蚀洼地、雪蚀槽、倒石堆和岩屑锥等冰缘地貌类型（图 2-21）。

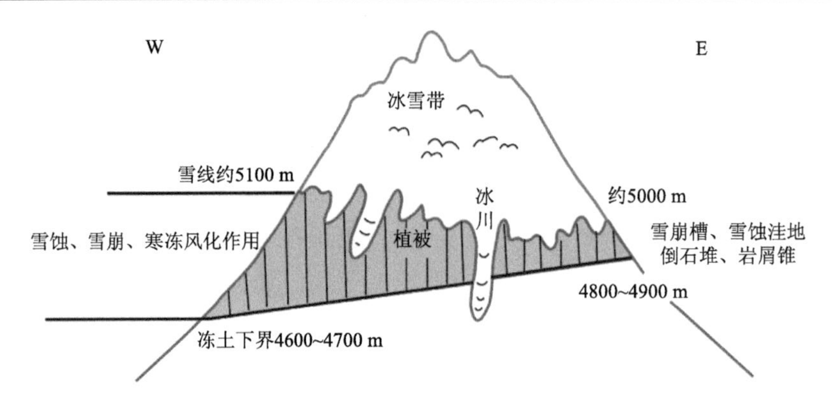

图 2-21 海洋型冰缘区（III）冰缘作用及形态组合

思 考 题

1. 什么样的地貌证据才能成为鉴别古冰川作用的标志?
2. 青藏高原最深的冻土形成于什么时候?

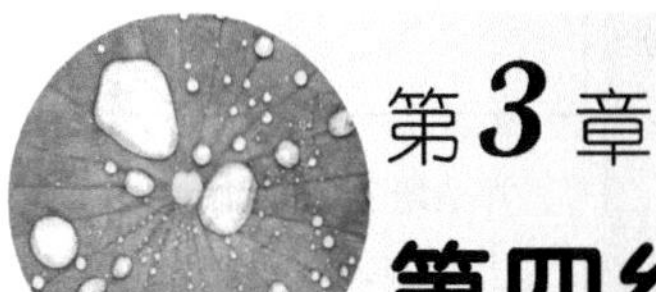

第3章 第四纪冰冻圈研究方法

年代学是第四纪冰冻圈最基本的研究内容之一，可靠年代学框架的建立更是重建第四纪冰冻圈演化史的关键。在获得精准年代学框架后，可参照气候环境变化代用指标并运用模型模拟重建第四纪冰冻圈的演化。本章着重介绍数种支撑地球科学的年代学技术方法，第四纪冰冻圈研究中参照的气候环境代用指标和冰冻圈模拟重建研究方法等。

3.1 年代学方法

本书所涉及的年代学方法主要与核素的衰变或其效应有关，它们都是基于总量、变化速率与时间之间的函数关系来求年代。如果已知总量和速率，则可根据这种函数关系求算出时间（年代）。中国古代的沙漏（或水漏）计时，正是利用了总量与速率成正比的线性关系[图 3-1（a）]。自然界中存在着多种多样的计时器，不同测年方法其实就是利用了自然界中不同种类的计时器。放射性同位素测年包括多种技术，其计时原理与沙漏计时原理相似[图 3-1（b）]，都是利用放射性同位素衰变随时间呈指数衰减的规律计时。放射性同位素形成之后不断衰变，母同位素不断减少，子同位素不断增加。通过测试母同位素或子同位素的含量或它们的比值，可计算出衰变经历的时间（年代）。

放射性衰变有多种方式，与放射性同位素测年相关的三种主要形式为 α 衰变、β 衰变和 γ 衰变。

α 衰变： 指的是从原子核中放射出 α 粒子的过程。α 粒子由两个质子和两个中子组成，实际上就是氦 4 核（$^{4}_{2}He$）。α 衰变后，子同位素的原子序数（即质子数）比母同位素减少 2，质量数减少 4。α 粒子具有较高的衰变能，但由于其质量相对较大，移动速度较慢，穿透能力较差，影响距离也很短。

β 衰变： 放射性原子核放射出 β 粒子的过程称为 β 衰变。β 粒子包括负电子（β^-）和正电子（β），分别称为负 β 衰变和正 β 衰变。在 β 衰变中，子同位素与母同位素的质量数不变，只是核电荷数（即原子序数）相差 1。对于负 β 衰变，核内的一个中子转变为质子，同时释放一个电子和一个反电子中微子，子同位素比母同位素增多一个核电荷。

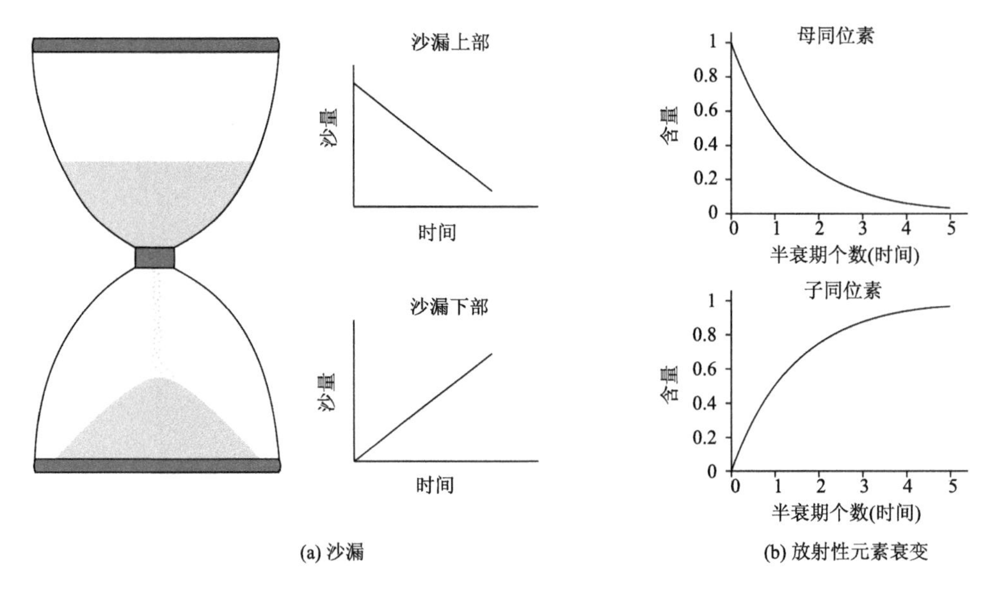

图 3-1 沙漏上、下部沙量与时间的函数关系与放射性母同位素、子同位素含量与时间的函数关系的对比示意图

沙量与时间呈线性关系，而放射性元素衰变与时间一般成指数关系

对于正 β 衰变，核内的一个质子转变为中子，同时释放一个正电子和一个电子中微子，子同位素比母同位素减少一个核电荷。β 粒子质量较小，穿透力较强，辐射的影响范围比 α 粒子大。

γ 衰变：指的是放射性元素从原子核内部放出一种电磁辐射 γ 射线的衰变。它一般是伴随 α 或 β 射线产生的。γ 辐射的一个量子即为一个光子。与 α 或 β 衰变不同，γ 衰变不会导致同位素的核电荷数和质量数的变化。因此，γ 衰变的子同位素和母同位素是同一种同位素，只是原子核的内部能量状态不同。γ 射线穿透力很强，辐射范围比 α 粒子和 β 粒子大。

基本计算公式：

$$N = N_0 e^{-\lambda t} \tag{3-1}$$

式中，N_0 表示 $t = 0$ 时母同位素的初始原子数；N 为经过 t 时间的衰变后剩下的母同位素原子数；λ 为衰变常数。相应的子同位素原子数 D 可以用以下公式计算：

$$D = N_0 - N \tag{3-2}$$

由此可得地质年代（t）的基本计算公式为

$$t = \frac{1}{\lambda} \ln\left(\frac{D}{N} + 1\right) \tag{3-3}$$

上述几个计算公式是放射性同位素测年年代计算的基础。由公式可知，放射性同位素测年最根本的工作是测试子同位素与母同位素的含量或它们的比值。不同放射性同位素测年技术采用不同的同位素作为测试对象。实验仪器包括质谱仪、加速器等。

3.1.1 宇宙成因核素测年

宇宙成因核素是高能宇宙射线与地球（或其他星体）表层或大气圈中的靶物质发生核反应而生成的新的核素，如 ^{10}Be、^{26}Al、^{14}C、^{36}Cl、^{3}He、^{21}Ne 和 ^{41}Ca 等，^{10}Be、^{26}Al、^{14}C、^{36}Cl、和 ^{41}Ca 等具有放射性，而 ^{3}He 和 ^{21}Ne 等则是稳定核素。目前，宇宙成因核素测年法已被广泛应用到地学研究之中，如地貌体的暴露测年、有机质的放射性 ^{14}C 测年、陨石测年、沉积物的埋藏测年、岩石和流域的剥蚀速率等。本节主要涉及与第四纪冰川研究相关的宇宙成因核素内容，包括地球上宇宙射线的来源和变化、宇宙成因核素的形成、放射性宇宙成因核素地表暴露测年的原理、影响地表暴露年代的地质地貌过程等。

1. 地球上的宇宙射线的来源、分布和变化

1）宇宙射线的来源

宇宙射线主要有两个来源，即太阳系和银河系。银河系宇宙射线（galactic cosmic rays，GCRs）主要由质子（83%）、α 粒子（13%）、重核（1%）和电子（3%）组成，这些粒子非常活跃，其中质子和 α 粒子经超新星爆炸加速之后能量则更高，绝大部分 GCRs 粒子的能量介于～0.1～10 GeV（Gosse and Phillips, 2001）。由于 GCRs 粒子的能量远大于原子核结合能（～8 MeV/核子），因此，当它们与靶元素碰撞时就能通过核子散裂反应将原子核分裂。当宇宙射线在穿过地球表层或大气层时，能够引发链式原子核反应（Lal and Peters, 1967）（图 3-2），这一过程将会产生新的核素，即宇宙成因核素（cosmogenic nuclides，CNs），在大气中形成的称为大气宇宙成因核素（meteoric cosmogenic nuclides），在陆地上形成则称陆地原生宇宙成因核素（terrestrial *in situ* cosmogenic nuclides，TCNs）。此外，链式核反应还会产生大量其他高能粒子，比如质子、中子、π 介子和 μ 子以及正负电子等，通常将这些粒子称为次级宇宙射线（secondary cosmic rays），而将原始的 GCRs 称为基本宇宙射线（primary cosmic rays）。基本宇宙射线粒子在穿过大气层的过程中，几乎都与大气中的物质发生了反应，因而最终到达地表的基本上都是次级宇宙射线粒子。

来自太阳系的宇宙射线（solar cosmic rays，SCRs）由太阳放射出来，属于低能宇宙射线，能量通常低于 100 MeV，绝大部分 SCRs 粒子都穿透不了低纬度地球磁场，而被偏转向磁极方向，极光即由它们产生。虽然 SCRs 能够在月球表层和流星的表层数毫米内产生核素（因为没有大气的屏蔽），但它们在地球上只能产生少量的核素（Nishiizumi et al., 2009）。除了上述的 GCRs 和 SCRs 之外，还有一部分可能来自银河系之外的、能量更高（$>10^{20}$ eV）的宇宙射线，现在可以检测到它们，但数量很少（Gosse and Phillips, 2001）。

2）宇宙射线的时空分布和变化

在实际应用中，通常假定 GCRs 的组分和能谱是恒定的，但它们在进入地球大气圈之前，能谱和组分会经历两次变化：一是受太阳磁场的影响；二是受到地球磁场的影响。这是因为宇宙射线是带电粒子，它们将受地球磁场的影响而发生偏转，或偏离地球，或偏向磁极。低能粒子被偏离的程度最大，高能粒子受影响程度则相对较小。因而地磁纬度越低，宇宙射线粒子通量越小，但粒子的平均能量却更高。宇宙射线能否穿过地球磁场取决于它的刚度（rigidity），即动量与电荷之比。地球上任何一点都有一个临界刚度（cutoff/threshold rigidity），如果低于临界刚度，宇宙射线将被偏离。临界刚度取决于磁场强度，还会因为磁场强度随时间变化而发生变化。地球磁场对宇宙射线的偏转最终会影响到宇宙成因核素的生成速率，即随纬度发生变化，如在海平面高度上，极地的产率大约是赤道的两倍。

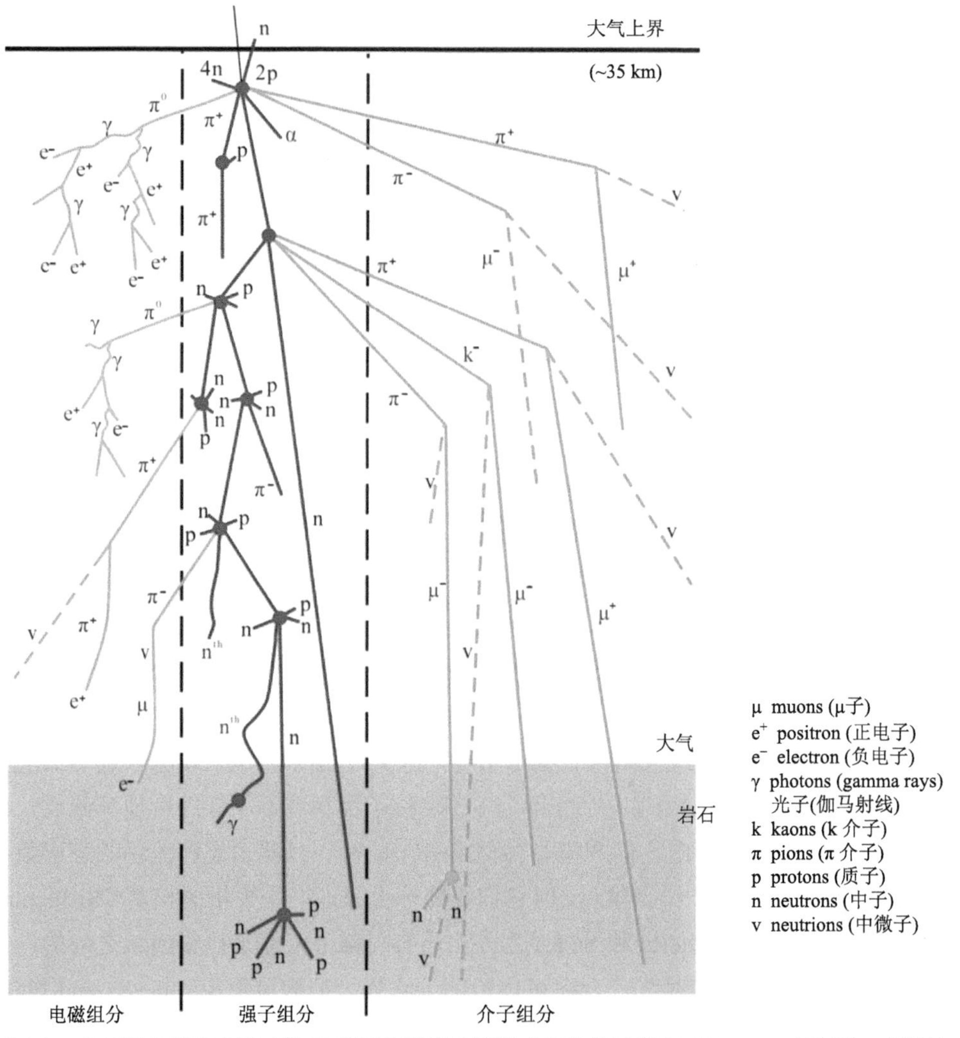

图 3-2 大气层和岩石中形成次级宇宙射线粒子的链式核反应示意图（Gosse and Phillips, 2001）

当宇宙射线进入大气层或地表岩石之后，与其中的靶物质发生核反应，射线能量也迅速减少。如宇宙射线穿越大气层之后，海平面高度上次级宇宙射线中子的通量相对于大气层顶降低了两个数量级，若再穿越 3 m 深的岩石，中子通量将再降低两个数量级。由于 99%左右的宇宙射线中子在穿过大气层的过程中被衰减，绝大部分宇宙成因核素的形成也发生在大气层中，如 ^{14}C 和 ^{10}Be。大气中形成的 ^{14}C 会转化成 CO_2 并进入全球碳循环；^{10}Be 则随着降水和气溶胶降落到地表，并可能附着于矿物颗粒的表面，在 ^{10}Be 地表暴露测年样品的预处理过程中，通过 HF 的刻蚀可以去除附着在石英颗粒表面的大气成因的 ^{10}Be。

宇宙射线通量在大气中的衰减与大气压有关（而大气压与海拔高度之间有一定的函数关系），因为大气压记录了大气中的各种粒子总浓度随高度的变化，因而可以基于大气压或海拔来推算各种核素的地表生成速率。例如，^{10}Be 在海拔 5000 m 高度上的生成速率是海平面的 30 倍，核素生成速率在垂直方向上的变化远超过在水平方向上的变化，如前所述，在海平面高度上，极地生成速率大约是赤道的两倍。

穿过大气层之后，宇宙射线将进入岩石、土壤和水中。通常情况下，高能核子和 μ 子的渗透能力与所经过物质的成分无关，所以由核子散裂和 μ 子捕获形成核素的过程是由所经物质的质量决定，单位为 g/cm^2，由密度乘以长度得到。但是中子捕获形成核素的过程与靶物质的组成成分是相关的，如 ^{36}Cl 可以由 ^{40}Ca、^{39}K、^{35}Cl、Fe、Ti 和 ^{40}Ar 等多种原子捕获中子形成。

核子散裂形成核素的速率随深度呈指数递减（图 3-3），其衰减长度约为 160 g/cm^2。精确的衰减长度与宇宙射线的能谱有关，而能谱则随纬度和海拔高度而变化（Marrero et al., 2016）。衰减长度中的“长度”很容易让人想到衡量距离的“长度”，这二者之间可以通过物质的密度来换算，如密度为 2.6 g/cm^3 的岩石，衰减长度为 160 g/cm^2，除以密度得到 62 cm，称为特征衰减长度。对于任意一种岩石而言，1.4 m 深处由中子裂变反应引起的核素生成速率仅为表层的 10%，2.8 m 深处则为表层的 1%。实际上，所有由核子散裂反应形成的核素主要集中于近地表的几米之内（图 3-3）。从图中也可以看出 μ 子成因的 ^{10}Be 在近地表虽然只占到总产率的很小比例，但深层 ^{10}Be 的形成则主要由 μ 子贡献。

2. 陆地原生宇宙成因核素的形成

当次级宇宙射线达到地表后，将与地表物质中的靶元素发生核反应形成新的核素，即陆地原生宇宙成因核素（TCNs）。形成 TCNs 的方式主要有：核子散裂反应、负 μ 子捕获和快 μ 子反应，以及中子捕获，表 3-1 为形成宇宙成因核素 ^{10}Be 、^{26}Al 和 ^{36}Cl 的主要核反应过程，图 3-3 显示了形成 ^{10}Be 的几种主要核反应过程随深度的变化。

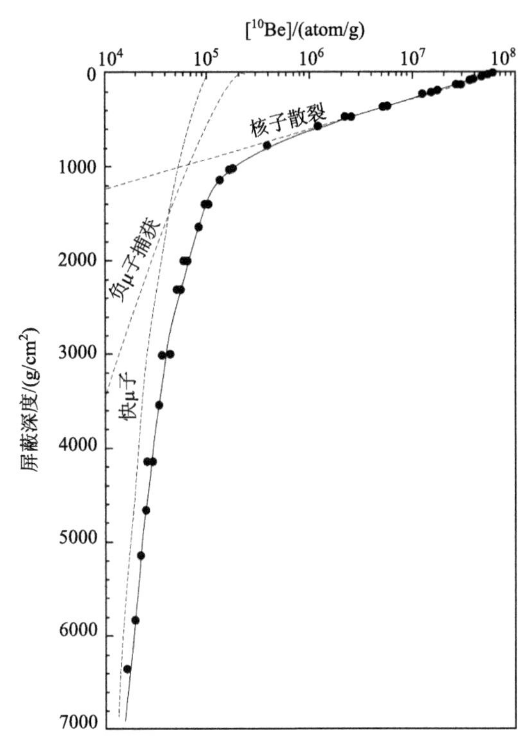

图 3-3 南极 Beacon Heights 砂岩岩芯中 ^{10}Be 浓度随深度的变化（Phillips et al., 2016）

核子散裂是大气和近地表的主要反应方式，即入射中子或质子与靶原子碰撞后使靶原子散裂成更轻的核素和一些其他粒子，反应中产生的次级粒子还有可能诱发进一步的散裂反应。

μ 子是在上层大气中通过 π 介子衰变形成的一种宇宙射线粒子，它的核反应能力要远远弱于核子，因而能渗透到大气或岩石的更深层。μ 子能带电荷，其中负 μ 子能被原子核捕获，将一个质子转化为中子和一个中微子，即形成一种新的宇宙成因核素。负 μ 子捕获反应在大气中和近地表对核素形成的贡献要远远小于核子散裂反应，但在地下几米深处，核素的形成主要由负 μ 子贡献。此外，高能 μ 子能在更深的深度诱发一些核反应，产生少量宇宙成因核素。

热中子可以被原子核捕获，产生比原来原子重一个原子质量单位的同位素。中子捕获反应对部分核素的产生非常重要，如 $^{35}Cl \rightarrow ^{36}Cl$ 和 $^{40}Ca \rightarrow ^{41}Ca$，但对其他大部分核素的产生则没有影响。热中子非常容易被水及某些元素（如硼）捕获，因此，与中子捕获反应相关的核素生成速率受雪、土壤湿度及微量元素浓度的影响非常大。

3. 放射性宇宙成因核素地表暴露测年的原理

宇宙成因核素的种类繁多，可以归纳为放射性核素（如 ^{10}Be、^{26}Al、^{14}C、^{36}Cl 和 ^{41}Ca 等）和稳定核素（如 ^{3}He 和 ^{21}Ne）；宇宙成因核素在地学中的应用范围非常广，下面重点对放射性宇宙成因核素的地表暴露测年原理进行描述。

表 3-1　宇宙成因核素 ^{10}Be、^{26}Al 和 ^{36}Cl 的主要产生机制

核素	主要靶元素和核反应过程	核素半衰期
^{10}Be	^{16}O（n, 4p3n）^{10}Be ^{16}O（μ^-, αpn）^{10}Be ^{28}Si（n, x）^{10}Be ^{28}Si（μ^-, x）^{10}Be ^{7}Li（α, p）^{10}Be ^{10}B（n, p）^{10}Be ^{13}C（n, α）^{10}Be ^{12}C（n,2pn）^{10}Be	1.387 Ma
^{26}Al	^{28}Si（n, p2n）^{26}Al ^{28}Si（μ^-, 2n）^{26}Al ^{23}Na（α, n）^{26}Al ^{40}Ar（n, x）^{26}Al	702 ka
^{36}Cl	^{40}Ca（n, 3p 2n）^{36}Cl ^{40}Ca（μ^-, α）^{36}Cl ^{39}K（n, α）^{36}Cl ^{39}K（μ^-, p2n）^{36}Cl ^{35}Cl（n, γ）^{36}Cl Fe（n, x）^{36}Cl Ti（n, x）^{36}Cl ^{40}Ar（n, p4n）^{36}Cl	300 ka

由于某个地质过程（如崩塌、滑坡、断层活动等）或气候事件（如古冰川作用等）将原来深埋于地下的岩石在短时间内暴露于地表，岩石中的原子在高能宇宙射线粒子的轰击下产生新的核素。若此事件发生之后岩石一直暴露于地表，则岩石自表层向下一定深度范围内一直有核素的生成；与此同时，岩石中形成的核素又会不断通过放射性衰变减少，核素浓度 N 随时间 t 的变化可以用式（3-4）来描述：

$$\frac{\mathrm{d}N}{\mathrm{d}t} = P - \lambda N \tag{3-4}$$

式中，λ 为核素的衰变常数；P 为核素生成速率，它会随地磁纬度、海拔高度（或大气压）、岩石深度 x 以及时间 t 发生变化。需要注意的是，式（3-4）中实际上假设了岩石表面的侵蚀速率为零。若假设岩石表层侵蚀速率为常数 ε，且只考虑核子散裂生成核素的情况下，x 深度处 t 时刻核素的浓度 $N(x,t)$ 可写为式（3-5）：

$$N(x,t) = N(x,0)\mathrm{e}^{-\lambda t} + \frac{P(0)}{\lambda + \mu\varepsilon}\mathrm{e}^{-\mu x}\left[1 - \mathrm{e}^{-(\lambda+\mu\varepsilon)t}\right] \tag{3-5}$$

式中，$N(x,0)$ 为岩石刚暴露于地表时（即 $t=0$）x 深度处的浓度，即暴露前形成核素的量；$P(0)$ 为岩石表面核素的生成速率；μ 为宇宙射线在岩石中的衰减系数，$\mu = \rho / \Lambda$，

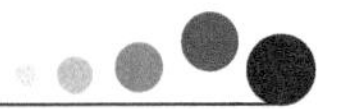

ρ为岩石密度，Λ为宇宙射线在岩石中的衰减长度。若岩石暴露于地表时没有前期的核素继承（在现实的地表暴露测年中通常都这样假设），即 $N(x,0)=0$；若样品采自岩石表面，即 $x=0$，式（3-5）可简化为式（3-6）：

$$N(t)=\frac{P(0)}{\lambda+\mu\varepsilon}\left[1-\mathrm{e}^{-(\lambda+\mu\varepsilon)t}\right] \tag{3-6}$$

若假定岩石表面侵蚀速率为零，式（3-6）可进一步简化为式（3-7）：

$$N(t)=\frac{P(0)}{\lambda}\left(1-\mathrm{e}^{-\lambda t}\right) \tag{3-7}$$

式中，核素浓度 N 可以通过加速器质谱（Accelerator mass spectrometry，AMS）测量得到，岩石表层的核素生成速率 $P(0)$ 可以通过现有的换算模型计算得到，对于特定的核素，其衰变系数是已知常数，解方程(3-7)最终可以得到岩石暴露于地表的时间 t，见式(3-8)：

$$t=\frac{-1}{\lambda}\ln\left(1-\frac{N\lambda}{P}\right) \tag{3-8}$$

对于稳定核素，如 ^{3}He，衰变常数 λ 为零，如果取 λ 趋于 0，则可以将式（3-8）简化为式（3-9）：

$$t=\lim_{\lambda\to 0}\left[\frac{-1}{\lambda}\ln\left(1-\frac{N\lambda}{P}\right)\right]=\frac{N}{P} \tag{3-9}$$

4. 核素生成速率的校正

宇宙成因核素应用于地表暴露测年，有两个关键参数需要确定，即核素浓度和生成速率，核素浓度可以通过 AMS 测量得到，下面就计算生成速率的模型进行讨论。

地表岩石中宇宙成因核素的生成速率取决于宇宙射线强度，而宇宙射线强度会随以下三因素变化：①纬度，决定宇宙射线能谱和通量的磁场临界刚度会随磁纬度变化；②海拔，因为大气压（即单位面积上的大气柱质量）随海拔升高呈指数递减趋势；③时间，因为地球磁场会随时间变化。目前，决定核素生成速率的这些因素都已被研究者们纳入到计算生成速率的换算模型中。对于临界刚度，有些模型包含了特定点的非偶极磁场，而另外有些模型则是将暴露时间内非偶极磁场的波动进行平均化处理，仅考虑了纬度。

关于大气压对核素形成的影响，早期模型采用的参数是海拔，但后来更新为标准大气压，目前被纳入模型中的是 ERA-40 再分析数据库，该数据库参考了现代气象观测数据。但目前被大家广泛采用的模型都没有考虑大气压随时间的变化。

地磁场强度的长期变化是以稍低于现代强度的一个平均值作准周期变化，因为其周期性，地磁场强度的变化会随时间而逐渐趋向一个平均值，但这一过程需要的时间很长（10^4 年）。宇宙成因核素生成速率与地磁场的变化呈反相关关系，即较强的磁场会导致较低的核素生成速率。一般来说，较年轻的地貌面可能会受到地磁场变化的影响，长时间尺度上（大于 20 ka），核素生成速率会随时间而趋向一个平均值，而且，生成速率变化幅度要小于地磁场变化幅度。地磁场强度对宇宙射线粒子通量影响最大的区域在赤道，这里偶极磁场强度减小 50%，核素生成速率则增加 68%；磁场强度增强一倍，生成速率则减小 28%。当前的许多模型都是将过去磁场的变化做了平均化处理，忽略了它的变化。LSDn 模型则是根据重建的磁场模拟了动态的核素生成速率，在低纬度地区，生成速率的变化幅度可以达到两倍（Lifton et al., 2014）。

虽然我们现在知道核素生成速率随纬度、海拔和时间变化而变化，但生成速率换算模型必须要对照已知的生成速率（根据已知年代的样品确定的生成速率）来进行校正。目前的做法是，用其他测年手段（如 ^{14}C）测定某个地质或气候事件，如冰碛垄的形成时段或岩体崩塌的发生时间，然后用测得的某个核素浓度和事件发生时间确定核素在某一具体地点的生成速率，再选取一个换算模型将定点生成速率转换成高纬度海平面生成速率，最后用相同模型将高纬度海平面生成速率转换成任意其他地点的生成速率。目前常用的换算模型是 St 和 LSDn 模型，用这两个模型计算得到的结果多数情况下是吻合的，但在低纬度和高海拔地区存在较大差异（Lifton et al., 2014）。

5. 地质地貌过程对地表暴露年代的影响

宇宙成因核素地表暴露年代可以通过公式（3-8）计算得到，需要注意的是，式（3-8）是一个简化公式，其中隐含了一些假设前提，主要包括：采样的地貌体一直暴露于地表，其表层侵蚀速率为零，样品没有核素继承且采自石表层数厘米。此外，式中的核素生成速率会受到多个因素的影响，如周围山地对宇宙射线的屏蔽，积雪、植被等对岩石表层的覆盖等。

若所采样品存在核素继承，则所测年代将比地貌体形成的真实年代偏老；相反，若所采样品经过后期地表剥蚀而暴露出来，则所得年代将比地貌体真实年代偏年轻。后者相当于被采岩石在暴露之前曾被沉积物埋藏，宇宙射线被屏蔽所致。与该现象类似的还有周边地物、黄土、积雪等覆盖对宇宙射线的遮蔽。

岩石表面的风化侵蚀对核素的积累有一定的影响，尤其对较老样品的影响更大。如前所述，岩石一方面在不断地形成核素，另一方面又通过放射性衰变和表面风化侵蚀失去核素，因此，是否准确估算侵蚀速率将对暴露年代结果产生重要影响。如果在年代计算过程中假设侵蚀速率为零，所得年代只能解释为最小暴露年代。野外采集样品时，应尽量选取表面没有侵蚀或侵蚀量小的岩石，对第四纪冰川而言，应采集带磨光面的基岩或带擦面的冰川漂砾。对于主要由核子散裂形成的核素，采集暴露年代样品时，通常只采集几厘米厚的表层岩石，如果样品厚度过大且不进行校正的话，将使暴露年代偏年轻，因为核子散裂反应会随深度显著减弱（图 3-3）。对坐落于松散沉积物上的岩石，它在暴露过程中有侧向倾斜甚至翻滚的可能，在这种情况下测得的年代可能比真实年代偏小。

因此，在年代计算过程中，应对上述某些因素（如岩石表面侵蚀速率、地形和积雪对宇宙射线的屏蔽、样品厚度等）的影响系数进行估算并据此对年代进行相应的校正。

对于无法提前预估的影响因素，如核素继承、沉积后的剥蚀暴露、岩石倾斜或滚动等，可以在同一地貌体上采集多个样品，使得测试结果具有统计学意义，避免单一样品带来的偶然性误差。

TCN 测年可分为两部分，即测试靶标的制备与 AMS 测定。目前，国内已有多所高校与科研单位可以进行测年靶标的制备（赵井东等，2021），同时，数家单位也可以进行核素比率的 AMS 测定，这将促进了该方法在第四纪冰冻圈研究中的应用，也将推动了第四纪冰川的深入发展。

3.1.2 ^{14}C 测年

^{14}C 测年（radiocarbon dating）是最早发展，也是业界普遍认可的最成熟、测试结果最可靠的测年法，由美国学者 Willard Frank Libby 于 1946 年首先提出。1949 年，Libby 发表了第一批 ^{14}C 年代测定报告，宣告 ^{14}C 测年法的成功（Libby, 1952）。^{14}C 法主要根据放射性同位素 ^{14}C（母同位素）衰变为 ^{14}N（子同位素）与时间的函数关系测算年代。大气中的 $^{14}CO_2$ 分子通过光合作用、根部吸收等进入植物组织中。因此在活着的植物体内通过大气的连续吸收和连续衰变，其 ^{14}C 浓度可以达到稳态平衡，即与大气 ^{14}C 浓度相当。动物通过食物链吸收植物体内的碳，其体内 ^{14}C 浓度也同样可以达到这种平衡。进入岩石圈的 ^{14}C 经过一定时期将衰变殆尽。由于 ^{14}C 一边不断在大气层中产生，一边又在按其半衰期不断的衰变减少，因此其浓度在大气圈、水圈和生物圈中可达到稳态平衡状态。由于碳在各个圈层的交换循环较快，地球上处于与大气互相交换的所有物体的 ^{14}C 浓度基本上被认为是一致的。活着的生物体中衰变掉的 ^{14}C 能得到及时的补充和维持，一旦生物体死亡，停止了 ^{14}C 的补给与交换，生物体内的 ^{14}C 将随时间不断衰变而减少。测定死亡生物体内 ^{14}C 的浓度即可获知生物体死亡以来时间。^{14}C 法就是根据这一原理来计时的。其计算公式为

$$t = \frac{1}{\lambda}\ln\left(\frac{A_0}{A}\right) \tag{3-10}$$

式中，A_0 为样品初始（与外界停止碳交换之始）^{14}C 放射性比度，与现代碳放射性比度可认为一致；A 为停止碳交换 t 年后样品中的 ^{14}C 比度；t 为样品碳停止碳交换以来所经历的时间，即 ^{14}C 年龄。

碳的天然同位素主要有 3 种：^{12}C、^{13}C 和 ^{14}C，丰度分别约为 98.9%、1.1%和 1×10^{-10}%。其中 ^{12}C 和 ^{13}C 为稳定同位素；^{14}C 是宇宙成因放射性同位素，也是碳元素唯一的天然长寿命放射性同位素，半衰期为 5730±40 年。^{14}C 是宇宙射线的热中子在大气层上层（12～16 km）与大气氮通过（n、P）反应生成的：

$$^{1}_{0}n + ^{14}_{7}N \rightarrow ^{14}_{6}C + ^{1}_{1}P \tag{3-11}$$

式中，$^{1}_{0}n$ 为中子；$^{1}_{1}P$ 为质子；生成的 ^{14}C 很快被氧化成 $^{14}CO_2$，并被扩散到整个大气圈。

随后通过碳循环，如大气与溶解于水体的 CO_2 交换、植物光合作用、动物对植物中碳的吸收、以及风化和沉积等过程，进入水圈、生物圈、岩石圈等各圈层。^{14}C 在形成之后不断通过放射出 β 射线衰变形成 ^{14}N，其反应式如下：

$$^{14}_{6}C \rightarrow {}^{14}_{7}N + {}^{0}_{-1}e + \bar{v} \tag{3-12}$$

式中，${}^{0}_{-1}e$ 为电子；$\bar{v}$ 为反中微子。

^{14}C 测年的重要假设前提是生物体死亡时的初始 ^{14}C 浓度与现在大气中的浓度一致。事实上，由于多种原因（宇宙射线强度的变化、地球磁场的改变、全球气候的变化、核爆效应等），现在大气中 ^{14}C 浓度与过去存在差异。因此，^{14}C 测年需进行年龄校正，运用较多的方法是树轮校正。通过对比树木树轮日历年代及其相应的 ^{14}C 年代，可以将 ^{14}C 年代转换成日历年龄。

^{14}C 测年技术自从 20 世纪 50 年代至今，测试方法经历了固体法、气体法、液体闪烁法等常规的 β 衰变法和加速器法四个阶段。目前主要用加速器进行测试，即 AMS ^{14}C 法。该技术与之前的常规 β 衰变计数法相比较，具有精度高、样品量小、测试时间短等优点，是 ^{14}C 测年技术发展的一次飞跃，使 ^{14}C 测年成为晚第四纪定年技术中最可靠方法之一。通常，随着时间的推移，^{14}C 含量降低，测试的误差也将增大。正常情况下，^{14}C 测试的上限在 8 个半衰期左右，大约相当于 4.5 万年（Walker, 2005）。目前该技术广泛应用于晚第四纪地质研究以及古地理、古气候、海洋、考古等方面。主要测试对象是几万年以来发生过 ^{14}C 交换的含碳物质，如木炭、木材、树枝、种子、孢粉、泥炭、树脂、贝壳、珊瑚、骨骼、纸张、皮革、织物、陶瓷、土壤、湖泊淤泥，以及一些次生碳酸盐沉积等。

3.1.3　释光测年

释光测年（luminescence dating）包括对样品加热进行测年信号激发的热释光（thermoluminescence，TL）（Aitken, 1985）以及基于特定波长光线进行测年信号激发的光释光（optically stimulated luminescence, OSL）（Aitken, 1998）。纵观释光测年的发展历史，光释光技术是在热释光技术的基础上发展起来的，在沉积物测年领域已逐渐取代了热释光成为目前晚第四纪主要的测年方法之一，该测年技术极大地推动了第四纪学科的深入发展。释光测年的基本原理可以简单地概括为：沉积物中累积的辐射总剂量与时间成正比，累积的辐射总剂量除以年剂量率可以得出时间，即年代。沉积物中的矿物颗粒（如石英、长石等）被掩埋之后，不断接受来自周围环境以及沉积物自身的铀、钍和钾等放射性物质的衰变所产生的射线以及宇宙射线等的辐射（图 3-4）。这会导致矿物颗粒随时间的增长不断累积辐射能。这些累积的辐射能经过加热或者光照射激发之后会被清空或者降低到可以忽略的水平（释光信号被晒退归零），沉积物沉积之后，埋藏的矿物将重新进行测年信号的累积。

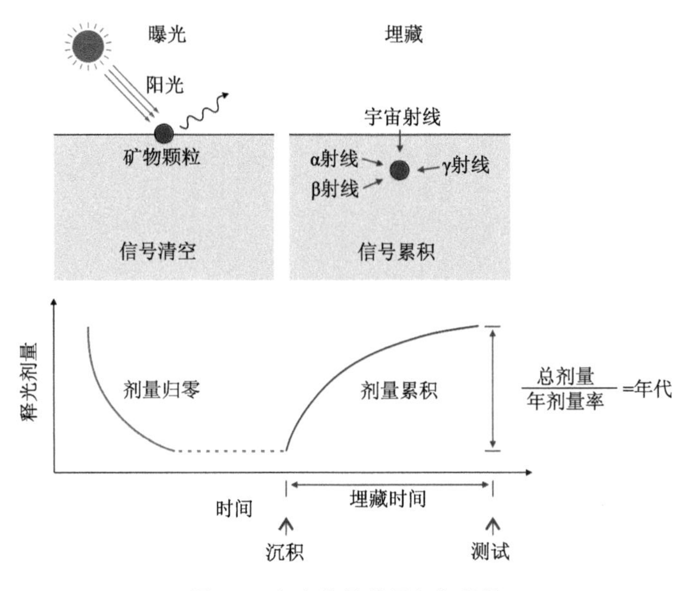

图 3-4 释光信号的累积与释放

被激发的光释光信号是样品最后一次曝光沉积之后累积的。通常，在测年信号没有达到饱和之前，矿物埋藏的时间越长，接受辐射的量越大，其释光信号也就越强。因此，用已知剂量的人工辐照产生的释光信号与自然释光信号对比，就可以计算出矿物颗粒自埋藏以来接收并累积的总辐射能，用等效剂量（equivalent dose, ED）表示。而通过分析样品周围环境以及样品自身的铀、钍和钾的含量，综合采样经纬度、深度、海拔高度、样品含水量及宇宙射线的贡献率等，可得出矿物颗粒接受的年剂量率（dose rate, D）。累积的等效剂量除以年剂量率，即是矿物颗粒最后一次曝光之后接受辐照的时间长度，也即埋藏至今的年代（图 3-4）。公式如下：

$$T = \frac{\mathrm{ED}}{D} \tag{3-13}$$

释光信号产生的机制和过程可以用被大家所广泛接受的晶体能带模型（Aitken, 1985，图 3-5）来解释。在该模型中，认为电子分布于非连续的能级之中，最低能级的称为价带，最高能级的称为导带。由于晶体缺陷的存在和外来能量的作用，电子能够分布于导带和价带之间的某个地方，也就是陷阱中心，该中心距离导带的距离 E 则反映了其稳定性。

自然状态或实验室条件下释光信号产生的过程可以分为三阶段（图 3-5）：①辐照，晶体受核辐射产生电离，使价带中的电子获得足够的能量而进入导带，在导带中自由扩散，并最终被导带附近的陷阱（T）所俘获。同时，电子离开导带后所形成的空穴在价带中扩散，其中一部分可能被释光中心（L）俘获；②储存，电子在陷阱（T）中所能储存的时间由其深度（能级 E）决定，当能级为 1.6 eV 时，其电子寿命可达百万年数量级，高能级的电子是释光测年所关注和利用的部分；③释光，当晶体受到加热或者曝光时，陷阱电子吸收足够能量进入导带，并扩散到导带附近与释光中心复合，辐射型释光中心与电子作用所产生的能量就以光子的形式扩散出来，即产生了释光信号。

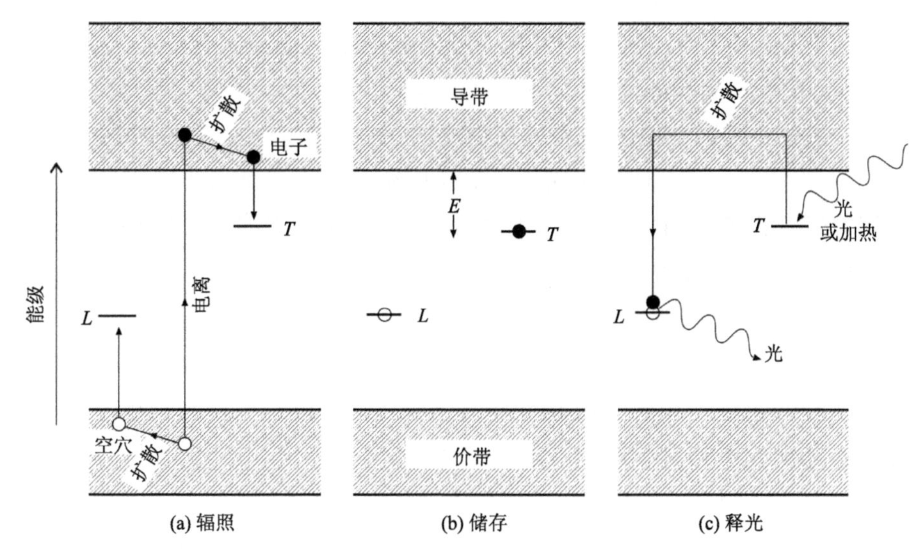

图 3-5 释光测年的能带模型（Aitken, 1985）

（a）晶体受到辐射而电离，产生陷获电子（T）和释光中心（L）；（b）在地质时期埋藏，陷获电子和释光中心储存在一定深度（能级 E）；（c）晶体受到光照射，陷获电子被光激发逃离陷阱重新与释光中心结合，产生光发射（即“光释光”）。

释光样品在采集、运输、储存以及实验室前处理过程中，都必须确保样品避光。释光等效剂量测试的主要对象为石英或长石，因此，前处理的主要目的是提取这些测试所需的较纯的矿物。释光年代的测试包括两个主要部分，即等效剂量和年剂量率。等效剂量测试在释光仪上进行，目前应用最为广泛的方法是 Murray 和 Wintle（2000）提出的单片再生剂量测定技术（single aliquot regenerative-dose，SAR），以及在此基础上衍生的一系列其他方法，并各具优势，选择哪些测试材料、哪个粒级、哪种测试方法，应根据样品的具体情况做出选择。样品的年剂量中的铀、钍、钾含量或 α、β、γ 剂量可用电感耦合等离子体质谱法、中子活化法、γ 谱仪、α 谱仪和 β 谱仪等测量。再结合样品含水量及宇宙射线贡献率等计算年剂量率。

释光测年适用于多种多样的第四纪沉积物，可应用于风沙地貌、黄土地貌、河流地貌、海岸地貌、冰川地貌、湖泊沉积、海洋沉积、地质灾害及古人类学等诸多领域。测试年代范围从数十年至数十万年甚至更老。释光测年技术仍在不断发展与进步，从多测片法（Multiple Aliquot Methods）到单片技术，从普通测片到单颗粒测片……。颗粒的不完全曝光是冰川沉积释光测年的最大问题，单颗粒技术是目前解决这一问题的较好办法，另外一种解决办法是用砾石进行测试的岩石释光埋藏测年技术，近年也在逐渐发展（欧先交等，2021）。

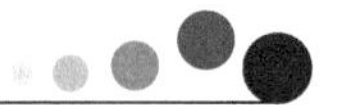

3.1.4 电子自旋共振测年法

电子自旋共振，亦称为电子顺磁共振（Electron paramagnetic resonance, EPR），是由苏联学者 Evgenii Konstantinovich Zavoisky 在 1945 年发现的，因为它是检测物质中未成对电子的唯一方法，所以 ESR 技术首先在物理学、化学和生物学等领域得到了应用。20 世纪 60 年代，该技术被引入地学研究中，成为矿物学、地质学与地球化学一个重要的实验手段。随着研究的深入，E. J. Zeller、P. W. Levy 等多位学者提出可将 ESR 技术用于测年，不过进展甚为缓慢。1975 年，日本学者 Ikeya 用采自日本 Akiyoshi 溶洞中的洞穴沉积物（次生碳酸盐：石笋和钟乳石）进行了开创性的 ESR 测年研究（Ikeye, 1975）。此后，ESR 测年技术才真正地引起考古学家、古人类学家、地质学家以及其他相关学科研究人员的关注和重视。随着 ESR 测年机理等探讨的不断深入，测年理论也渐趋完善且在多个学科的研究中得到了应用（Ikeya, 1993）。

ESR 测年的基本原理：自然界中的矿物因地壳运动（断层活动等）的剪切压力、机械碰撞（如泥石流）、太阳照晒、受热（如地热、火山喷发、自然火灾和人类用火）与矿物的重结晶等作用，全部或部分 ESR 信号回零，这是 ESR 测年的零点。计时从沉积物最后一次沉积时开始，沉积物中的某些矿物在自身和其所在环境中放射性元素（U、Th、^{40}K 等）衰变所产生的 α、β、γ 以及宇宙射线等的辐射下，形成自由电子和空穴心，这些自由电子能被矿物颗粒中杂质（Ge、Ti、Al）与晶格缺陷（原先存在的晶格缺陷或者由辐射产生的晶格缺陷）捕获而形成杂质心与缺陷中心，缺少电子的空穴形成空穴心。这些杂质心与空穴心都是顺磁性的，称为顺磁中心。顺磁中心可用 ESR 谱仪进行测定。顺磁中心个数与沉积时间成正比，在顺磁中心没有饱和之前，沉积时间越长，顺磁中心的数量就越大。通过测定顺磁中心个数从而达到测定沉积物年龄的目的。顺磁中心的数量与矿物颗粒最后一次沉积以来所接受的总辐射剂量成正比，只要测出沉积物中矿物颗粒所接受的等效剂量（ED），并采用一定的理化分析方法测算出矿物颗粒所在环境中的年剂量率（D），就可以算出样品的年龄（T），计算公式同释光测年公式。这就是 ESR 测年的基本原理。

与其他测年技术相比，ESR 测年技术有其特有的优势：①可测试的样品种类多（各种生物化石和生物遗体：贝壳、珊瑚、有孔虫、古脊椎动物和古人类的骨骼与牙齿等；海洋与陆地的各类沉积物：芒硝、石膏、陶瓷、风成沙、黄土、断层泥、灼烧过的燧石、火山灰和火山熔岩、次生碳酸盐等；以及天外来物：陨石与陨星）；②测定年龄跨度大，从数千年到数亿年（Grün，1989）；③样品用量相对较少（<1 克），这对于比较珍贵的或本来量就比较少的样品具有重要的意义；④样品的制备相对简便。同时它还是一种非破坏性的测试技术，测试完的样品可用于其他理化性质的分析。

在冰川沉积测年应用中，1994 年 Schwarcz 提出了冰碛物可作为以后 ESR 测年的选用材料（Schwarcz, 1994）。中国学者在 20 世纪末将该测年技术应用到第四纪冰川研究领域，虽然该测年技术目前还存在亟待解决的一些问题，但该技术的应用促进了中国第四纪冰川研究的发展。石英颗粒中就有多种可用于测年的杂质心（如 Ge 心、Al 心与 Ti 心）与氧空位心（E′心）。在室温条件下，ESR 波谱图中有三个较为明显的特征信号（图 3-6）：g=2.010 氧空穴心（OHC, oxygen hole center）是石英晶体 Frenkel 缺陷在电离辐射作用下捕获一个空穴的心，空穴电子不足，因此氧空穴心表现为正电性；g=2.001 氧空位心（E′心，它是石英晶体 Schottky 缺陷在电离辐射作用下捕获一个电子的心）；g=1.997 锗（Ge）心（Ge 离子置换硅位置而形成的电子心）。OHC 对人工辐照响应的报道不一，基本上对人工辐照没有响应，所以不能用它作为 ESR 测年信号。目前，第四纪冰川研究领域取得的 ESR 年龄多选用 E′心与 Ge 心，加之在低温测试条件下才呈现的 Al 心与 Ti 心等信号测得的。此处仅对 E′心与 Ge 心测年信号及其特性进行简述。

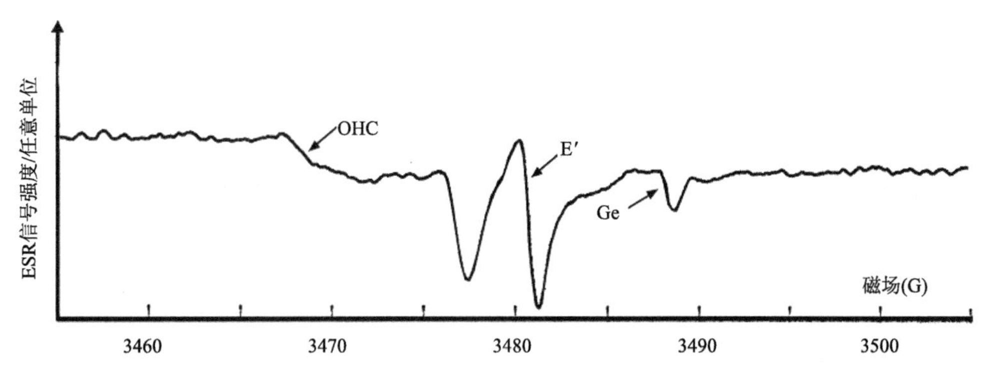

图 3-6　室温下条件下 ESR 波谱图及三个较为明显的特征信号

1. E′心及其特征

室温条件下由 γ 射线辐照产生的，不过它只产生于非结晶质的石英中而不能在结晶质的石英中形成。如果存在有机械形变作用所产生的氧空位或是错位，那么经过 γ 辐照后，E′心也可以产生于结晶质的石英中。用中子辐照的非结晶质与结晶质的石英，E′心均被检测到，后来的研究表明，在自然界的石英颗粒中也探测到 E′心的存在。E′心对人工辐照有较灵敏的响应。E′心的光吸收带出现在 5.85eV，即波长为 212nm 的紫外光。太阳光的波谱范围虽然比较宽，但波长特别短、能量非常高的紫外光在通过厚厚的大气层时，基本上被吸收掉了，故阳光很难将其晒退。在紫外光与阳光照晒下不但没有减退反而有增长的现象可能的原因与解释如下：在石英颗粒中除了 E′心还有 Ge 心（4.35eV）与 Al 心（2.9eV）等相对于 E′心而言的浅能量级电子心，在紫外光与阳光照晒下很容易被激活转移到尚未饱和的 E′心上，故出现了 E′心增长的情况。

E′心的热学性质相对稳定，在温度低于 200℃情况下，没有出现信号的退火与增长现象，当温度超过 200℃，E′心出现了信号增长的现象，这与紫外光与阳光照晒下信号

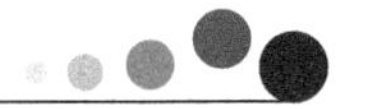

增长的机制相类似，即在高温条件下，石英中一些浅能量级缺陷中心的电子被激活并转移到尚未饱和的E′心上。E′心信号最强的温度范围大约在350～400℃，当超过该温度范围，信号开始出现衰退，即所谓的退火。温度超过500℃时，E′心的信号渐渐趋于零。

2. Ge心及其特征

Ge心是Ge离子置换硅位置而形成的电子心。等电子体的Ge^{4+}在SiO_2晶格中替换了Si^{4+}，不过Ge^{4+}对电子的亲和力比Si^{4+}强，在放射性元素衰变过程中所产生的各种射线辐照下，在石英晶格中就有自由电子产生，GeO_4吸收自由电子形成$[GeO_4\mathbf{e}^-]^-$。因此该中心的总电荷是－1价，那么在Si^{4+}位置上的Ge^{3+}就有一个负的有效电荷，因此它可以吸引SiO_2中内在的单一价的正离子M^+（如H^+、Li^+、Na^+），从而形成室温条件下稳定的$[GeO_4/M^+]^0$，即Ge心。Ge心有特别灵敏的光效应。根据量子理论，Ge心的光吸收带出现在4.43eV，即波长为280nm的紫外光，280nm紫外光可将其晒退。从Ge心的光吸收带可知：使Ge心信号减少的不是可见光（其能量范围为1.63～3.26eV），而是透过厚厚的大气层后残存的紫外光。Ge心在常温条件下的热学性质相对较稳定，随着温度的升高，它就会出现退火现象，在250～280℃温度范围内，Ge心就可以完全退火。Ge心对研磨作用也比较敏感。最新的机理研究进一步证实了Ge心对光照与研磨的敏感性。

3.1.5 其他定年方法

对于应用放射性元素测年技术来说，由于不同放射性元素的半衰期不一，因此不同测年技术的测试年代均有其最佳的测定范围。根据测试材料的不同，放射性同位素测年方法分为铀-钍-铅法、钾-氩法、氩-氩法、铷-锶法、钐-钕法、镧-铈法、镥-铪法、铼-锇法、铀系法、^{14}C法等等。本节仅选择铀系法、钾-氩法、铷-锶法和裂变径迹法等四种测年方法进行简介。

1）铀系法

铀系法的基本原理可以简单概括为：利用铀系放射性同位素的衰变导致衰变链上不同同位素比例随时间而变化的规律推算年代。铀同位素经过一连串的衰变反应，最终可形成稳定的同位素^{206}Pb和^{207}Pb。这个衰变会向最终的长期平衡状态发展。在这一过程中，子母放射性同位素比例是时间的函数，因此可用于测定地质事件的年代。根据不同同位素的比例可以有不同的测年方法，统称铀系测年法，或铀系不平衡法。

铀有多种同位素，其中最主要的3种天然放射性同位素是^{238}U、^{235}U、^{234}U，它们的含量比例分别为99.274%、0.720%和0.005%，其半衰期分别为4.468×10^9年、7.04×10^8年和2.45×10^5年。钍有6种天然同位素：^{227}Th（半衰期18.68天）、^{228}Th（半衰期1.9116年）、^{230}Th（半衰期7.569×10^4年）、^{231}Th（半衰期25.5小时）、^{232}Th（半衰期1.401×10^{10}年）和^{234}Th（半衰期24.1天），均为放射性同位素。其中^{232}Th含量99.98%，^{230}Th含量

0.02%，其他同位素含量极微。

在氧化条件下，铀容易形成 6 价的络离子，其化合物可溶于水，因此可以产生迁移。而钍和镤元素的化学性质与铀不同，在近中性的天然水中，他们容易水解形成不溶于水的氢氧化物，从而被黏土等物质吸附。因此天然水中含有微量的铀，但几乎不含钍和镤。从水溶液中结晶形成的次生碳酸盐岩在形成之初同样也有微量的铀，不含钍和镤。

^{238}U 和 ^{235}U 的衰变都为连续衰变。它们不是直接衰变成稳定的状态，而是经过一连串的衰变反应，产生一系列的放射性同位素中间子同位素。这些中间子同位素又会继续衰变，直至形成最终的稳定子同位素 ^{206}Pb 和 ^{207}Pb（图 3-7）。中间每种放射性子同位素

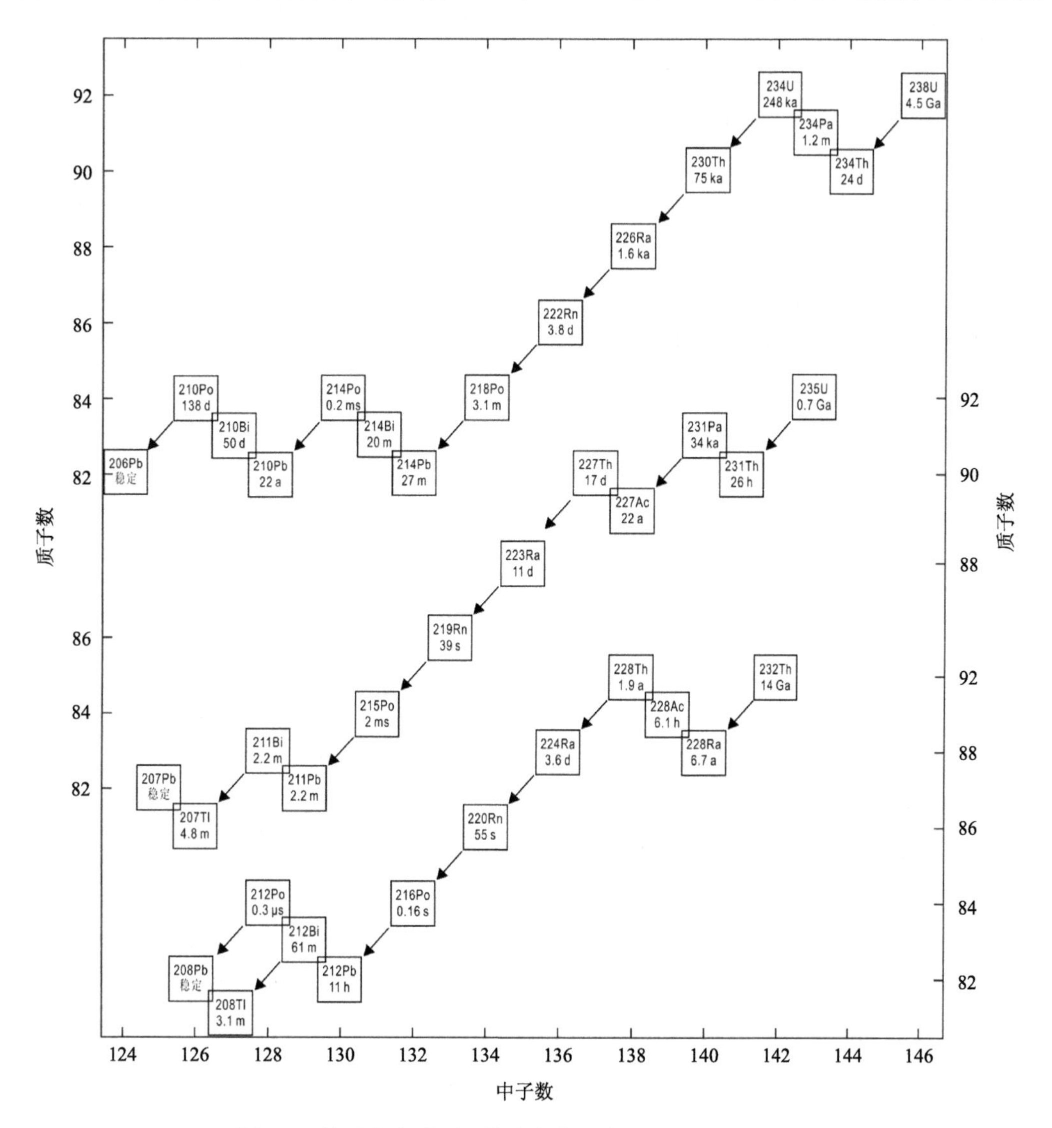

图 3-7 铀系衰变系列及其半衰期示意图（Dickin, 2005）

Ga：十亿年；ms：毫秒；μs：微秒。^{232}Th-^{208}Pb 衰变系列并不用于直接测年，但可用于铀系测年样品中存在碎屑污染时的校正

的半衰期各不相同。该现象可类比于是多壶串联的沙漏，且每个漏孔的速率不一。作为衰变系列的首个母同位素，^{238}U 和 ^{235}U 具有比其他后续子同位素长得多的半衰期。如果这个系统是封闭的，随衰变时间增加，母同位素与各子同位素的含量会发生变化，母同位素含量逐渐减少，子同位素含量逐渐增加，直至达到一种平衡状态为止。在平衡状态下，母同位素和各放射性子同位素衰变速率相等。自然界中的某些地质事件（如侵蚀、沉积、熔融、结晶）可能会导致这一衰变链中的某些元素迁移，从而破坏这种平衡。一旦这种元素迁移过程停止，系统重新封闭，又会缓慢重归平衡状态。铀系测年正是通过测定这个过程中的子母同位素比例来计算年代。在到达最后的平衡状态之前的一段时间为不平衡状态，这段时间的长度决定了铀系测年的上限。

根据不同同位素的比例，铀系测年有很多种技术，如 ^{230}Th-^{234}U、^{231}Pa-^{235}U、^{236}Ra-^{238}U、^{234}U-^{238}U、^{230}Th、^{231}Pa、^{210}Pb 等。它们可以归为两种主要的技术方法：子同位素过剩和子同位素不足法。子同位素过剩法较多用于沉积作用。主要依据铀系衰变的子同位素钍和镤的不溶性，较易吸附于沉积物中在湖底或海底沉淀，从而与可溶于水的母体铀元素分离。钍和镤沉淀之后会继续衰变，因此测试钍和镤元素衰变的数量即可获得沉积年代。子同位素不足法指的是衰变子同位素的初始值为 0，随着衰变时间逐渐增加。这主要是基于铀的化合物是可溶的，而钍、镤等不可溶的事实。因此当碳酸盐从水中析出，或生物从水中摄取碳酸盐形成贝壳或骨骼时，往往认为其中仅含母同位素铀而不含子同位素钍或镤。因此，碳酸盐岩、贝壳或骨骼的形成年代可以根据子同位素的含量（如 ^{230}Th 等）获得。

20 世纪 50 年代中期至 80 年代，铀系测年主要运用 α 谱仪测定。该技术测试周期较长，影响因素较多，测试所需样品量较大，精度较低，测年范围在 350 ka 之内。20 世纪 80 年代中期，Edwards 等发展了热电离质谱（thermal ionization mass spectrometry, TIMS-^{230}Th）测年技术，之后被广泛用于铀系测年。该技术比 α 谱仪测定技术的测年精度提高了 1～2 个数量级，测试所需样品量也大大减少，测年范围从 350 ka 扩大到 500 ka。而随后发展的多接收器电感耦合等离子体质谱（multiple collector inductively coupled plasma mass spectrometry, MC-ICP-MS）技术和单接收器电感耦合等离子体质谱（single collector inductively coupled plasma mass spectrometry, SC-ICP-MS）技术，更是比 TIMS 技术具有更省时、省样和提高精度的空间，且有微区测年的前景。

铀系测年主要应用于碳酸盐类样品的测定，包括洞穴次生碳酸盐岩、珊瑚礁、古人类化石、年轻火山沉积、湖泊和海洋沉积等。实验分析主要包括前处理和测试两部分。前处理包括样品的清洗、酸溶样品、稀释、Fe 共沉淀、离子柱清洗、离子柱分离铀钍等。然后运用质谱仪对铀、钍的同位素含量分别进行测试。

2）钾-氩法

钾-氩法（K-Ar）是利用测定矿物中钾的同位素 ^{40}K（母同位素）及其衰变形成的放射性子同位素 ^{40}Ar、^{39}Ar 的含量或比值，计算地质年代的技术，包括了 ^{40}K-^{40}Ar 法及

^{40}Ar-^{39}Ar 法。含钾矿物在形成前，原先存在的氩气会逸散，如冷却结晶之前的熔融状态岩浆中氩会逸出。因而含钾矿物形成时一般不含氩。矿物形成之后，由于 ^{40}K 的衰变，开始形成 ^{40}Ar，并且封存在矿物中。测定矿物中的 $^{40}Ar/^{40}K$ 值即可根据放射性元素衰变的公式计算衰变的时间，即矿物形成的年代：

$$t=\frac{1}{\lambda}\ln\left(\frac{^{40}\text{Ar}}{^{40}\text{K}}\frac{\lambda}{\lambda_{\text{Ar}}}+1\right) \tag{3-14}$$

式中，λ 为 ^{40}K 总的衰变常数；λ_{Ar} 为 ^{40}K-^{40}Ar 衰变分支的衰变常数。

在传统 ^{40}K-^{40}Ar 法测年中，样品的 ^{40}K 含量和 ^{40}Ar 含量分别用两种方法（火焰光度计和质谱仪），而且必须分开测量，因此测年的精度难免受到影响。另外，氩过剩和氩丢失等问题的存在也使得该技术测试的年代结果存在一定的不确定性。^{40}Ar-^{39}Ar 技术是在 ^{40}K-^{40}Ar 技术的基础上发展起来的。该技术同样是基于 ^{40}K 衰变为 ^{40}Ar 的原理，只是对 ^{40}K 含量采用了更为间接的方法。首先将样品置于核反应堆中进行快中子辐照，使 ^{39}K 捕获一个中子发射一个质子从而转化为 ^{39}Ar。然后在质谱仪上对同一样品进行 ^{40}Ar 与 ^{39}Ar 的测试。通过 ^{39}Ar 含量推算 ^{39}K，又根据 $^{39}K/^{40}K$ 的比值恒定的特性，推算 ^{40}K 的含量。该技术可以克服 ^{40}K-^{40}Ar 的某些局限，测年精度大幅提升，是目前应用较广泛的测年技术。^{40}Ar-^{39}Ar 年代的计算公式如下：

$$t=\frac{1}{\lambda}\ln\left(J\frac{^{40}\text{Ar}}{^{39}\text{Ar}}+1\right) \tag{3-15}$$

式中，J 为核反应堆的辐照参数，指示 ^{39}K 经过快中子轰击后发生核反应转化为 ^{39}Ar 的转化效率。

钾存在 3 种天然同位素：^{39}K、^{40}K 和 ^{41}K，含量分别为 93.258%、0.012%和 6.730%，且这些数值非常恒定。^{39}K 和 ^{41}K 是稳定同位素。^{40}K 为放射性同位素，其半衰期为 1.251×10^9 年。^{40}K 可以衰变形成两种稳定子同位素 ^{40}Ca 和 ^{40}Ar，分属两个衰变分支过程，即所谓双重放射性衰变（图 3-8）。在 ^{40}K-^{40}Ca 衰变分支中，^{40}K 发射一个负电子，直接衰变成为基态的 ^{40}Ca，同时释放 1.33 MeV 的衰变能。该分支占总衰变的 89.52%。^{40}K-^{40}Ar 衰变分支占 10.48%。其中 10.32%的 ^{40}K 首先通过 K 层电子捕获，使原子核内的一个质子转变为中子，形成激发态的 ^{40}Ar，同时放出 0.05 MeV 的衰变能。然后激发态的 ^{40}Ar 放出一个能量为 1.46 MeV 的 γ 粒子，形成基态 ^{40}Ar。另外 0.16%的 ^{40}K 通过 K 层电子捕获直接衰变成基态 ^{40}Ar，同时释放 1.51 MeV 的衰变能。此外还有极少的 ^{40}K（约 0.001%）通过正电子衰变而形成激发态的 ^{40}Ar，同时释放 0.49 MeV 的能量，然后再放出一个 1.02 MeV 的 γ 粒子，形成基态 ^{40}Ar。^{40}K-^{40}Ca 衰变分支很少用于年代测定，因为 Ca 在自然界普遍存在，且 ^{40}Ca 是丰度最高的 Ca 同位素，很难测定或者分辨出 ^{40}K 衰变形成的 ^{40}Ca 的含量。钾-氩法测年仅关注 ^{40}K-^{40}Ar 衰变分支。

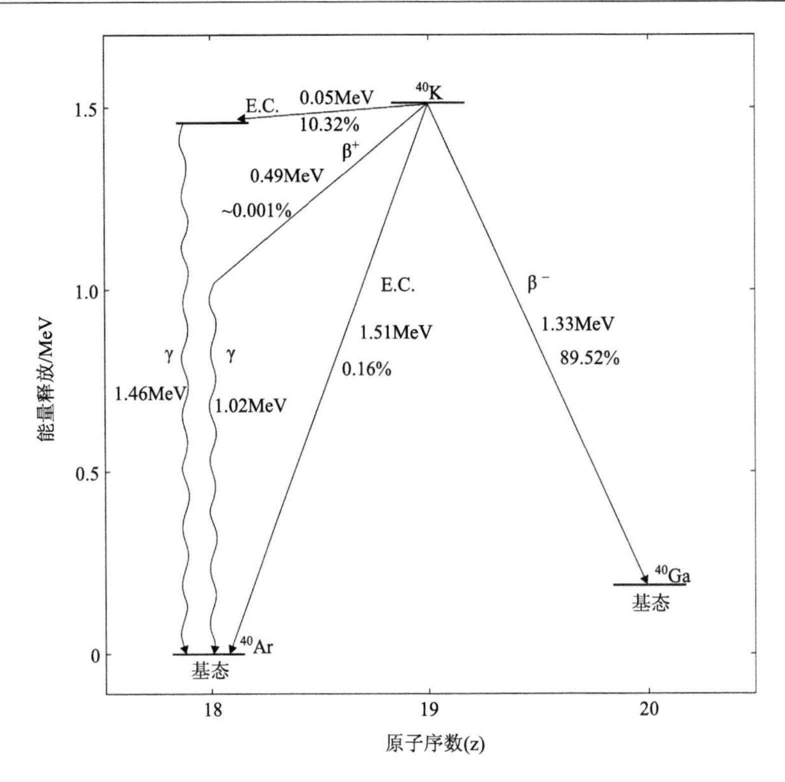

图 3-8 ^{40}K 衰变的两个分支示意图（邱华宁和彭良，1997）

氩是稀有气体（惰性气体）元素，化学性质不活泼，主要存在于空气中。氩有 3 种稳定同位素 ^{36}Ar、^{38}Ar 和 ^{40}Ar，是空气中氩气的主要成分，含量分别为 0.3336%、0.0629% 和 99.6035%。氩还有其他放射性同位素，含量都极微。其中 ^{39}Ar 是比较重要的一种放射性同位素，其半衰期为 269 年。相对于 ^{40}Ar-^{39}Ar 法短暂的测试时间，^{39}Ar 含量可以认为是恒定的。

先测出样品中总 K 的含量，再根据 ^{40}K 在总 K 同位素含量中的百分比（0.012%，这一比值可以认为是恒定的）计算 ^{40}K 的含量。^{40}Ar 含量可用气态质谱仪测定。

钾元素是很多造岩矿物（如云母、角闪石、钾长石等）、黏土矿物和蒸发岩类矿物的主要组分，这些矿物都可用于钾氩法测年。因此钾氩法包括氩氩法的应用范围很广，可以应用于地球动力学、古地磁倒转、第四纪地质和古人类学研究，尤其在火山岩、沉积岩、矿床学以及地质体上升和冷却史等领域。

3）铷-锶法

铷-锶法（Rb-Sr）测年是根据放射性同位素 ^{87}Rb（母同位素）衰变形成稳定同位素 ^{87}Sr（子同位素）与时间的函数关系测算年代的技术。岩石或矿物结晶时，铷进入矿物，^{87}Rb 开始衰变形成 ^{87}Sr，分别随时间衰减和累积，且二者都能在矿物中很好地保存。因此，测定样品中含 ^{87}Rb 及放射性成因的 ^{87}Sr 的含量，根据衰变规律，即可计算矿物形成的年代。

铷-锶法年龄公式：

$$t=\frac{1}{\lambda}\ln\left(\frac{^{87}\mathrm{Sr}}{^{87}\mathrm{Rb}}+1\right) \tag{3-16}$$

式（3-16）适用于形成之初不含锶的高铷、高钾矿物。但自然界中某些岩石尤其是含钙岩石，在形成之初含有一定数量的锶。对于这些含有初始锶含量的岩石，计算年代时需进行初始锶的校正。

^{86}Sr 含量是恒定的，即初始值和样品现在的值一致。因此可以用 ^{86}Sr 含量校正。

$$\left(^{87}\mathrm{Sr}/^{86}\mathrm{Sr}\right)_{样}=\left(^{87}\mathrm{Sr}/^{86}\mathrm{Sr}\right)_{初}+\left(^{87}\mathrm{Rb}/^{86}\mathrm{Sr}\right)_{样}\left(e^{\lambda t}-1\right) \tag{3-17}$$

可以得出经过初始锶校正的年代计算公式（陈岳龙等，2005）：

$$t=\frac{1}{\lambda}\ln\left(\frac{\left(^{87}\mathrm{Sr}/^{86}\mathrm{Sr}\right)_{样}-\left(^{87}\mathrm{Sr}/^{86}\mathrm{Sr}\right)_{初}}{\left(^{87}\mathrm{Rb}/^{86}\mathrm{Sr}\right)_{样}}+1\right) \tag{3-18}$$

这里 $\left(^{87}\mathrm{Sr}/^{86}\mathrm{Sr}\right)_{样}$ 和 $\left(^{87}\mathrm{Rb}/^{86}\mathrm{Sr}\right)_{样}$ 为测定值，$\left(^{87}\mathrm{Sr}/^{86}\mathrm{Sr}\right)_{样}$ 为一常数，称为初始锶同位素比值（组成）。对于单独的一个岩石或矿物而言，除非能够通过某种方式，预先知道初始锶同位素组成，否则，根据以上公式不能获得年龄值，但可用等时线法求得年龄。

铷是碱金属元素，与钾元素密切共生且其含量呈正相关，常以类质同象形式共存于含钾矿物中。与钾不同，铷主要呈分散状态，不易独立成矿。自然界中铷有 2 种同位素：^{85}Rb 和 ^{87}Rb，其丰度分别为 72.165%和 27.835%。其中 ^{87}Rb 是放射性同位素，经过 β-衰变形成稳定的 ^{87}Sr（图 3-9），半衰期为（4.961±0.16）×10^{10} 年。

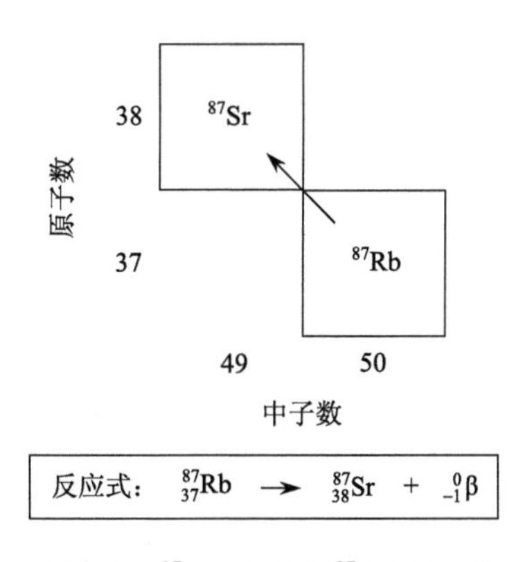

图 3-9 ^{87}Rb 衰变成 ^{87}Sr 示意图

锶的地球化学性质与钙相近，常以类质同象形式存在于含钙矿物中，也可被含钾矿物捕获于钾的位置。锶也是分散元素，但可以形成少量独立矿物如菱锶矿（$SrCO_3$）和天青石（$SrSO_4$）等。自然界中锶有 4 种同位素：^{84}Sr、^{86}Sr、^{87}Sr 和 ^{88}Sr，皆为稳定同位素，其中只有 ^{87}Sr 是放射性成因，来自 ^{87}Rb 的衰变。四种同位素的丰度分别为 0.56%、

9.86%、7.0%和 82.58%。但这个丰度比例在自然界是变化的，尤其在含铷岩石矿物中，因为 ^{87}Rb 不断衰变形成 ^{87}Sr。不过 $^{84}Sr/^{88}Sr$ 和 $^{86}Sr/^{88}Sr$ 的比值是恒定的，分别为 0.0068 和 0.1194，这些比值可以用于铷-锶法测年中校正锶同位素的分馏效应。

铷锶含量或其比值可通过质谱仪测试。铷-锶法被广泛应用于地球和月球岩石、陨石年代测定。主要测试对象是富含铷的矿物，如白云母、黑云母和钾长石等。

4）裂变径迹法测年（Fission Track Dating）

裂变径迹法测年与其他放射性同位素测年法在本质上相近，均要求在一个封闭体系内，根据母同位素和子同位素含量，以及母同位素的衰变速率来确定时间。不同的是其他放射性同位素测年法多根据发生衰变的母元素与其产生的子元素含量来进行计算年龄，但裂变径迹法测定的是辐射损伤效应。

裂变径迹是由英国原子能研究机构 Silk 和 Barnes 在 1959 年利用重元素裂变产生的离子照射云母样品时发现的。离子与矿物晶格的原子发生一系列相互作用后，离子减速并被阻止下来，同时留下一些细小的线状轨迹，这些轨迹就是裂变离子的“潜伏轨迹”，或“潜伏裂变径迹”。潜伏径迹非常细小，需要使用高倍电子显微镜进行观测。但潜伏径迹的辐射损伤与没有被辐射损伤的区域比较，它们可以被一定的化学试剂优先溶蚀，该特性由美国通用电气研究发展中心的 Fleischer 和 Price（1963）研究得出。优先溶蚀的径迹比潜伏径迹要大百倍以上，这使普通光学显微镜对其观测成为可能。

在自然界的铀主要由两种同位素 U^{235} 和 U^{238} 组成，这两种元素的 α 衰变与 β 衰变最终形成稳定同位素铅是铀-铅测年法的基础。除此之外，U^{238} 还发生自发裂变，这个速度比 α 衰变与 β 衰变要慢得多，其自发裂变半衰期大约为 1×10^{16} 年（U^{235} 自发裂变半衰期比 U^{238} 的要大 20 倍）。每一次 U^{238} 自发裂变释放的能量是相当大的（约 200 MeV），同时产生两个碎片，他们在穿越固体时能在矿物晶格中崩裂形成一条长 10～20 μm 损伤严重的狭窄径迹。径迹的数目与诱发它的铀含量成比例，所以通过铀含量和径迹的密度这两个必要条件来推算数字年龄。这就是裂变径迹测年法的基本原理。

裂变径迹法用于地质年龄测定只是其应用的一个方面，与其他测年方法比较有其特有的优势。其一，测定的年龄范围较宽广。可以测定老至地球年龄，年轻至小于 100 年人造装饰玻璃的年龄。其二，可测的样品种类多样。在三大类岩石中（沉积岩、变质岩与火成岩）均可找到适宜测定的矿物。其三，分析中所需或消耗的样品量较少。有时候仅需几个矿物颗粒即可。其四，可以分别测出特定矿物从某一临界温度开始冷却以来的时间。基于每种矿物的临界温度不一样，该测年方法可以测定某地质体或构造单元冷却速度与抬升速度。其五，所需仪器简单且便于普及。有一台分辨率高的光学显微镜即可开展工作。裂变径迹法测年技术处理法有总体法、外探测器法、扣除法、再次蚀刻法、再次抛光法等。选用的分析矿物多为铀含量较高的、粒度不小于 50 μm 的磷灰石、锆石、榍石等重矿物。有时也选用石英、石膏、萤石等铀含量较低的矿物，采用总体法来进行分析。对于玻璃陨石、火山玻璃等玻璃质的岩石，裂变径迹法测年法也可进行有效的年

龄测定。其年龄（t）计算公式为

$$t=\frac{1}{\lambda_D}\ln\left(1+\frac{\rho_S}{\rho_i}\cdot\frac{\lambda_D}{\lambda_f}\cdot\sigma\cdot I\cdot g\cdot\phi\right) \tag{3-19}$$

式中，λ_D 和 λ_f 分别为 ^{238}U 的总衰变常数和自发裂变衰变常数；σ 为 ^{235}U 的热中子诱发裂变截面；I 为 ^{235}U 和 ^{238}U 的天然同位素丰度比；g 为几何因子；ρ_S 和 ρ_i 分别为 ^{238}U 自发裂变和诱发的径迹密度；ϕ 为热中子通量。

裂变径迹测年与其他测年法比较主要优势在于它是单个矿物颗粒进行处理的，通过每个矿物颗粒来测定年龄，因此样品的污染容易被识别。自第一批裂变径迹测年数据发表后，该测年法在被应用于越来越多的地质问题的研究中。1976年，中国科学院原子能所和贵阳地化所利用该测年技术测定了白云母和玻璃陨石的年龄。

目前，裂变径迹定年法主要用于火山灰的年龄测定。此外，该方法还广泛应用于构造抬升（热事件）、考古、地貌演化、海底扩张年龄及速度、陨石以及第四纪地质等方面（刘顺生等，1984）。在有第四纪冰川发育的火山活动区，应用裂变径迹定年法来测定夹杂在冰川沉积物中的火山灰年龄，进而获得第四纪冰川的演化史。如我国的长白山天池区、美国夏威夷等地均可应用该测年法获得第四纪冰川的年代学框架。

3.2　冰川物质平衡线重建与冰川发育气候模拟

冰川是气候变化敏感的指示器，气候发生变化时，首先会引起冰川表面能量交换的变化，进而改变冰川动力学参数、冰川物质平衡及相应ELA，并最终会导致冰川几何形态（面积、长度、厚度和体积等）发生变化。即冰川的物质平衡为正时，ELA会降低，冰川加厚并发生前进；反之，冰川物质平衡为负，ELA将升高，冰川将减薄并退缩，极端情况下甚至会导致冰川的消亡。因此，冰川物质平衡与ELA是分析气候如何驱动冰川变化的重要指标。

3.2.1　冰川物质平衡线重建

1. 冰川物质平衡线高度的估算方法

现代冰川的物质平衡线可通过两种方法直接测定：①监测法：冰川物质平衡的监测可获得冰川不同海拔处的物质平衡信息，物质平衡为零的海拔高度即为冰川的 ELA；②雪坑法：沿冰川的主轴线自下而上相距 50～100 m 不等开挖雪坑，观察雪坑里雪-粒雪的结构，含有团粒状黏土的强烈污化的有动力变质标志的冰面，是消融区；而当雪层下部出现有棉絮状气泡的呈乳白色的附加冰时，表明平衡线就在这些区域附近；在这些区域间隔更短的距离挖雪坑进行加密考察，存在多层附加冰和强污化面之间的地方就是

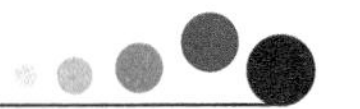

冰川平衡线，其对应的海拔便是ELA（图2-2）。然而这类方法只适用于现代冰川，且不能大范围展开，加之典型冰川的ELA变化是否具有普遍意义，能否代表整个区域的变化趋势也不得而知。因此，基于冰川地貌、冰川几何形态和冰川物质平衡特征等的ELA间接估算方法就不断被引入。

1）赫斯法（Hess法）

根据冰川流动原理，积累区冰川因物质积累导致流动矢量（submergence velocity）向下，消融区因物质消融导致流动矢量（emergence velocity）向上。因此，积累区冰川的表面形态是下凹的，而消融区则为上凸，即为Hess法的工作原理。两种形态都能在现代冰川作用区大比例尺地形图等高线上清楚地表现出来，而两者之间等高线较平直的地带即为平衡线所在位置。该方法的主要问题是如何找到比较平直的等高线，因为某些冰川地形图上ELA附近等高线的这种特征表现得不很清晰，尤其是规模较小的冰川，导致该方法的精度在一定程度上取决于测量者的冰川学认知和野外考察经验。另外，该方法在没有大比例尺地形图的区域使用受到极大的限制。

2）冰川作用阈值法（GT法）

冰川作用阈值（glaciation threshold，GT）法，是指某一区域内，同时期有冰川发育的最低山峰与无冰川发育的最高山峰间的平均高度（图3-10），常被用来确定区域的ELA。虽然这样估算出来的ELA可以代表区域的趋势，但通常要比实际值高100～200 m；另外，使用该方法时，需要确定并标绘出该时段这一区域全部有冰川作用和无冰川作用的山峰，且要排除太陡的山峰（不发育冰川，但其高度会超过有冰川发育的山峰高度），大量的工作在实际应用中也具有较大难度。用于重建古ELA时最困难的是确定哪些是同时期有冰川作用和无冰川作用的山峰。

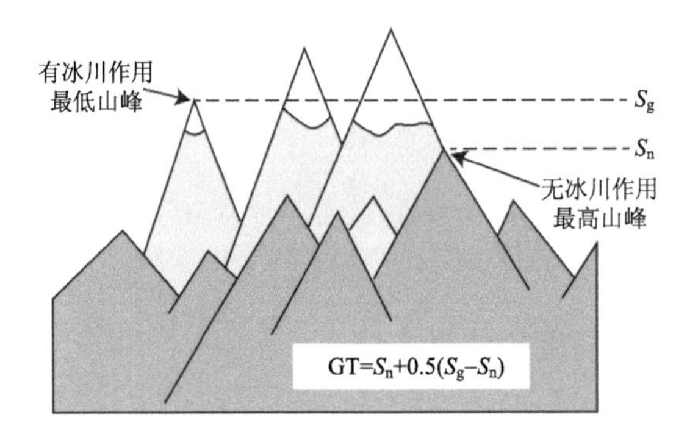

图3-10 冰川作用阈值法示意图 （Porter, 2001）

3）冰斗底部高程法（CF法）

冰斗是典型的冰川侵蚀地形之一，也是辨别冰川作用的重要地貌特征之一，其底部高程（cirque-floor altitudes，CF）通常用来代表冰川近似的ELA。然而，冰斗底部高程与冰川ELA之间未必存在必然联系，如冰斗冰川被限制在冰斗中时，其底部高程代表了冰川末端海拔，明显要低于冰川的ELA[图3-11（a）]；而当冰川为冰斗山谷冰川时，冰川溢出冰斗沿谷底向下运动，冰斗底部的高程要高于（甚至是远远高于）冰川真实的ELA[图3-11（b）]。因此，仅运用冰斗底部高程来估算冰川的ELA会带来较大的误差。此外，在冰斗形成的过程中可能经历过多次冰川作用，也难以将其与某一期次的冰川作用对应起来。尽管CF法在应用中受到诸多因素的限制，但它对冰川作用水准面的区域趋势和长时间尺度的一般气候状况仍有很重要的指示作用。

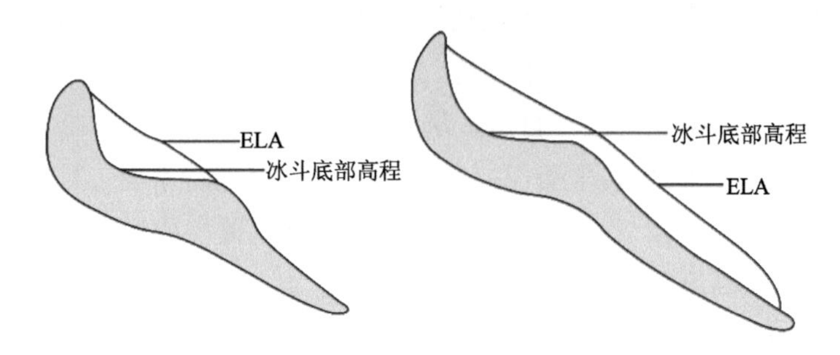

图3-11　ELA与冰斗底部关系示意图（Porter, 2001）

4）侧碛最大高度法（MELM法）

由于冰川在其积累区向中心而消融区向边缘流动，且净消融只发生在消融区，因此理论上边缘冰碛（marginal moraine）的沉积仅发生在ELA之下，因此侧碛的最大高度（maximum elevation of lateral moraines，MELM）能大致代表ELA（图3-12），但实际情况是ELA一定出现于侧碛最大高度之上。

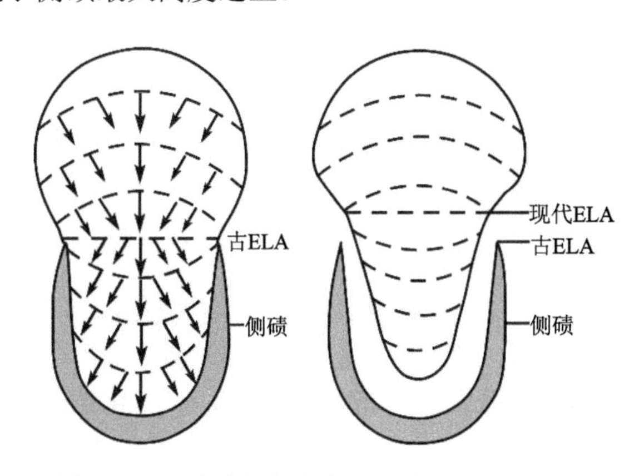

图3-12　侧碛最大高度法示意图（Nesje, 1992）

应用侧碛最大高度法估算ELA应注意以下几点：①ELA以下随着冰川消融，冰川内碛可能不会立刻到达冰川表面，这意味着侧碛开始形成的位置在ELA以下，此时估算出的ELA就会偏低；②冰消期时侵蚀作用或地形的影响，如坡度过大会不利于侧碛的物

质积累，也会导致 ELA 的极大低估；③当冰川为冰帽或冰盖时，冰碛物有时部分或完全围绕冰体分布并堆积于冰川的前面而不是侧面，侧碛最大高度会低于 ELA；④冰川退缩非常缓慢时，冰碛物会沿着早期形成的侧碛向上游方向不断建造，从而导致 ELA 高估。

尽管存在这些不确定因素，但该方法不需要详细的地形资料，可以通过航空相片或野外测量直接获得。此外，对表碛覆盖型且难以获得物质平衡梯度形态的古冰川，其侧碛保存又相对完好，该方法能提供最真实可靠的 ELA。实际应用中，侧碛最大高度法估算值可作为 ELA 的最小参照值，进而可依据这一阈值筛选其他方法计算出的 ELA（只取大于该阈值的 ELA），从而提高计算的精度。

5）冰川末端至冰斗后壁比率法（THAR 法）

对于稳定状态的冰川，其物质平衡保持恒定，ELA 也会保持不变，且会位于冰川最高高度（A_h）与末端高度（A_t）之间某个固定的位置，该位置与冰川末端之间高程的差值（ELA–A_t）和冰川最高高度与末端高度之间高程差值（A_h–A_t）的比值即为冰川的 THAR 值（toe-to-headwall altitude ratio）（图 3-13），因而常用于估算古冰川和现代冰川的 ELA。通常认为冰川末端到最高点之间高程的平均值为 ELA 的值，即 THAR=0.5，此时被称为冰川中值高度法（the median elevation of glaciers，MEG）。然而，冰川的类型和形态特征等因素会导致 THAR 值出现一定的差异。如冰川无表碛覆盖时，THAR 的取值应为 0.4～0.5；有表碛覆盖时，其 THAR 则趋向于一个更大的值（0.6～0.8）；冰斗冰川的 THAR 值可能介于 0.35～0.40，而低纬度的山麓冰川和小冰帽最适宜的 THAR 值则分别为 0.5 和 0.3；冰川的积累区较宽而消融区较窄时，其 THAR 值约为 0.66。

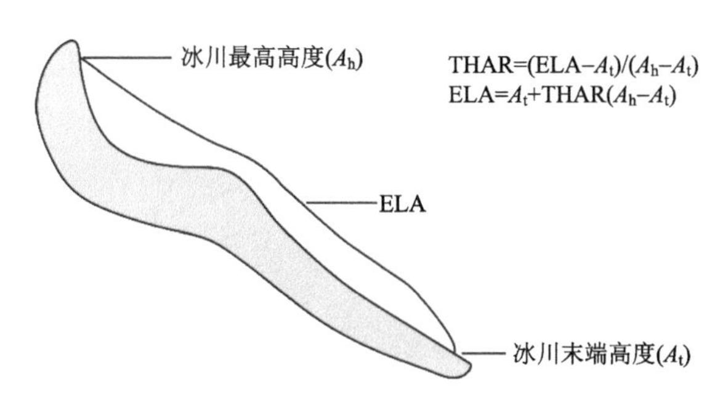

图 3-13 THAR 法示意图（Porter，2001）

冰川物质平衡或面积–高程信息是指示冰川 ELA 变化的重要指标，这显然未被 THAR 法考虑到，加之 THAR 值的选取主要依据研究者的主观判断，而非基于每条冰川的具体特征。因此确定适宜的 THAR 值就变得十分重要。Kaser 和 Osmaston（2002）在研究非洲赤道附近鲁文佐里山的冰川时提出了一个图解的方法来确定最适的 THAR 值：首先以冰川末端高程为横坐标，以冰川最高点高程为纵坐标建立坐标系，并将此地的冰川分为三组标绘在坐标系中；再将这三组数据分别进行线性拟合，直线的斜率即为（1-1/THAR），从而计算得出他们的 THAR 值分别为 0.46、0.50 和 0.57，且这 3 条直线与经过原点的斜率为 1 的直线的交点为每组冰川的 ELA（图 3-14）。通过与其他方法重建 ELA 的对比发现，该方法估算出的 ELA 与它们的值基本一致。

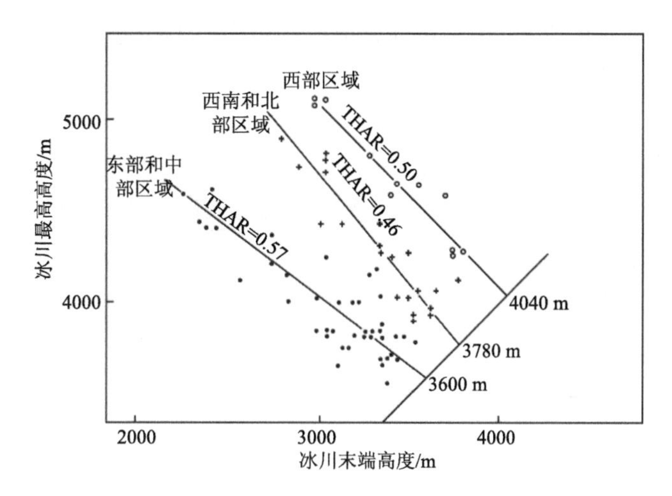

图 3-14　鲁文佐里山末次冰期最盛期 75 条冰川的 THAR 算法示意图（Kaser and Osmaston, 2002）

应用 THAR 法推算古冰川 ELA 时，古冰川末端高度可以通过野外冰川地貌（如终碛垄）予以确定，古冰川的最高高度则以冰斗后壁坡度大于 60° 的位置大致替代。然而，如果雪崩对冰川的积累影响较大时，这一方法得到的高度要低于古冰川实际的最高高度，将其应用于 THAR 法也将会低估 ELA。因此，也有学者认为流域内的最高峰可以作为冰川的最高处，然后将这一高度与冰川末端高度取平均来确定冰川的 ELA，即为终碛到最高峰高差比率法（terminal to summit altitude method，TSAM）法。然而，第四纪频繁的气候波动导致冰川多次进退，各次冰川作用的最高高度显然不会在同一个高度，简单地将流域内最高峰的高度代入计算也会导致结果出现偏差。

更早还有一种方法与 TSAM 法类似，用分水岭平均高度（粒雪盆周围的最高峰及鞍部高度平均值）代替最高峰的高程，被称为 Höfer 法。该方法在早期的研究中得到了较为广泛的应用，较适合于计算规模较小的冰斗和山谷冰川。但不同学者即便针对同一条冰川选取的最高峰或鞍部的值也都会有所差异，进而计算出不同的 ELA。

尽管以上几种方法都存在一些不确定性，但对于偏远的冰川作用区，尤其缺乏大比例尺地形图与高分辨率遥感数据或是侧碛垄受后期侵蚀破坏较为严重的区域，它们能简便快捷地得出冰川的 ELA。

6）积累区面积比率法（AAR 法）

积累区面积比率（accumulation area ratio，AAR）法是冰川处于稳定状态时，冰川积累区的面积占据冰川总面积的比率，该比率就是 AAR 值。AAR 法实质上假定了冰川物质平衡随海拔高度的变化是线性的，考虑了冰川的面积–高程信息，精度要优于之前的几种算法，且不受侧碛垄、冰斗等遗迹是否存留的限制，被广泛地应用于各种类型的现代和古冰川 ELA 的估算中。

研究表明冰川处于稳定状态时，不同纬度的 AAR 值存在较大差异，中、高纬度冰川的 AAR 值大致介于 0.55～0.65，低纬度地区冰川的 AAR 则趋向于更大的值。不同类型的冰川也具有不同的 AAR 值，对于山谷冰川和冰斗冰川而言，AAR 值取 0.6±0.05 能得到较好的结果；而山麓冰川和冰盖由于其面积–高程分布的不对称，与山谷和冰斗冰川的 AAR 值有很大差异，其值介于 0.4～0.5。冰川末端有表碛覆盖时，由于表碛的隔热作用，AAR 值会普遍偏低。AAR 值还易受冰川形态特征及其下伏地形的影响，如果其下伏地形坡度或本身形态特征发生变化，即使是同一冰川，其 AAR 值也随之改变。

当 AAR 取值介于 0.5～0.8 之间时，所得到的 ELA 可相差上百米，因此如何选取最适宜的 AAR 值是该方法应用的关键。最近，通过全球冰川 AAR 值的分析发现，AAR 值与冰川面积（S）呈对数相关（AAR=0.0648×ln$S$+0.483）；因此，当 S 为 0.1～1 km^2 时，AAR=0.44±0.07；S 为 1～4 km^2 时，AAR=0.54±0.07；S>4 km^2 时，AAR=0.64±0.04。

古冰川 ELA 重建时，不仅要选取合适的 AAR 值，还需绘制冰川表面积随高程变化的累积曲线。首先，要根据侧碛、终碛等冰川遗迹重建古冰川的范围；其次，依据地貌遗迹或是冰川纵剖线模型重建古冰川表面的高程值，绘制等高线图；最后，计算每两条连续的等高线间冰川的表面积，得到冰川表面积随高程变化的面积累积曲线，曲线上 1-AAR 值对应的高程值即为所求的 ELA（图 3-15）。然而，如果根据残存的冰川遗迹难以可靠地限制古冰川的厚度时，也可将古冰川投影至现代地貌表面，据此得到冰川的面积累积曲线，代入相应的 AAR 值得到 ELA，再依据残存的侧碛垄等估算 ELA 附近的冰川厚度可有效降低其估算的误差。

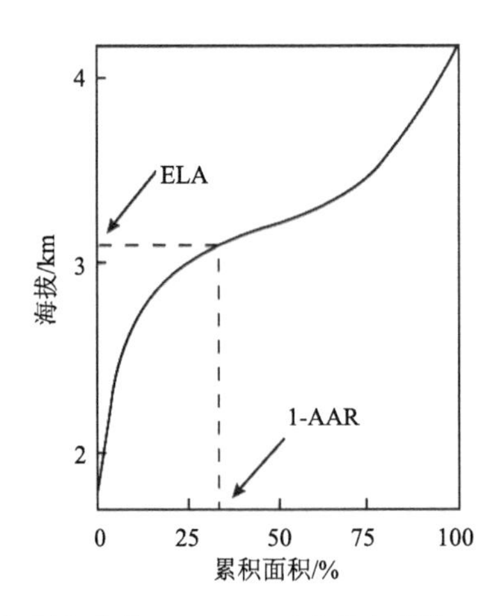

图 3-15 冰川的累积面积曲线（1-AAR 对应的高程为 ELA）（Porter, 2001）

7）面积–高程平衡率法（AABR 法）

面积–高程平衡率（area altitude balance ratio，AABR）法利用冰川消融区和积累区的物质平衡梯度（物质平衡各分量随高度的变化）的比值，即由 BR 值来计算 ELA。该方法主要基于两点假设：①冰川物质平衡随高度变化的曲线在其积累区和消融区都是线性或接近线性；②冰川消融区与积累区物质平衡梯度的比值，即 BR 值是已知的，可用式（3-20）求取。

$$\mathrm{BR}=\frac{b_{\mathrm{nab}}}{b_{\mathrm{nac}}}=\frac{\overline{z_{\mathrm{ac}}}A_{\mathrm{ac}}}{\overline{z_{\mathrm{ab}}}A_{\mathrm{ab}}} \tag{3-20}$$

式中，ab 、ac 分别代表冰川的消融区与积累区，b_{n} 为冰川物质平衡梯度；A 为面积；$\overline{z}$ 为面积加权平均高度。A_{ab} 和 A_{ac} 可以通过量算得出，$\overline{z}$ 可以通过式（3-21）和式（3-22）求得：

$$\overline{z_{\mathrm{ac}}}=\frac{1}{A_{\mathrm{ac}}}\int_{\mathrm{ELA}}^{z_{\mathrm{m}}} zf(z)\mathrm{d}z \tag{3-21}$$

$$\overline{z_{\mathrm{ab}}}=\frac{1}{A_{\mathrm{ab}}}\int_{\mathrm{ELA}}^{z_{\mathrm{t}}} zf(z)\mathrm{d}z \tag{3-22}$$

式中，$f(z)$ 为可由冰川的面积–高程曲线 $F(z)$ 求导获得（图 3-16），z_m 和 z_t 分别为冰川的最高高程和末端高程（$\overline{z_{\mathrm{ac}}}$ 和 $\overline{z_{\mathrm{ab}}}$ 均取正值）。由式（3-21）和（3-22）计算的 $\overline{z_{\mathrm{ac}}}$ 和 $\overline{z_{\mathrm{ab}}}$ 精度取决于拟合得到的冰川面积–高程曲线的质量，在大多数情况下它们也是计算 $\overline{z_{\mathrm{ac}}}$ 和 $\overline{z_{\mathrm{ab}}}$ 最为准确的方法。此外，如果冰川的面积–高程曲线形状不规则，最好对积累区和消融区的面积–高程信息分别进行拟合，以提高计算的精度。

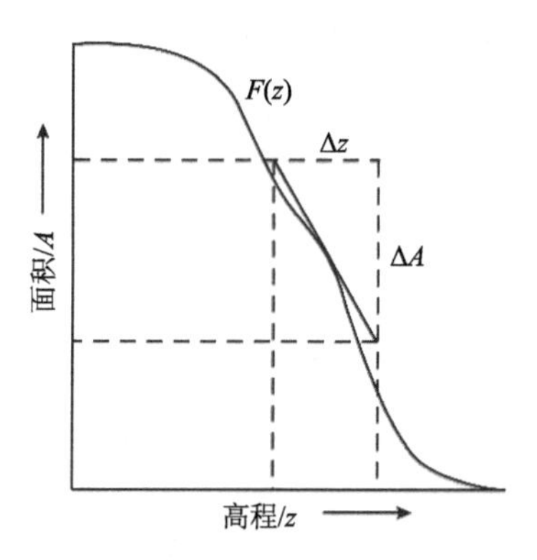

图 3-16　冰川面积–高程曲线 $F(z)$ [冰川面积（A）随海拔（z）的分布]
（Furbish and Andrews, 1984）

确定的 BR 值（现代冰川的实测值或是经验值）是 AABR 法运行模拟的目标。首先需要确定一个先验的 ELA（可以通过 THAR、MELM 及 CF 等方法得到）来划分冰川的积累区和消融区，从而得到消融区和积累区的面积 A_{ab} 和 A_{ac}；再根据冰川的面积–高程曲线计算相应 $\overline{z_{\mathrm{ac}}}$ 和 $\overline{z_{\mathrm{ab}}}$ 值，进而得到一个先验的 *BR* 值；最后检测先验的 BR 值与计算得出的 BR 值是否相等，若相等，则先验的 ELA 即为冰川的 ELA，否则需要改变先验的 ELA（升高或降低）直至二者相等，此时先验的 ELA 即为所求。Rea（2009）系统地总结分析了全球有物质平衡观测资料冰川的 BR 值，发现其平均值为 1.75±0.71，并建议在应用 AABR 法重建古冰川 ELA 时可以应用这一平均值来计算。

AABR 法考虑了冰川详细的面积–高程信息，具有明确的物理过程，数据充足（大比例尺地形图和准确的地貌图或是航空相片）的情况下，在上述这几种算法中其精度是最高的。然而大多数高山区的冰川难以接近，数据匮乏，影响了 AABR 法的应用。此外，由于表碛覆盖、雪崩补给等对冰川物质平衡的影响，大多数冰川积累区和消融区的物质平衡曲线都是非线性的，难以满足该算法的假设前提。因此，可根据冰川积累区和消融区的物质平衡曲线的具体特征对其进行可靠的参数化处理，使得 AABR 法能够应用于此类冰川 ELA 的计算。

2. 古 ELA 估算的误差来源

1）冰期后的构造运动

古冰川 ELA 重建必须要考虑研究区冰期后构造运动的影响，因为它会改变冰期后当地的气候状况（温度和降水等）以及古 ELA 的准确位置，尤其是在构造活动强烈引起地表抬升或下沉速率较大的地区。构造沉降地区，古 ELA 的真实值是用各种方法重建出的 ELA 与下沉量之和，而构造抬升地区则是重建的 ELA 与抬升量之差。

2）冰期海平面变化

冰期时海平面高度的下降是否影响古冰川 ELA 的重建还存在一定争议。一种观点认为由于末次冰期时海平面高度比现今低至少 120 m，重建古 ELA 尤其是据 ELA 差值（ΔELA）推算温度的变化状况时，应进行相应的校正；因为冰期时 ELA 比之重建的 ELA 海拔更高（相对海平面），相应的温度也更低，从而直接用 ΔELA 推算的温度变化量就包含了海平面降低导致的海拔效应，实际运用中 ΔELA 应扣除海平面的下降值（$SL_m - SL_g$）（图 3-17）。然而，由于各地冰期并不一定同步，很难知晓 ELA 降低时海平面下降的确切值，因此，基于此进行的校正只能带入更大的误差。另一种观点则认为，即使冰期时海平面下降，在给定高度处的温度也不会发生很大变化。这是由于海平面下降而空出的体积与增加的冰川体积大致相当，对流层未发生整体的上升或下降，因此任意高度上部的大气质量没有发生变化，此时假定两种状况：①气候稳定时，该高度处温度是不变的，但由于更高的大气压力和绝热升温，降低的海平面的温度是升高的；②气候变冷时，由于海洋的收缩，大气层将更靠近地球中心，温度将发生几乎可以忽略的轻微变化；但气候的变冷，也会导致整个大气层的收缩，进而导致更大的气温垂直递减率和同一高度处温度的降低，尽管这种效应很显著，但它是随时间和空间而变化的，也没有理由认为应该校正 ELA。因此，ELA 的值是地形与大气相互作用的结果，海平面的降低并不能改变与大气相关的 ELA 的真实值。

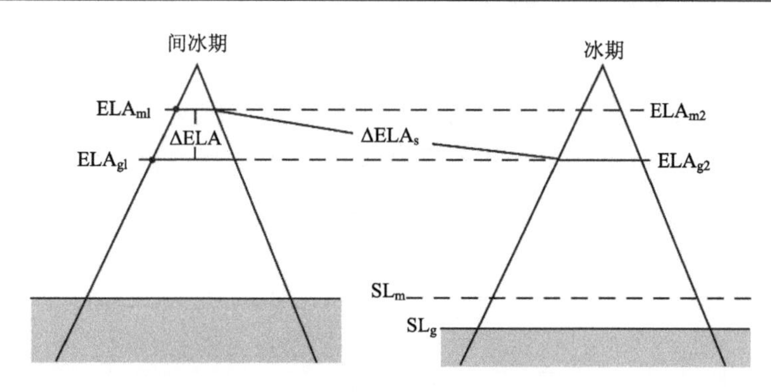

图 3-17　海平面冰期–间冰期的变化对 ΔELA 影响的示意图（Porter, 2001）

SL_m 和 SL_g 分别为间冰期和冰期的海平面高度，ELA_{m1} 和 ELA_{g1} 分别为相对于 SL_m 的间冰期和冰期的 ELA，ELA_{m2} 和 ELA_{g2} 为相对于 SL_g 的间冰期和冰期的 ELA，$\Delta ELA_s = \Delta ELA - (SL_m - SL_g)$

综上所述，各种 ELA 的估算方法，由于受到雪崩或风吹雪补给、表碛覆盖、冰川类型和形态等因素的影响，单一使用某种方法易受到算法本身的限制，误差较大，需综合考虑各种算法的适用性和选取参数的差异，以提高计算的精度，同时也要考虑到后期构造抬升等的影响。

3.2.2　古冰川发育的气候模拟

基于冰川遗迹的空间分布，模拟古冰川发育所需气候条件的模型大致可分为两类：基于 ELA 变化量的气候重建模型和基于气候因子的古冰川物质平衡模拟模型（如能量模型和度日模型）。基于这些模型加强古冰川发育所需气候条件的模拟，不仅能为区域古气候变化研究（尤其高海拔区）提供一种新的也更为可靠的代用指标，还可揭示古冰川发育与气候间的关系提供更多定量化的依据。

1. 基于冰川 ELA 变化量的古气候重建

为了更确切地定量化探讨冰川演化的气候驱动因素，研究者最常用的方法是通过统计模型或物理模型将 ELA 变化量与气候因子（尤其是气温与固态降水）的波动结合起来，最终输入相应的参数模拟当时冰川作用区的古气候状况。

1）ELA 处气温与降水关系模型（P-T 模型）

Ohmura 等（1992）对全球中、高纬度 70 条现代冰川 ELA 处年平均降水量（P）与夏季（相当于北半球的 6～8 月）平均气温（$T_{6\sim8}$）进行拟合，发现两者存在较好的二次相关性[图 3-18（a）]：

$$P = 645 + 296T_{6\sim8} + T_{6\sim8}^2 \tag{3-23}$$

式中，P 和 $T_{6\sim8}$ 的单位分别为 mm 和℃。

虽然中国西部的现代冰川观测研究数据并未包含在上述研究中，而且 Ohmura 等

(1992)的研究成果直接应用于中国及其周边区域的相关研究时可能会存在一些问题。不过早在 1988 年，施雅风等（1988）就基于中国西部山区 16 条冰川与巴基斯坦境内的巴托拉冰川 ELA 处$T_{6\sim8}$与P的观测数据，分析发现$T_{6\sim8}$与P呈对数相关[图 3-18（b）]：

$$T_{6\sim8} = -15.4 + 2.48\ln P \tag{3-24}$$

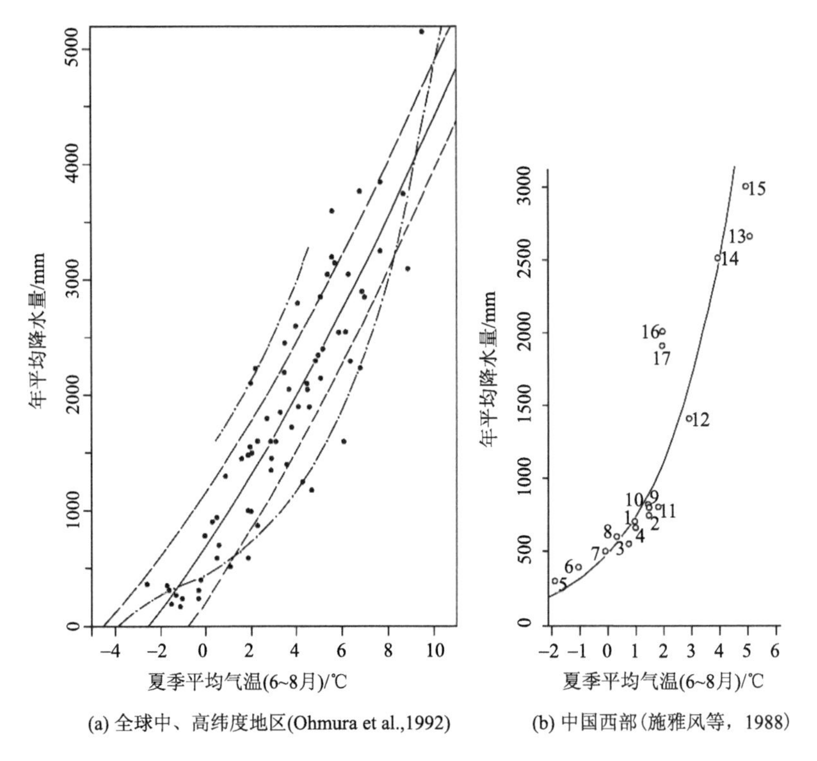

图 3-18 现代冰川 ELA 处年平均降水量与夏季平均气温（6～8 月）的关系

冰期时 ELA 处 P-T 关系与现代冰川的相似是 P-T 模型应用的假设前提。具体使用中，则是基于 ELA 变化量并结合其他气候代用指标（如孢粉、冰芯和湖泊水位等）推算重建的降水量（或气温），定量地重建冰期时温度（或降水）的波动值。如推算降温幅度时，可首先结合 ELA 变化量与气温垂直递减率推算一个降温值，再考虑降水对 ELA 的影响，即降水减少（或增加）则第一步推算的降温幅度不足以维持冰期时冰川的发育，必须再叠加（或扣除）一个降温值来弥补降水的减少（增加）才是真实降温值。叠加（或扣除）的降温值可基于其他气候代用指标推算的降水变化量和 P-T 关系式求出。

2）气温递减率模型（lapse-rate model，LR 模型）

基于冰川 ELA 变化量重建冰进的气温降低值时，直接以冰川作用区的气温垂直递减率来估算是最为简便的方法[图 3-19（a）]。但该方法未考虑降水、太阳辐射、大气辐射和湍流交换等因素对 ELA 变化量的影响，易低估冰进时气温降低值，因此仅能被用来进行粗略估算。气温垂直递减率的求取主要是基于区域内及其周边现代气温资料与海拔间关系的统计分析，或是选取湿绝热垂直递减率与干绝热垂直递减率之间的某一个值获得。

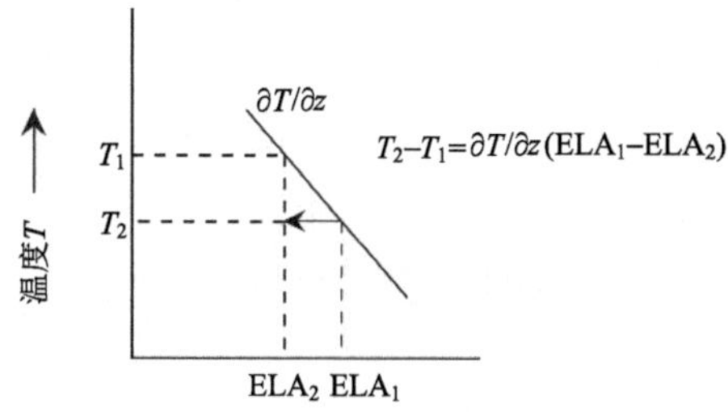

(a) 仅考虑气温递减率($\partial T/\partial z$)时求取的气温变化量的模型，其中ELA_1和ELA_2分别为现代和冰期时ELA，T_1为ELA_2处的现代气温，T_2为冰期时ELA_2处的气温

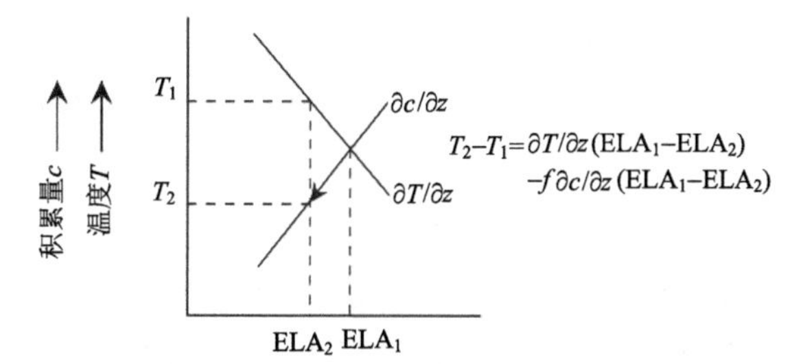

(b) 考虑气温递减率和冰川积累梯度($\partial c/\partial z$)的模型，其中f为ELA处冰川积累量与温度的转换系数(°C/mm)

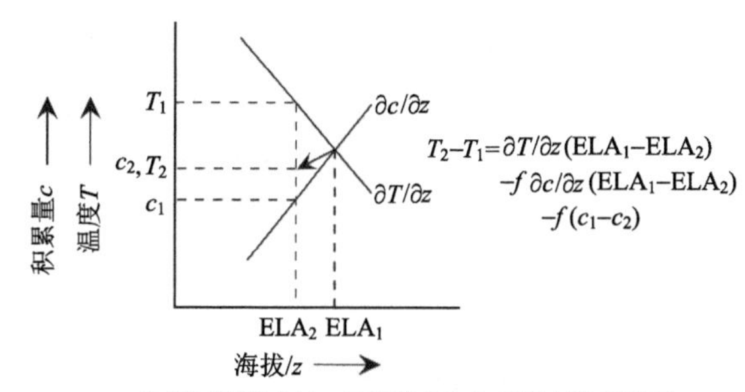

(c) 考虑气温递减率、积累梯度和积累量变化的模型，其中c_1是ELA_2处现代冰川的积累量，c_2为冰期时ELA_2处冰川的积累量

图 3-19　气温递减率模型示意图（Seltzer, 1994）

当考虑降水的影响，即冰川积累量（固态降水）的空间变化（不同海拔的冰川积累梯度）[图 3-19（b）]和时间变化（不同时间 ELA 处的积累量）[图 3-19（c）]对模拟的影响时，温度的变化（T_1–T_2）就成为气温垂直递减率（$\partial T/\partial z$）、积累梯度（$\partial c/\partial z$）与 ELA 处积累量（c）的函数。积累梯度可采用现代冰川的观测值或区域的降水梯度直接替代，ELA 处积累量的变化可用其他气候代用指标（如湖泊水位和孢粉等）转换获取，而 ELA 处积累量的温度转换系数（f 值，ELA 处年平均气温与年平均降水量之比）的确定则可通过区域现代冰川 ELA 处气象数据直接计算。全球中、高纬度地区，有连续观测记录的 70 条现代冰川 ELA 处的气象数据的统计分析，表明 f 值多介于 2.5×10^{-3}～

3.3×10^{-3}℃/mm；中国西部的 f 值则大致为 8.0×10^{-3}℃/mm。

3）能量–物质平衡模型（energy and mass balance model，EMB 模型）

基于冰川表面能量平衡特征的 EMB 模型能将几乎所有影响冰川变化的气候因素联系起来，并根据 ELA 处积累量与消融量相当的关系推导出 ELA 对气候因子波动的响应模式，进而结合其他古气候代用指标来重建冰期时的古气候。Kuhn（1979）首次提出并推导了这一模型的具体物理过程，将影响 ELA 变化的气候波动特征概化为具体的物理模型，深刻阐释了冰川变化与气候波动间的内在联系，因而被广泛地用于古冰川发育的气候条件重建研究中。

A. ELA 处物质和能量平衡的基本关系式

冰川的物质平衡和能量平衡可分别表达为

$$b(z)=c(z)-a(z) \qquad [\mathrm{mm}] \tag{3-25}$$

$$Q_{\mathrm{R}}(z)+Q_{\mathrm{S}}(z)+Q_{\mathrm{M}}(z)+Q_{\mathrm{L}}(z)+Q_{\mathrm{P}}(z)+\Delta Q=0 \qquad [\mathrm{MJ/(m^2\cdot d)}] \tag{3-26}$$

式中，z 为冰川的表面高程；b 为物质平衡；c 为积累量；a 为消融量；Q_{R} 为净辐射或称辐射平衡量；Q_{S} 为感热交换量；Q_{M} 为冰雪融化消耗的能量；Q_{L} 为潜热通量；Q_{P} 为液态降水冻结释放的热量，由于 ELA 处液态非常少，因此实际应用中该项可忽略不计；ΔQ 为单位柱体在没有能量交换深度以上部分与冰川表面的能量交换量，由于 ΔQ 要远小于式（3-26）中其他各项，故也可不计。

因而，冰川消融的热量通常可仅包含 Q_{M} 和 Q_{L}，冰川消融量也就可被表达为

$$a(z)=\tau\left(\frac{1}{L_{\mathrm{M}}}Q_{\mathrm{M}}(z)\right)+\frac{1}{L_{\mathrm{V}}}Q_{\mathrm{L}}(z) \tag{3-27}$$

式中，τ 为消融季的天数（取多年平均值）；L_{M} 为融化潜热（0.334 MJ/kg）；L_{V} 为气化潜热（5.514 MJ/kg）。若 Q_{M} 用式（3-26）变换后替代，则可表达为

$$a(z)=-\tau\left(\frac{1}{L_{\mathrm{M}}}(Q_{\mathrm{R}}(z)+Q_{\mathrm{S}}(z))+\left(\frac{1}{L_{\mathrm{V}}}-\frac{1}{L_{\mathrm{M}}}\right)Q_{\mathrm{L}}(z)\right) \tag{3-28}$$

假定冰川初始的 ELA=h_0，又由于 ELA 处消融量与积累量相等，则 ELA 处的积累量[c（h_0）]就为

$$c(h_0)=-a(h_0)=\tau\left(\frac{1}{L_{\mathrm{M}}}(Q_{\mathrm{R}}(h_0)+Q_{\mathrm{S}}(h_0))+\left(\frac{1}{L_{\mathrm{V}}}-\frac{1}{L_{\mathrm{M}}}\right)Q_{\mathrm{L}}(h_0)\right) \tag{3-29}$$

若气候发生变化，ELA 变化量为 Δh，即新 ELA=$h_0+\Delta h$；这时式（3-29）就可表达为

$$c(h_0)+\delta c+\frac{\partial c(z)}{\partial z}\Delta h=\tau\left(\frac{1}{L_{\mathrm{M}}}\left(Q_{\mathrm{R}}(h_0)+\delta Q_{\mathrm{R}}+\frac{\partial Q_{\mathrm{R}}(z)}{\partial z}\Delta h+Q_{\mathrm{S}}(h_0)+\delta Q_{\mathrm{S}}+\frac{\partial Q_{\mathrm{S}}(z)}{\partial z}\Delta h\right)+\left(\frac{1}{L_{\mathrm{V}}}-\frac{1}{L_{\mathrm{M}}}\right)\left(Q_{L}(h_0)+\delta Q_{\mathrm{L}}+\frac{\partial Q_{\mathrm{L}}(z)}{\partial z}\Delta h\right)\right) \tag{3-30}$$

式中，δc 为冰川积累的变化量，δQ_R 为辐射变化量；δQ_S 为感热变化量；δQ_L 为潜热的变化量，$\partial c(z)/\partial z$、$\partial Q_R(z)/\partial z$、$\partial Q_S(z)/\partial z$、$\partial Q_L(z)/\partial z$ 分别为它们的海拔梯度。从方程（3-30）中去掉方程（3-29）后，就建立起 ELA 变化量（Δh）与气候因子之间的关系：

$$\delta c+\frac{\partial c(z)}{\partial z}\Delta h=\tau\left(\frac{1}{L_M}\left(\delta Q_R+\frac{\partial Q_R(z)}{\partial z}\Delta h+\delta Q_S+\frac{\partial Q_S(z)}{\partial z}\Delta h\right)+\left(\frac{1}{L_V}-\frac{1}{L_M}\right)\left(\delta Q_L+\frac{\partial Q_L(z)}{\partial z}\Delta h\right)\right) \tag{3-31}$$

B. 模型所需能量通量的参数化表达

a. 冰川上的辐射平衡

辐射平衡 $Q_R(z)$ 包括冰川上吸收的短波辐射 $G(z)[1-\gamma(z)]$、入射的长波辐射 $A(z)$ 和射出的长波辐射 $E(z)$：

$$Q_R(z)=G(z)[1-\gamma(z)]+A(z)+E(z) \tag{3-32}$$

式中，$G(z)$ 为总辐射量；$\gamma(z)$ 为反照率。$A(z)$ 和 $E(z)$ 可通过斯蒂芬–波尔兹曼公式求出：

$$A(z)=\varepsilon_a\sigma T_a^4(z) \tag{3-33}$$

$$E(z)=\varepsilon_s\sigma T_s^4(z) \tag{3-34}$$

式中，ε_a 和 ε_s 分别为冰川近冰面大气和冰面辐射系数，其值通常取为 1（Kaser and Osmaston, 2002）；σ 为斯蒂芬–波尔兹曼常数[4.9×10^{-9} MJ/(m^2·d·℃^{4})]，$T_a(z)$ 为冰川近冰面大气温度，$T_s(z)$ 为冰川表面温度。因此辐射平衡 $Q_R(z)$ 随高度的变化（辐射平衡梯度）可表示为

$$\frac{\partial Q_R(z)}{\partial z}=\frac{\partial G(z)}{\partial z}(1-\gamma(z))-G(z)\frac{\partial\gamma(z)}{\partial z}+4\sigma T_a^3\frac{\partial T_a(z)}{\partial z}+4\sigma T_s^3\frac{\partial T_s(z)}{\partial z} \tag{3-35}$$

式中，$\partial G(z)/\partial z$、$\partial\gamma(z)/\partial z$、$\partial T_a(z)/\partial z$ 与 $\partial T_s(z)/\partial z$ 分别为 $G(z)$、$\gamma(z)$、$T_a(z)$ 与 $T_s(z)$ 的海拔梯度。

鉴于 $A(z)$ 是线性的，并假定整个消融季融化的冰面温度 $T_s(z)=0°C$ 且 ELA 处的气温 $T_a(z)=0°C$，令 $\alpha_R=4\times\sigma\times273.15^3$，此时辐射通量的变化量 δQ_R 可表示为

$$\delta Q_R=\delta(G(1-\gamma))+\delta A=\delta(G(1-\gamma))+\alpha_R\delta T_a \tag{3-36}$$

式中，$\delta(G(1-\gamma))$ 为太阳辐射的变化量；δA 为大气长波入射的变化量；δT_a 为近冰面气温的变化量。当 $T_s(z)=0°C$ 时，$E(z)$ 的海拔梯度可被认为是 0，即未发生变化。当 ELA 由 h_0 变为 $h_0+\Delta h$ 时，冰川表面的状况未发生显著的变化，$\gamma(z)$ 的海拔梯度也可被忽略不计。此外，整个冰川上 $G(z)$ 的海拔梯度也非常小（Kuhn，1979）。因此，可仅考虑 $A(z)$ 的海拔梯度，辐射平衡 $Q_R(z)$ 的海拔梯度表达式可被简化为

$$\frac{\partial Q_R(z)}{\partial z}=4\sigma\times273.15^3\frac{\partial T_a(z)}{\partial z}=\alpha_R\frac{\partial T_a(z)}{\partial z} \tag{3-37}$$

b. 感热和潜热通量

计算感热通量常采用基于 Monin-Obukhov 相似理论的方法：

$$Q_S(z)=\alpha_s[T_a(z)-T_s(z)] \tag{3-38}$$

式中，α_s 为湍流交换热传导系数，单位为 MJ/(m^2·d)；消融的冰面 $T_s(z)=0°C$，因此 $Q_S(z)$ 的海拔梯度与 $Q_S(z)$ 的变化量可被分别表达为

$$\frac{\partial Q_S(z)}{\partial z}=\alpha_s\frac{\partial T_a(z)}{\partial z} \tag{3-39}$$

$$\delta Q_S=\delta\alpha_s T_a \tag{3-40}$$

潜热通量则可被表达为

$$Q_L(z)=D_s\rho_0\frac{1}{p_0}L_V(e_a-e_s) \tag{3-41}$$

式中，D_s 为湍流交换系数；ρ_0 为标准气压下大气的密度（1.29 kg/m^3）；p_0 为标准大气压（1013 hPa）；e_a 为近冰面的水汽压，取决于近冰面的气温 $T_a(z)$ 和相对湿度；e_s 为冰川表面饱和水汽压，取决于冰川表面温度 $T_s(z)$。

c. ELA 对气候变化的响应

实际的计算中仍依据具体情况，对式（3-31）进行进一步的简化。例如，有的区域冰川潜热通量的变化对改变冰川的物质平衡仅起了非常小的作用，可忽略不计，式(3-31)可被简化为（Kaser and Osmaston, 2002）

$$\Delta h=\frac{\frac{\tau}{L_M}\left\{\delta\left[G(1-\gamma)\right]+(\alpha_R+\alpha_s)\delta T_a\right\}-\delta c}{\frac{\partial c(z)}{\partial z}-\frac{\tau}{L_M}(\alpha_s+\alpha_R)\frac{\partial T_a(z)}{\partial z}} \tag{3-42}$$

总体而言，EMB 模型在现代冰川相关参数及气象数据较充分时，可获得较高精度的古气候重建结果。同时，模型的简化也应特别谨慎，需充分考虑各区域冰川的性质及其物质和能量交换的方式及其时空变化特征等因素的影响。

2. 基于古冰川物质平衡的气候重建

1）能量模型

根据式（3-24）～式（3-26）可知，冰川上某一高度 z 处的物质平衡 b（z）为

$$b(z)=c(z)-a(z)=c(z)-\tau\left(\frac{1}{L_M}Q_M(z)\right)+\frac{1}{L_V}Q_L(z) \tag{3-43}$$

式中，$c(z)$ 可用高度 z 处的固态降水量代替，其他参数的求取详见 EMB 模型的介绍。能量模型模拟冰川的物质平衡，调整气候波动因子使得冰川的总物质平衡为 0 或接近于 0，进而定量地重建出冰期时的古气候状况。同时，该模型不仅需要冰川上能量通量的变化量，还需要获知能量通量准确值以及众多相关参数，因而精度最高，在现代冰川近期的

变化及其预测中应用较广。然而，大多数区域缺乏如此系统的观测数据，过多参数的主观选取会致使模拟产生极大的不确定性，加之能量模型也难以像 EMB 模型一样进行简化，因而在古气候的模拟中应用较少。

2）度日模型（degree-day model，DDM 模型）

度日模型又称温度指数融化模型（temperature index melt model），是基于冰雪消融与气温（通常为正积温）间存在较好的线性关系建立，因而冰川的消融量即可用度日模型模拟的融化量代替。则海拔 z 处年消融量 $a(z)$ 可表达为

$$a(z) = \sum T^{+}(z) \times \mathrm{DDF} \qquad [\mathrm{mm}] \tag{3-44}$$

式中，$T^{+}(z)$ 为海拔高度 z 处的正积温，单位为℃·d；DDF 为冰或雪的度日因子（degree-day factor），单位为 mm/(℃·d)。

此外，海拔 z 处冰川的积累量 $c(z)$ 可用该处的固态降水量代替，则冰川的年物质平衡 $b(z)$：

$$b(z) = \sum c(z) - \sum T^{+}(z) \times \mathrm{DDF} \qquad [\mathrm{mm}] \tag{3-45}$$

冰川作用区古气候的重建，DDM 模型的模拟目标可以是整条冰川的物质平衡为零，也能以模拟出各种方法（3.1.2 节）重建的古 ELA 为目标。该模型运行所需的气象数据和相关参数较易获得，计算简便，在流域尺度也能获得较好的模拟结果。

然而，由模型的基本公式可看出，DDF 为影响模型结果的重要参数。早期的研究表明，DDF 并非恒定不变，会随时间和空间变化而变化，如同一冰川的不同位置或同一位置不同季节的 DDF 均存在差异。但后来发现，冰川冰的 DDF 并不会随季节而发生改变，而是冰川表面的积雪会随季节发生明显变质进而使其反照率波动明显，最终致使雪的 DDF 值产生了显著的季节性波动。因此，实际应用中应主要考虑海拔、下垫面等因素造成的 DDF 值空间分布差异。全球有长期观测数据的 66 条冰川，ELA 处的 DDF 值为 3.5±1.4～4.6±1.4 mm /(d·℃)。青藏高原及其周边山地冰川的 DDF 大致可分为 3 个区，青藏高原东南部最小[≤6.0 mm/(d·℃)]，高原东北部次之[6.0～9.0 mm /(d·℃)]，高原西北部和西天山地区最大[≥9.0 mm /(d·℃)]，但每个区域内有时也会出现较大的差异。

此外，为了更可靠地界定有效积累量，还可采用各个区域观测获得的多个临界气温将降水分为固态和液态。以月尺度为例，某一月份（m）的固态降水（c_{m}）为

$$c_{\mathrm{m}} \begin{cases} P_{\mathrm{m}} & T_{\mathrm{m}} < T_{\mathrm{s}} \\ P_{\mathrm{m}} \times \dfrac{T_{\mathrm{m}} - T_{\mathrm{s}}}{T_{\mathrm{l}} - T_{\mathrm{s}}} & T_{\mathrm{s}} \leqslant T_{\mathrm{m}} \leqslant T_{\mathrm{l}} \\ 0 & T_{\mathrm{m}} > T_{\mathrm{l}} \end{cases} \qquad [\mathrm{mm}] \tag{3-46}$$

式中，P_{m} 为 m 月份的降水量（mm）；T_{m} 为 m 月份的月平均气温（℃）；T_{s} 是固态降水的临界温度（℃），低于该温度完全为固态降水，即降水量可完全转换为积累量；T_{l} 是液态降水的临界温度（℃），高于该温度时完全为液态降水，则冰川无积累。

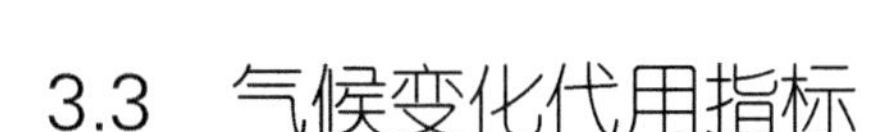

3.3 气候变化代用指标

冰川与冰缘遗迹可直接指示冰冻圈的空间演化，但因其在古气候环境记录方面不连续的固有属性，要完整重建冰冻圈时间演化序列，还需要借助物化、生物、文献记录等气候环境代用指标来辅助完成。

3.3.1 物理与化学指标

1. 同位素（氧同位素）

第四纪期间，地球的气候环境变化十分迅速而频繁，其中周期性的冰期-间冰期旋回是其重要变化特征之一。这些气候环境变化信息保存在冰川（冰盖）、海洋与陆源等各种沉积中，通过稳定同位素理化分析可以获得这些变化信息。这些信息既是第四纪环境重建的基础，同时也可以验证相关理论或假说，如 Milankovitch 冰川天文理论。

稳定同位素（氧同位素、氢同位素、碳同位素、氮同位素）具有示踪剂和环境指示器特性，能够反映物质来源、运移及各种变化过程。通常情况下，由于同位素比值的测定仪器质谱仪中存在同位素分馏，加之自然界稳定同位素的组成变化极其微小，难以直接测量同位素比值 R。一般采用相对测量法来获取 R 值，即样品稳定同位素比率相对标准样品稳定同位素比率的千分差。稳定同位素常用实测 δ 定量表示，即

$$\delta(‰)=\left[\frac{(R_{sa}-R_{st})}{R_{st}}\right]\times1000 \tag{3-47}$$

式中，R_{sa} 为样品中某一元素的重同位素原子丰度与其同位素原子丰度之比；R_{st} 为样品标准物质的两者同位素比值。δ 值不仅可以明显表示出同位素组成变化的差异，而且也便于全球范围内数据大小的对比。以氧同位素为例，$\delta^{18}O$ 值可表示为

$$\delta^{18}O(‰)=\left[\frac{(^{18}O/^{16}O)_{sa}}{(^{18}O/^{16}O)_{st}}-1\right]\times1000 \tag{3-48}$$

同位素发生分异的原因各不相同。碳氮同位素分异与植物有关系，通过与植被的联系来反映气候，其机理比较复杂。而氢氧同位素分异则与大洋水的蒸发迁移相关联，从而与海平面和大陆冰量联系在一起，其机理比较简单。组成水分子的氧原子、氢原子都有同位素。氢的稳定同位素为 ^1H 和 ^2H，氧的稳定同位素为 ^{16}O 和 ^{18}O。现在的海水中 $^1H_2{}^{16}O$ 和含量比率分别为：99.77%和 0.2%。剩下 0.03%的水为 $^2H_2{}^{16}O$。^{18}O 与 ^{16}O 相比，多出两个中子的质量，故称为重同位素。海水在蒸发时，轻同位素的水 $^1H_2{}^{16}O$ 会捷足先登，而重同位素滞后。所以当大量的水脱离海洋转变为两极和高纬度冰盖和山地冰川，留在海洋中的 $^1H_2{}^{18}O$ 水相对含量就会增加，从而导致 ^{18}O 与 ^{16}O 的比值增加。而当间冰

期冰盖融化，大量的水返回海洋时，二者的比值又会减小。海水的这种变化被记录在海洋生物的骨骼中。故对深海岩芯浮游生物有孔虫做分析，就能知道海水同位素构成在地质时期的变化，从而获得大陆冰量亦即海平面的升降变化。

在冰冻圈第四纪中，常利用冰川（冰盖）、海洋与陆源等各种沉积中的稳定同位素记录来检测地质事件或气候环境变化周期。如根据稳定同位素记录并结合其他代用指标综合分析获得的南极冰盖 8 次冰期旋回（EPICA community members，2004）以及 Lisiecki 和 Raymo（2005）根据全球 57 条海洋底栖有孔虫记录综合获得，时间跨度包括整个上新世及第四纪的气候记录等（图 3-20）均是很好的例证。

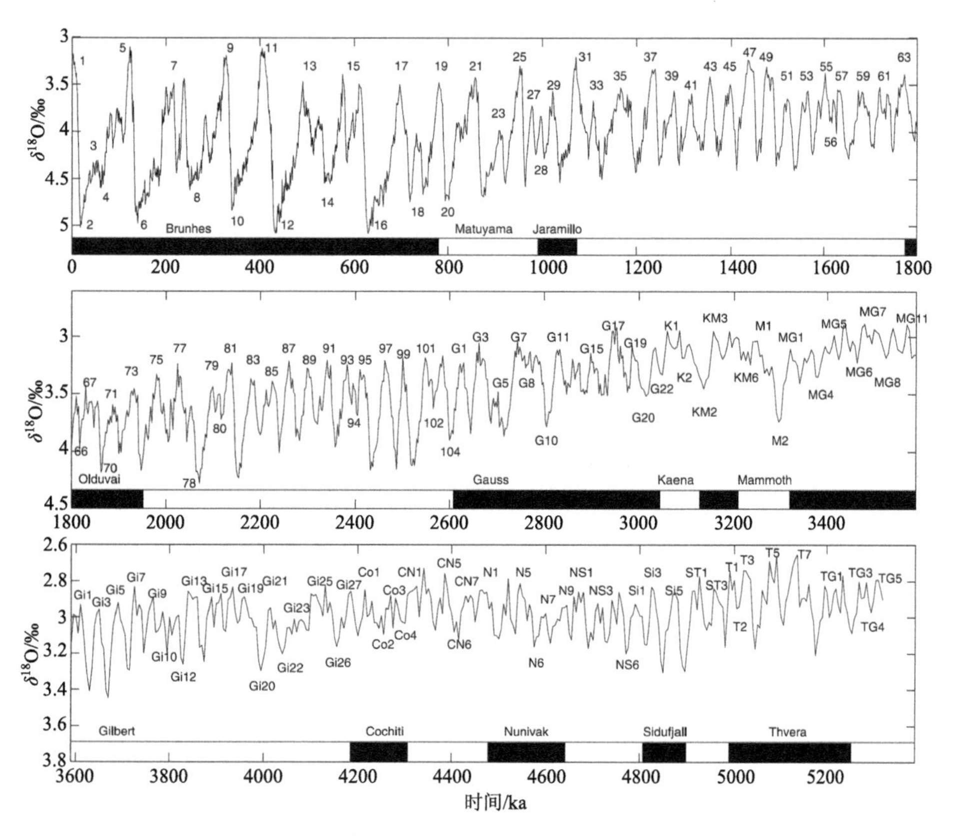

图 3-20　基于全球 57 条底栖有孔虫 $\delta^{18}O$ 记录综合而成的 $\delta^{18}O$ 记录曲线（Lisiecki and Raymo, 2005）

2. 二氧化碳（CO_2）

二氧化碳是重要的温室气体之一，在全球变暖背景下，大气中 CO_2 含量记录持续刷高引起了科研人员与广大民众的关注。为了对未来气候变化进行准确的预测，需要对地质历史时期的 CO_2 记录进行分析与评估。极地冰芯提供了大气中 CO_2 长期与短期的连续、高分辨率的记录。这些记录与对应时期氧同位素记录的温度变化趋势具有一致性（图 3-21）。

在短时间尺度上，因人类活动引起的大气中CO_2记录也被极地冰芯很好地记录下来。如格陵兰冰芯记录CO_2浓度从18世纪中期之后逐渐地增加，在最近50年内增速加快，该结果反映了人类活动对大气环境的影响。IPCC报告也清楚地显示（图3-22），公元0～1750年，即工业革命前，冰芯记录的大气CO_2浓度相对稳定。如南极冰芯记录其峰值不超过300ppm（1ppm=10^{-6}）。而工业革命之后，因煤、石油、天然气等大量化石燃料的燃烧，大气中CO_2浓度逐步升高，特别是第二次世界大战之后，冰芯/粒雪记录的大气CO_2浓度急剧升高，目前已超过400ppm。为了实现将温度升高控制在1.5℃的目标，需要人类共同节能减排、保护和发展植被生态来应对。

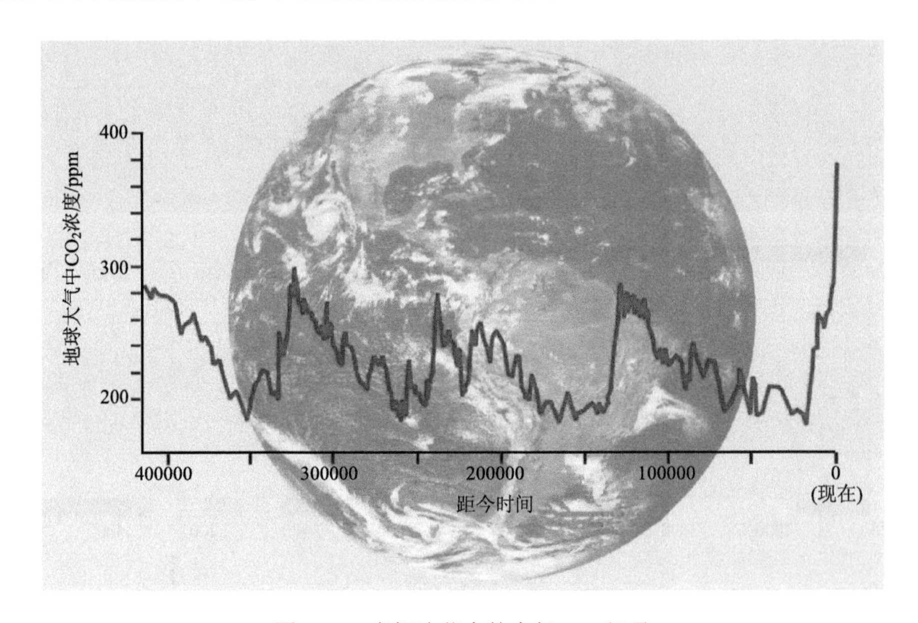

图3-21 南极冰芯中的大气CO_2记录

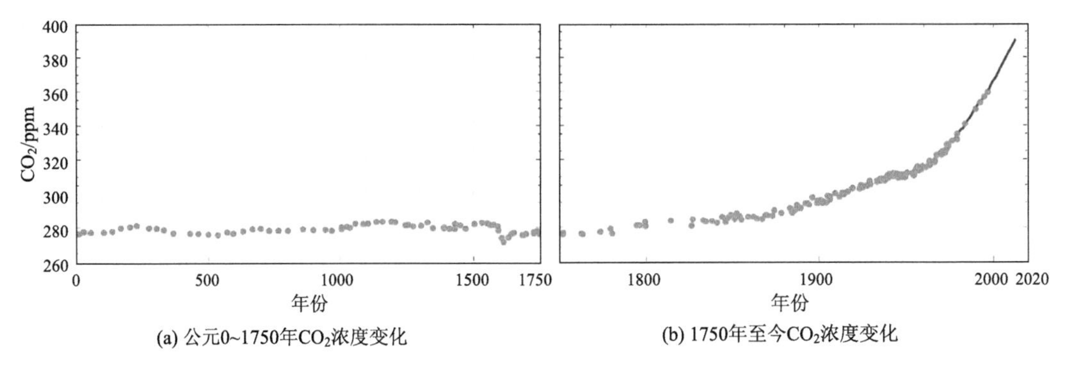

图3-22 冰芯与粒雪记录的大气CO_2浓度变化历史（IPCC, 2013）

蓝线是Cape Grim观测站的记录结果

3. 碳酸钙

洞穴沉积（钟乳石、石笋等）、石灰华（泉华）、钙结核等自然界各种各样的碳酸钙沉积均形成于特定的环境中。如在干旱半干旱地区，CO_2 在水体中的浓度取决于当地土壤的性质和微生物的活动状况，因此，石灰华的增加可能与生物生产率的快速提高有关，反映了更潮湿的气候状况。在中亚、新疆以及甘肃河西走廊，可以基于发现的石灰华来初步确定地质历史时期潮湿气候期形成的高湖面的位置。

碳酸钙（碳酸盐）含量在中国黄土-古土壤序列中表现较为明显，其变化机理也比较清楚。已有的研究业已表明碳酸盐含量不仅在万年尺度上能较好地反映地球轨道的变化，而且在千年尺度上也能较好地反映季风气候的变化规律，是夏季风的良好代用指标。这是因为碳酸盐含量及其变化主要反映降水的变化。处于季风环流控制下的黄土沉积，富含易溶的碳酸盐，不饱和的大气降水可将碳酸盐溶解携带向下迁移，碱性随着下渗也不断增强直至饱和，碳酸盐重新结晶形成次生碳酸盐沉积（钙结核），完成碳酸盐在剖面中的重新分配。碳酸盐的淋失程度与降雨量密切相关，所以黄土剖面中碳酸盐含量的纵向波动是黄土堆积历史过程中大气降水多少的反映。由于黄土地区的降水主要是夏季风携带的来自大洋的暖湿含水气流，因此，它也就成了反映夏季风强弱的重要代用指标。黄土剖面中碳酸盐含量的纵向波动记录与冰期-间冰期旋回具有同步性，可以作为冰冻圈变化的参照指标。

近些年，因为 U/Th 测年技术的进步及精度的提高，洞穴沉积的碳酸钙（碳酸盐）研究取得了长足的发展。基于洞穴沉积的碳酸钙地化指标建立的气候变化序列与中更新世以来的中国冰期-间冰期划分可很好的一一对应。

4. 磁化率

在环境磁学的众多参数中，磁化率在环境演化过程的研究中得到了最广泛应用，成功地解决了各种与古气候环境演化相关的问题。但磁化率也受多种因素控制，它不但与磁性矿物的类型和含量相关，还与磁性颗粒的粒径、测量的温度和频率相关。因此，若想准确地应用磁化率作为气候或者环境的替代指标，还需要了解这些参数的复杂性和解释的非唯一性等特性。

磁化率在黄土-古土壤序列研究中得到了成功的应用。磁化率变化机制的正确解释也有其相对应的地质与环境过程，与第四纪冰冻圈演化息息相关。冰期时，受蒙古西伯利亚冷高压控制的冬季风从戈壁沙漠搬运来大量粉尘物质，在黄土高原区沉积形成黄土层。间冰期时，粉尘减少，来自太平洋富含水汽的夏季风带来丰富的降雨，形成古土壤层。经成壤作用，古土壤中形成大量的 SP/SD 磁赤铁矿，使得古土壤的磁化率显著升高。因冰期-间冰期旋回而成的黄土-古土壤系列可通过测量它们的磁化率来进行其变化韵律的区分。应用磁化率作为东亚夏季风的替代指标，不仅极大地推动了中国黄土的研究，而

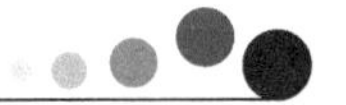

且也为青藏高原冰冻圈演化提供了参照。磁化率在海相沉积物研究中也得到了广泛应用，如在北太平洋地区，由于缺少构建氧同位素曲线的物质，把磁化率作为冰筏沉积物含量的代用指标，并作了轨道调谐，进而获得了较为合理的时间标尺。此外，通过黄土-古土壤序列的磁化率和 MIS 的对比，还开辟了海陆气候耦合研究的新途径。

5. 粉尘

粉尘在全球性的大气环流、生物地球化学循环中占有重要的地位，对雪冰消融有重要影响，进而影响到冰冻圈的演化。粉尘作为大气重要的组成，可使太阳辐射的反射和散射作用增强，进而影响区域乃至全球的气候变化。粉尘参与全球的大气环流并可进行全球传输，故其可对海洋“铁肥料”的供给以及对降水等产生重要影响。IPCC 第五次评估报告亦指出粉尘能够加速全球生物地球化学循环。非洲撒哈拉地区、中亚干旱区是全球性粉尘源区，也是全球性粉尘的主要贡献者。青藏高原紧邻中亚粉尘源区，粉尘输送通量与强度的环境变化信息已通过高分辨率的冰芯记录得以部分解译，这为研究青藏高原及周边地区气候环境演变提供了直接的证据。中亚粉尘不仅对中亚、高亚洲、东（北）亚有重要的影响，对整个北半球均有显著影响。气团反向轨迹和卫星资料业已证实，远距离传输的中亚粉尘影响到北太平洋的初级生物产量，对美国西部的环境变化都产生了影响。

粉尘通量与输送强度也可为环境重建提供重要信息。一般而言，第四纪期间冰期气候以干冷为主要特征，而间冰期气候则较为暖湿。寒冷干燥的冰期，沙漠扩张、风成（黄土）沉积盛行、冰缘地貌发育等。如南极 Vostok 冰芯微粒记录研究业已表明，冰期时陆源物质增加，输送力度增强。日本列岛末次冰期 ELA 与粉尘通量研究表明其时气候干冷，但 MIS 4 比 MIS 2 稍低的 ELA 与较小的粉尘通量（Ono and Naruse, 1997）表明末次冰期早冰阶的寒冷程度不如 LGM，但湿润程度稍高于它。最近南京附近下蜀黄土证明末次冰期期间长江下游地区风成加积，干冷是该地区主要的气候特征。这些研究成果对于佐证第四纪期间中国东部中低山地无泛冰川作用提供了切实的证据，有助于纠正我国东部中低山地错误的“泛冰川论”观点。

3.3.2 生物指标——孢粉

孢粉是孢子和花粉的总称，可被用来研究单个属种植物的变化历史，也可以用于重建整个植被的演变过程。大部分孢子和花粉都很小（25～35 μm），它们成熟后，被风、水流、动物或者其他动力带离母体，随之散落到冰川、湖泊、土壤、海洋等各种介质中。这些保存在介质中的孢子或花粉经过漫长的地质年代后就被统称为化石孢粉。孢粉组合能够反映它们在沉积时期的自然植被状况，为了解过去气候环境提供可靠的信息。不同植被类型会产生不同的孢粉组合，在冰川/冰盖以及各种沉积物中，如果发现某些化石孢粉组合，便可推测地质历史时期生长产生这些孢粉的植物组合。不同的植物对气候条件（降水、温度等）和地理环境（山地、平原、滨海等）的要求不尽相同，厘清各种植物的生境，有助于利用孢粉重建历史时期的植被以及古气候和古地理环境。

周期性的冰期-间冰期旋回是第四纪最主要的气候变化特征，伴随较大规模的冰川进退、海平面的大幅升降、全球性大气和海洋环流的重组。植被必将随着发生变化或进行适应性地调整。冰期时，伴随着全球性温度下降，喜暖植物向热带方向或低海拔地区退缩，甚至消亡；间冰期时，气温上升，喜暖植物向极地或高海拔地区演进。故孢粉组合是重建区域或者更大尺度范围上第四纪植被变化的重要资料之一。

根据孢粉谱定量分析古环境，首先要确定孢粉的种类和数量。将剖面或钻孔足够密度的系列样品经过前处理，分离出孢粉颗粒，在生物显微镜下进行辨认与统计。孢粉分析中应用较多的是孢粉百分比图式和浓度图式。其中百分比图式为相对花粉统计量，浓度图式是绝对花粉统计量。孢粉百分比含量反映的是某种植物在当时当地植被中的相对丰富程度，是孢粉分析中使用最为普遍的统计方法。按照含量，通常将一个完整的花粉图式划分出若干个带，代表不同的气候环境。整个剖面或钻孔则形成一个植被变化的图谱。当然，剖面或钻孔要有测年数据控制。例如，我国华北地区第四纪孢粉组合反映该区域发生过数次寒冷与温暖气候交替而引发的植被演替过程，在间冰期，普遍呈现针叶林和阔叶树混交的疏林-草原景观，而在冰期，呈现以蒿属为主的草原/荒漠草原景观。

过去 20 年来不同研究者对晚第四纪末次冰期-间冰期气候旋回时段（距今 130～10 ka）的植被和气候变化进行了较深入的研究，这些研究与冰芯、石笋、黄土和深海沉积等长时间序列、连续且分辨率高的古气候记录相结合，实现了植被演化与古环境的重建。欧洲孢粉记录清晰地表明末次间冰期林线曾一度延伸到挪威北部的极圈以内地区（现代为苔原），榛树和橡树等阔叶树种也向北扩张到芬兰奥卢地区。来自死海和 Van 湖的孢粉证据显示在末次间冰期研究区域木本植物扩张，而到了冰期草本增加。北美洲孢粉研究得出了与欧洲大体类似的结论。基于孢粉重建的加利福尼亚末次间冰期温度比全新世高约 1.5℃，而大西洋加拿大当时的温度至少要比现代高 4℃。而在亚洲中部的黄土高原地区，在末次间冰期高原南部发育草原和森林草原，在气候的最适宜期有短暂的森林植被发育。基于孢粉与古植被等研究资料推算，LGM 时东北地区降温 6～11℃、华北和长江中下游为 5～10℃、华南地区小于 5℃。最新基于南海沉积钻孔的孢粉结果揭示了更多陆地间冰期植被变化的细节，每个间冰期都是以热带雨林针叶树种（陆均松属、鸡毛松属、罗汉松属）和阔叶树种（蕈树属）的快速扩张为开端，冰期时区域植被以松属为代表的亚热带/温带山地针叶林为主。

3.3.3 考古与文献记录

1. 重建古环境

考古发掘和历史文献等方法也可用于重建古环境。丰富的考古资料以及大量的历史文献可与自然证据相互验证和补充。考古学反映环境表现在以下几个方面。

（1）地层证据：与自然剖面不同，考古地层是受到人类活动扰动的地层，对这种地层剖面进行连续采样重建古环境的准确性有待评估。但是，考古地层中经常能够保存一些跟人类生存相关的极端环境或者灾害事件。如洪水、地震、火山、极端干旱事件、土壤侵蚀或污染等。例如，古罗马的庞贝古城因为火山喷发被埋在了火山灰之下；有东方“庞贝城”之称的青海的喇家遗址显示整个村落及其村民被洪水填埋的惨状。很多考古发掘地层中也经常有洪水沉积出现，而浙江良渚遗址更是以充分考虑防洪功能和完善的水利系统而著名。世界上，包括吴哥窟在内很多都城的水利设施都可以反映当时的环境信息。研究者更是在考古地层中检测到了人类冶炼活动带来的环境污染问题。在英格兰东北部约克城的发掘揭示了过去1900年中淡水鱼的种类变化，即由净水鱼类向较能适应污水环境的鱼类转变。这一变化发生在10世纪前后，正是维京人所建城镇快速发展时期。

（2）动物证据：动物考古不但反映动物起源与传播、人类和动物的食谱以及人类对动物资源的利用等，也可反映生态环境等信息。早在19世纪，考古学家们就开始运用动物遗存来判断史前时期的气候特点，他们提出的猛犸时代、欧洲野牛时代、驯鹿时代等概念曾被广泛使用。考古学中的动物遗存分为两类，即微小动物遗存和大动物遗存。微小动物比大动物更能反映气候变化和环境变迁。首先，微小动物对环境的波动十分敏感，而大动物的适应范围相对较广。在一个遗址中发现的微小动物遗存一般以自然埋藏为主，而大动物遗存通常是通过人类或捕食动物带入遗址的，因此其比大动物更能精确表现遗址周边的生境。其次，微小动物数量要远远大于大动物，因此在进行数量统计上也更有意义。蜗牛、鸟类、鱼类以及昆虫类动物都曾被用作指示环境的代用指标。动物考古学家做了很多研究工作，尤其是关于更新世动物大灭绝与末次冰期气候变化以及人类活动之间关系的探讨一直是国际上的研究热点。

（3）植物证据：同动物遗存一样，植物遗存也分为微小植物遗存和大植物遗存。近年来植物考古研究取得了飞速发展。发展最快的是关于农业起源问题、人类对植物资源的管理以及利用，人类饮食等方面。与前者相比，考古遗址中的孢粉与植硅体分析重建环境的方法和流程已经非常成熟，这类研究已经在全球多个考古遗址和自然剖面中开展。单一的遗址研究通常所得到的结论有时候并不具有代表性。而全球科学家目前正在做的工作就是利用点上的孢粉数据重建全球过去某个特定时段的生物量。考古学上经常出土的大植物遗存有种子和鲜果植物残留、木头残存等。近期，王树芝等（2016）学者利用大植物遗存，结合木材种类以及共生因子和树木年轮的方法实现了考古遗址中古环境的高分辨率定量化重建。木炭分析可以鉴定到属，甚至可以鉴定到种，而且木炭分析的优点在于木材来自文化层，是人类活动的结果，与考古学文化具有同时性，因此可以用来重建气候环境。其主要流程如下：首先，根据遗址出土炭屑对木材进行鉴定。其次，根据中国木本植物分布图集，找到考古遗址所在地的现今树种及其年均温、年降水量、湿润指数等气候参数的最大和最小值，找到所有树种共同的耐受区间。根据将今论古原则，共同的耐受区间也就是古代树种生长的生态环境。再次，根据现代树木年轮数据和现代降水数据建立回归方程。最后，将古代树轮宽度数据代入方程，重建了各个文化层的降水量。这种方法目前已经被应用到殷墟遗址和关中地区新石器时代气温和降水的定量化重建工作中。此外，考古遗址木炭种属出土概率、特有种气候分析法、植物中稳定碳同位素等都可以用来重建气候环境。

（4）遗址点分布证据：聚落考古研究是考古学上的一个重要方向。随着 GIS 技术的普及，利用 GIS 方法分析不同文化期考古遗址分布规律及其与地貌、水系和气候变化之间关系的研究成果与日俱增。多项研究业已表明：不同时期遗址分布的海拔与气候变化之间关系密切。气候变冷时候的遗址分布会更靠近河流或者湖泊的较低位置，反之，遗址点则向海拔较高的区域迁移。同时，不同文化期之间还可能发生更大区域的人口迁移现象，这些也可能会受到环境变迁的影响。像青藏高原这样的高寒地区，人类在高原的分布更是受到了气候环境的限制。据推测，末次冰期时高原上可能没有人类存在。随着末次冰消期气候转暖，人类才逐渐在高原边缘地区出现。尤其是大暖期的时候，人口大增。此后，尽管气候开始变冷，但人类农业技术发生了革新，进一步推动人类向更高海拔的地方迈进。即使到了历史时期，人类向冰冻圈的迈进也是很困难的。维京人在中世纪时曾经一度占据了格陵兰岛，但是由于寒冷的小冰期气候影响使得他们最终消失。另外，从数量上来看，不同文化期之间有时候会存在很大差异，表现为急剧增加或减少，极端情况下还会有文化崩溃现象。比如，阿肯德帝国以及玛雅文化的衰亡均与极端干旱事件相关；而印度哈拉帕文明、柬埔寨的吴哥窟文明的衰落也都受到了气候的影响。

2. 历史文献记录

利用历史冷暖记载进行温度重建一直是中国历史气候研究的重要内容。葛全胜等（2004）将中国历史文献中的冷暖记载按性质分为两类。一是自然证据，如植物包括部分农作物物候，初终霜、雪日期与持续日数，河、湖、海封冻及解冻日期与持续日数，土壤冻结及解冻日期与持续日数，柑橘等亚热带作物及茶、竹等经济作物的分布于北界，农事活动和农作制度的时空分布如作物的播种期、收获期，双季稻的分布范围等，这类证据也就是物候学证据，可直接用于温度变化的研究。二是感应证据，如人类所感受的“春寒”“冬暖”等，这类记载不直接反映定量的温度，但通过它们的时空对比分析，可观察不同时段的冷暖变化趋势。因而在进行温度变化的量化重建时，就必须对每条记载的性质加以严格区分。

物候学方法是指以物候现象出现日期为指标研究历史气候变化的方法。历史物候记录以日为单位，有较高的时间分辨率，并且覆盖了当时人类活动的范围。相比于历史文献中的冷暖感知记载，历史物候记录属于更加客观的自然证据，因而具有更高的置信度。基于历史物候记录的物候学重建方法是研究历史气候变化的一种可靠手段。我国是较早开展物候学研究的国家之一。早在 20 世纪 20 年代，竺可桢就利用历史物候证据对中国南宋时期杭州地区的气候变化进行了研究。1972 年，竺可桢发表了经典文章《中国近五千年来气候变迁的初步研究》（竺可桢，1972），这篇文章综合利用考古以及物候资料重建了中国过去五千年来的温度序列。该项研究开了历史物候学研究的先河。它在该文中用到的物候资料主要有节气开始时间、植物生长北界、河流结冰情况、霜雪始末时间、常见观赏植物花期、蝉始鸣日期、春雷等。近年来，随着研究的不断深入更多物候资料被发掘出来。

历史文献记录的来源主要有正史、地方志、诗文集、日记、历书、农书、医书、档案等。其中正史、地方志、诗文集中较多地记载了旱、涝、霜、雪、雹等异常气象记录；诗文集、日记、历书、医书等通常含有丰富的天气现象和自然、生物、农业物候记载，可提取出各种动植物物候信息；地方志和档案中记载有农业收成、粮价等资料，可作为农业物候信息的直接或替代资料。从空间分布上来看，历史上人口稠密的地区历史文献记载较为丰富，可以一定程度上弥补树轮、冰芯、石笋等资料的不足。单纯历史资料提取的气候信息时空覆盖范围相对较小，多是短时间尺度区域性的研究工作。目前，学界常用的历史气候重建方法主要为以下的几种。

（1）古今对比法：是利用历史文献中的物候记录和动植物分布界限记录，与现代同类数据作对比，根据物候期的古今差异定性推断温度的古今差异。

（2）等级法：即根据文献中的冷暖干湿程度描述进行定级，并通过与现代资料的对比，将不同时段的冷暖干湿等级转换为温度或者降水。这方面最为经典的研究是中国北方旱涝图集的定量化工作：1 级为涝、2 级为偏涝、3 级为正常、4 级为偏旱、5 级为旱。每一个级别所占的比重分别为 10%、25%、30%、25%及 10%。有降水数据之后的年份采用以下的公式来定级以和前面的记录相衔接。

$$
\begin{aligned}
&1\text{级：}\quad R_i > (\overline{R} + 1.17\sigma) \\
&2\text{级：}\quad (\overline{R} + 0.33\sigma) < R_i \leqslant (\overline{R} + 1.17\sigma) \\
&3\text{级：}\quad (\overline{R} - 0.33\sigma) < R_i \leqslant (\overline{R} + 0.33\sigma) \\
&4\text{级：}\quad (\overline{R} - 1.17\sigma) < R_i \leqslant (\overline{R} - 0.33\sigma) \\
&5\text{级：}\quad R_i \leqslant (\overline{R} - 1.17\sigma)
\end{aligned}
\tag{3-49}
$$

式中，$\overline{R}$为 5～9 月多年平均降水量；R_i为逐年 5～9 月降水量；σ是标准差（中国气象科学院，1981）。

目前，这一研究方法还是学界普遍采用的方法之一，尤其是建立长时间尺度、大范围的降水序列时较有优势。也有后来的学者在这个基础上做了极端干旱事件的研究。如以干旱事件所占的面积来区分不同程度的干旱。通常，有 20%～30%的区域发生干旱定义为干旱，30%～40%定义为强烈干旱，>40%定义为特大干旱。

（3）比值法：即统计给定时段的冷、暖事件发生次数或频数，然后根据冷、暖事件发生频率的高低来指示温度变化，并根据冷、暖事件频率的对比生成冷暖指数序列。这种方法应用较为简单，如张德二（1984）利用这种方法重建了过去 2000 年来的沙尘暴序列。某些情况下，由于年代较久的历史文献资料记载较少，不能达到逐年统计的要求，有研究以 10 年或者 50 年为统计单位进行统计。因此，比值法的分辨率取决于历史文献的丰富程度。

（4）线性回归法：即利用现代气象观测记录建立一些特定地区特定天气气候现象，如冬季降雪日数或雨雪比与温度的线性回归关系，将历史时期某些特定的天气气候现象反演为温度变化序列。如龚高法等（1983）利用该种方法重建了长江下游十八世纪的气温序列。这种方法的优点是可以对温度或者降水指标进行定量化重建。

（5）综合性方法：目前根据历史文献重建气候主要存在以下方面的不足：①历史文献资料的量化和校准，并且如何与器测时期的数据相衔接是研究的难点。②历史文献记载本身在时空分布上是不均匀的。从空间上来看，中东部等人口稠密地区记载要远远好于西部地区；从时间上看，即使是同一个地区越到后期历史文献记载越多，而历史文献本身的不均一性会影响到气候重建的准确性，尤其是以统计频次为主的比值法重建的结果。③空间的代表性问题。我国幅员广阔、环境类型复杂多样，重建历史温度变化必须考虑来自某一地区的结果在空间上可以代表多大范围及不同地区重建结果如何衔接与对比。根据以上的不足，在已有研究的基础上，仔细摸索出一套基于历史文献重建气温的定量化方法。其主要步骤：首先，对历史文献进行分类，分为自然证据和感应证据，确定不同类型记载的所适用转换关系方程。其次，依据转换关系方程，把单个地区或站点特定时段的冷暖记载转换为该地区或站点的温度或距平值。再次，分析不同地区和不同季节温度变化一致性，计算不同站点、不同季节温度变化对整个地区温度变化的贡献率。最后，以该贡献率为依据，将该地区或站点在该季节的温度或距平值转换成整个区域的温度或距平值。在该方法的基础上，研究者在整理大量历史文献记载的过程中，重建了中国东部过去 2000 年冬季的温度序列，在国内外产生了重要影响。最近十年，又在以往基础上开展了降水及干湿序列重建与变化特征分析等研究。

思　考　题

1. 如何正确采集各种年代学样品才可最大限度地得到真实年龄？
2. 怎样根据冰川地貌与沉积恢复古 ELA？

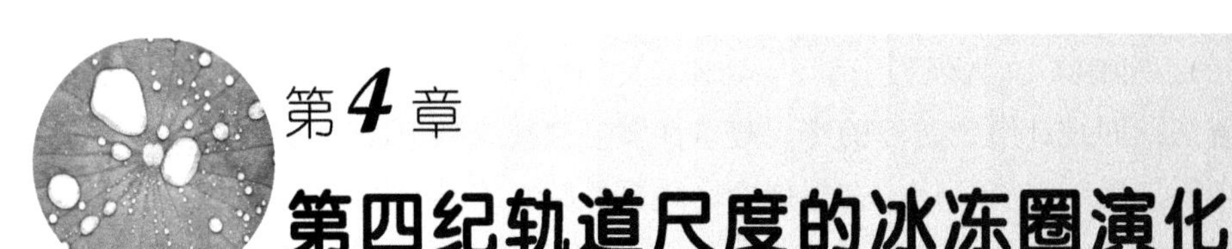

第4章 第四纪轨道尺度的冰冻圈演化

通过对世界上古冰川、冰缘地貌和多种其他沉积记录的获取与分析、动植物迁移演化等多方面的综合研究，科学家一直在努力重建第四纪冰冻圈演化历史。本章将展示基于第四纪冰川地貌、冰缘地貌、多种沉积记录获得的第四纪轨道尺度的冰冻圈演化认识。

4.1 更新世冰期重建

冰川被誉为安装在地球上的温度计，故在与固态水有关的冰冻圈诸要素中，冰川、冻土及其所形成的地貌与沉积是重建冰冻圈最有效最直接的证据，该证据也是其他代用指标无法替代的。积雪与海冰则难以保存记录，故本节主要介绍基于冰川和冰缘遗迹重建的第四纪冰冻圈的时空演化。

4.1.1 更新世冰川演化

冰期（冷期）和间冰期（暖期）交替出现是第四纪期间气候变化最主要的特征。在每一个冷期，冰川作用范围都会经历一定程度的扩张，但直到深海氧同位素阶段（MIS）22，冰盖才在北半球中纬度的欧美地区广泛形成，并在中更新世至晚更新世达到最大规模，此前的冰川作用仅限于极地和高山地区。在欧洲，萨勒（Saale）冰期时（MIS 6）冰川规模最大，北美洲的最大冰川规模出现在伊利诺伊（Illinoian）冰期（MIS 6）。在冰川规模最大时，全球的冰川覆盖面积达到了约 45×10^6 km^2，超过了末次冰期最盛期的冰川规模（约 35×10^6～40×10^6 km^2）（图 4-1 和表 4-1），大概为现代冰川面积（15.8×10^6 km^2）的三倍（图 4-1 和表 4-1）。值得一提的是，对于格陵兰和南极冰盖，因为冰盖边缘部分已伸展到海洋中，因而从冰川的分布范围来看，各次冰川作用时面积的差别不大，但是冰盖的厚度存在较大的差异。与中更新世冰川最盛期和 LGM 相比，现代冰川面积的减少主要是因为北美洲劳伦泰德（Laurentide）和欧洲斯堪的纳维亚冰盖的消亡。从体积上来说，里斯（Riss）、萨勒或伊利诺伊冰期时预计有 84×10^6～99×10^6 km^3，现代冰

川仅约 32×10^6 km^3。

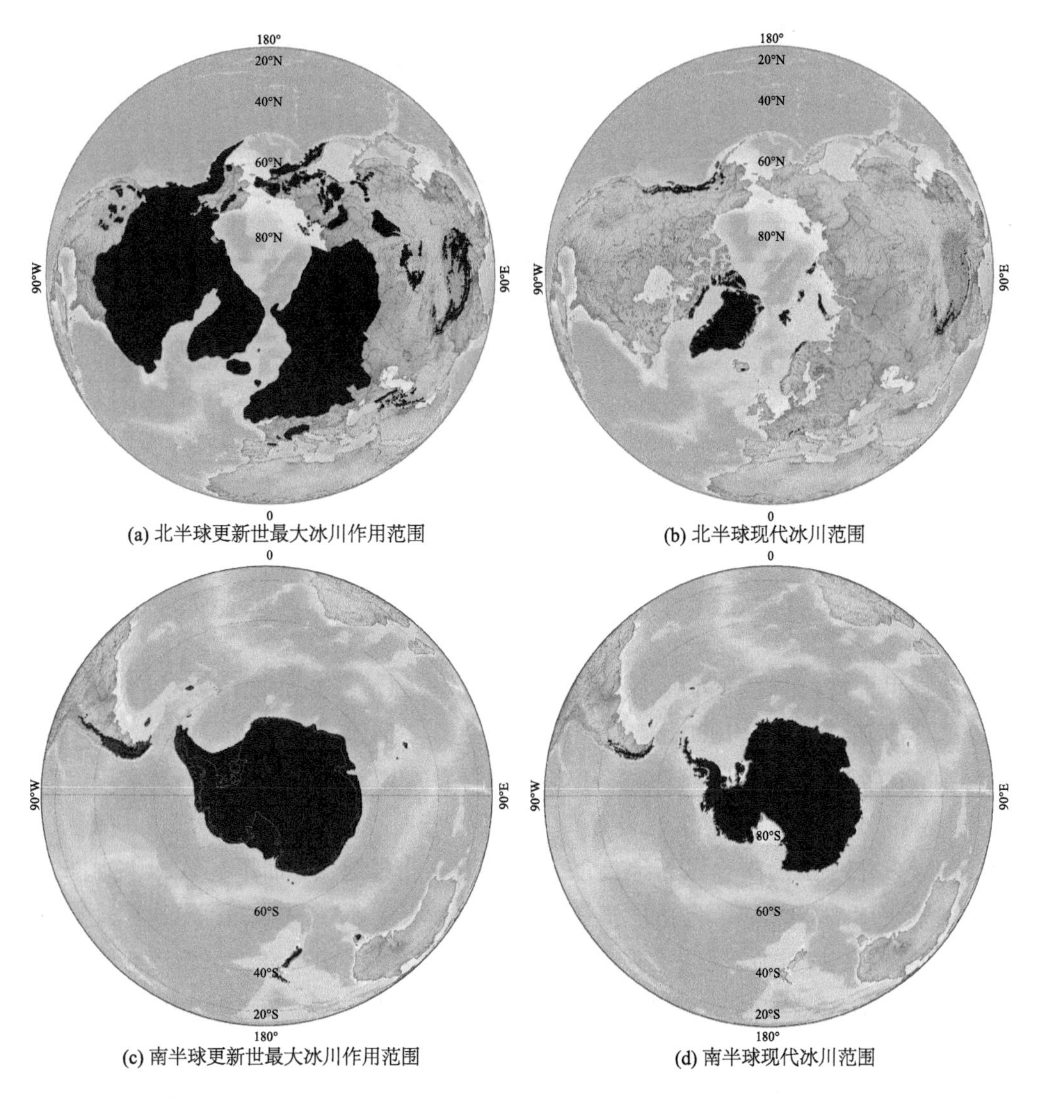

(a) 北半球更新世最大冰川作用范围
(b) 北半球现代冰川范围
(c) 南半球更新世最大冰川作用范围
(d) 南半球现代冰川范围

图 4-1　南北半球第四纪最大冰川作用范围与现代冰川作用范围对比（Ehlers and Gibbard, 2007）

表 4-1　不同地区 LGM 和现代冰川作用面积对比（Smithson et al., 2002）

地区	LGM 时冰川范围 /10^6 km^2	比例 /%	现代冰川范围 /10^6 km^2	比例/%
南极	14.50	32.4	13.5	86.0
格陵兰	2.35	5.2	1.8	11.5
劳伦泰德大陆	13.40	30.0	北极 0.24	—

续表

地区	LGM 时冰川范围 /10^6 km^2	比例 /%	现代冰川范围 /10^6 km^2	比例/%
北美洲科迪勒拉山系	2.60	5.8	阿拉斯加 0.05 落基山 0.03	—
安第斯山	0.88	2.0	0.03	—
欧洲阿尔卑斯山	0.04	—	0.004	—
斯堪的纳维亚	6.60	14.8	0.004	—
亚洲	3.90	8.7	0.12	—
非洲	0.0003	—	0.0001	—
大洋洲	0.07	—	0.001	—
不列颠冰盖	0.34	—	—	—
合计	44.68		15.78	

注：个别数据因修约存在误差。

4.1.2 更新世多年冻土

在更新世大规模的冰川外围，还存在着广阔的苔原带，苔原之下通常发育有多年冻土，冻土厚度甚至超过了 1000 m。

当前，北半球高纬度地区连续多年冻土的南界大体与–6～–5℃的年平均等温线一致。不连续冻土或零星分布冻土的南界气温要高一些（但一定低于 0℃）。如现在的欧洲，连续多年冻土的南界在新地岛以及西伯利亚北部地区，而不连续冻土则向南伸展到了拉普兰北部。然而，包括冰楔在内的大量证据显示（图 4-2），末次冰期时，欧洲的多年冻土覆盖范围比现在大很多。如在英格兰，除西南半岛外，其他地区均被覆盖；在欧洲大陆，除巴尔干半岛南部、意大利半岛、利比里亚及法国西南部等地区外，以北的地区都曾广泛发育冻土；在北美洲，末次冰期时，劳伦泰德冰盖向南伸展的纬度比欧洲斯堪的纳维亚冰盖更低，而劳伦泰德冰盖以南 80～200 km 范围内基本上都发育有多年冻土。

末次冰期最大面积的多年冻土区则是整个西伯利亚，深层的多年冻土至今仍然保存着。在勒拿河流域，其深度达到了 1500 m。这一地区也是末次冰期苔原广布和猛犸象—披毛犀动物群的栖息地。

在中国，末次冰期最盛期多年冻土面积约为 5.4×10^6 km^2，为现代多年冻土的 3 倍。东部从目前的大兴安岭，扩展到整个东北和华北大部，其南界从辽东半岛经河北逐鹿、山西大同、陕西靖边到甘肃永登。在青藏高原边缘，多年冻土下界下降了约 1000 m。

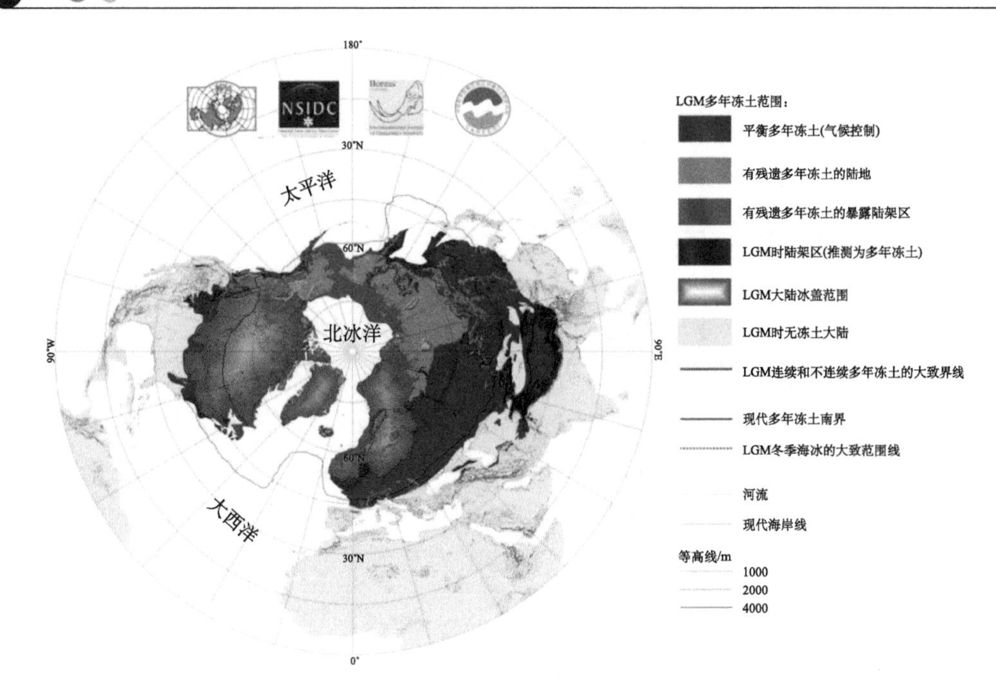

图 4-2　基于古冰缘地貌恢复的北半球末次冰期最盛期多年冻土最大范围（Vandeberghe et al., 2014）

4.1.3　冰期气候与环境

冰川和冻土等遗迹可确切地指示冰冻圈的空间变化，但其时间序列与详细的气候变化信息获取需要借助于完整的沉积记录及多种技术和方法。值得注意的是，不同地区经历的降温幅度是有差异的，通常情况下，高纬度地区比低纬度地区降温幅度更大。另外，冰期时，气候比现代更为干旱，风沙活动强烈，热带亚热带地区的季风减弱，中纬度西风环流增强并向低纬移动。当然，和气温类似，冰期时降水的分布也是有差异的，并非世界各地的降水量都减少了，比如，南美和非洲南部的某些地区，由于冰期时南半球西风带向低纬移动，降水量比现在要多。

4.1.4　间冰期气候与环境

从孢粉等气候代用指标的分析结果来看，更新世间冰期的气候与我们当今所处的全新世基本相似，最典型的特征是冰川大规模的消融和退缩，苔原景观演变为现今寒温带地区的森林景观，落叶林树种分布到更高纬度地区，林线也较大幅度上升。

从南极 Dome C 冰芯中的氘同位素记录来看，在最近的四个间冰期中，最高温跟当前持平甚至更高。如在末次间冰期（MIS 5e，相当于欧洲的 Eemian 间冰期或北美洲的

Sangamon 间冰期)，南北半球高纬度地区最高温比现在高 3 ℃，当时的海平面比现在高 6 m，北冰洋夏季海冰的范围仅约为现在的一半。在荷尔斯泰因间冰期（MIS 11）时，气温也稍高于现代。

4.1.5 冰期-间冰期旋回

更新世气候的一个重要特征是它的周期性变化，即冰期（冷期）、间冰期（暖期）的交替出现。这种变化可以通过深海岩芯中的氧同位素记录体现出来，如图 4-3 所示，在 1.25 Ma 以前，冰期-间冰期旋回清楚地表现出 41 ka 左右的周期，但随后的一段时间内，周期不是非常明确，约 900 ka 至今，冰期-间冰期旋回则显现出 100 ka 左右的周期。如今，人们通常把 900～800 ka 的那段时期称为中更新世转型（middle Pleistocene transition, MPT）或中更新世革命，主要是因为其前后的气候变化周期发生了显著变化。

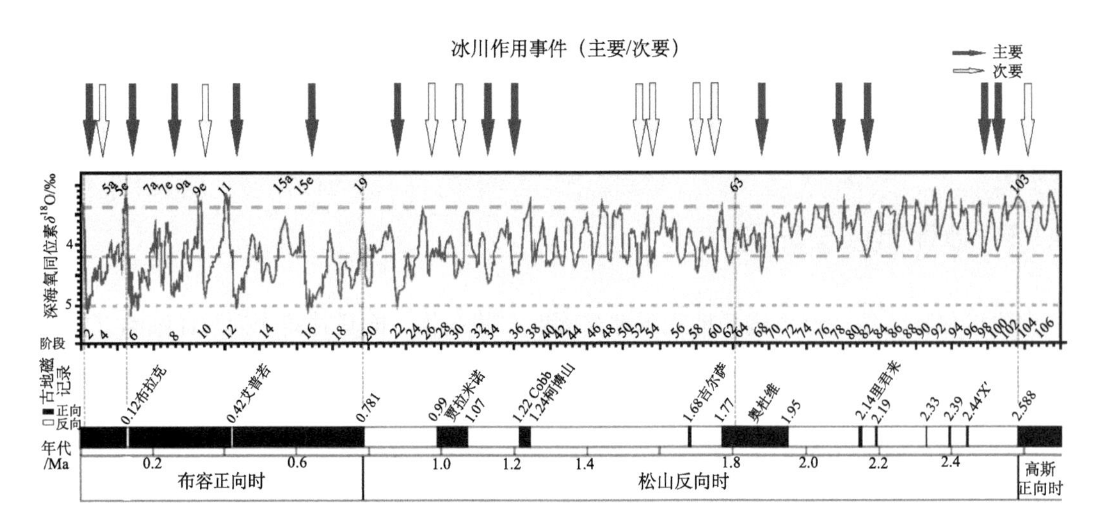

图 4-3 冰川作用与 MIS 所给出的第四纪冰冻圈变化情况（Ehlers and Gibbard, 2007）

根据图 4-1 和表 4-1 显示的末次冰期全球冰川规模与现在的对比，再结合 MIS 曲线，我们就可以了解整个第四纪期间冰川是怎样变化的。

南极冰芯记录了 800 ka 以来的高分辨率古环境信息，包括 CO_2 和气温等（图 4-4）。通过南极长序列冰芯记录，还可以进一步了解冰期-间冰期气候变化的成因和机制，如太阳辐射、温室气体以及气候系统的反馈，其变化规律与 MIS 所反映的规律是一致的。

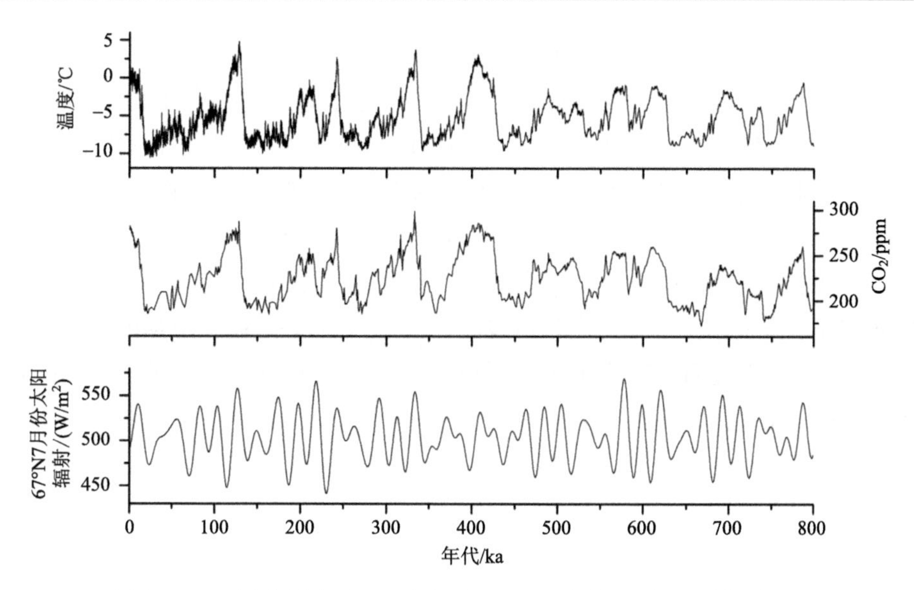

图 4-4　800 ka 南极 Dome C 冰芯温度和 CO_2 记录及 65°N 7 月份太阳辐射对比图（EPICA community members，2004）

4.2　冰期天文理论

第四纪冰冻圈大幅度高频率的变化必然有其原因。目前最能够成功解释这种变化，且为大多数学者所接受的理论就是冰期天文理论，因塞尔维亚学者 Milankovitch 的巨大贡献而又被称为 Milankovitch 理论。本节我们来介绍这一理论。

4.2.1　冰期天文理论的创立与发展

法国学者 Joseph Alphonse Adhemar 于 1842 年出版了 *The Revolution of the Sea* 一书，试图从地球轨道形态变化寻求地球发生冰期的原因。他的理论仅仅基于 Johannes Kepler 第二定律和古希腊天文学家 Hipparchus 发现的地轴进动（岁差）现象。法国著名天文学家 U. Le Verrier 于 1843 年发现了轨道偏心率和地轴倾角的变化及其变化幅度。偏心率变化介于 0～6%，地轴倾角变化介于 22°～25°。苏格兰学者 James Croll 于 1867 年发现偏心率变化有 100 ka 的周期，但每个 100 ka 周期的变化幅度不同，又表现为一个 400 ka 的大周期。他进一步发展了冰期天文学说。1901 年，美国天文学家 Simon Newcomb 又发现，地轴倾角不仅有约 3°（22°～25°）的变化幅度，而且有 41 ka 的变化周期。至此，对地球轨道 3 个参数，即轨道偏心率、地轴倾角（黄赤交角）和岁差的变化幅度和周期的认识已臻完备。塞尔维亚科学家 Milutin Milankovitch 在 1941 年出版 *Canon of Insolation and the Ice Age Problem*，在 Adhemar 和 Croll 工作基础上，应用这 3 个轨道参数的变化

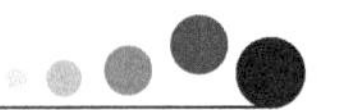

规律再次系统解释冰期成因。他的研究表明：偏心率和岁差变化已足以引起冰期，地轴倾角更有重要意义；地轴倾角变化对极地影响大而对赤道小，岁差的变化对赤道影响大而对极地影响小。他经过与气象学家 Wladimir Koppen 讨论，得出与 Adhemar 和 Croll 不同的看法，确认夏至点对应远日点而冬至点对应近日点时，即一半球由漫长而凉爽的夏半年和短暂而温暖的冬半年组成一年有利于高纬度发育冰川，此时，另一半球则是间冰期；他重视冰盖反馈作用，建立夏季辐射与雪线之间的关系。他计算 5°～75°每隔 10 个纬度 600 ka 以来夏季太阳辐射变化曲线，并将其绘制成图，被誉为 Milankovitch 曲线。特别是对大冰盖发育最为敏感的纬度 65°曲线，对解释冰期问题大为成功。Milankovitch 将辐射换算成温度，其谷值比现在低 6.7℃，而高值比现在高 0.7℃。Milankovitch 曲线被 W. Koppen 引用在自己的专著中，用来说明 Albrecht Penck 和 Eduard Bruckner 在阿尔卑斯山划分的 4 次冰期。

20 世纪中叶，铀、钍、钾、氩、钚同位素及古地磁定年技术相继问世。Harold C. Urey 1947 年从理论上表明，海洋有机体碳酸钙遗骸中含有氧同位素 ^{18}O、^{16}O，含量取决于海水温度。1955 年 Cesare Emiliani 分析了 8 个深海岩芯，发表《更新世温度》一文，表明加勒比海和赤道大西洋 300 ka 以来有 7 个冰期-间冰期旋回记录，冰期时温度较今低 6℃。Wallace S. Broecker 等 1968 年对巴巴多斯、新几内亚、夏威夷均发现的 3 个高海岸阶地，钍-铀测年 122 ka、103 ka、82 ka，与 Milankovitch 45°曲线完全吻合。1969 年，John Imbrie 和 Nick Shackleton 同时指出，决定 ^{18}O 和 ^{16}O 比率的不直接是海水温度高低，而是大陆冰量的多少。1970 年 Broecker 等对加勒比海 V12-122 深海岩芯有孔虫研究和 1975 年 George J. Kukla 对捷克黄土研究均显示 100 ka 变化周期。20 世纪 70 年代，James D. Hays 和 John Imbrie 发起建立了一个名为 Climap 的研究组，组织了世界一大批科学家和实验室发掘海洋地层记录以验证 Milankovitch 理论。他们选择西太平洋浅水区编号为 V28-238 岩芯和南印度洋编号为 RC11-120 的岩芯，测定了其浮游生物有孔虫氧同位素比例以及进行古地磁定年，重建了 B/M 界线以来 700 ka 连续的同位素变化曲线。对其进行的谱分析惊喜地发现，这些曲线均显示 100 ka、40 ka 和 20 ka 周期，和 Milankovitch 理论中轨道偏心率、黄赤交角和岁差的变化周期高度吻合，有力地证明了冰期天文理论的正确性。由此，V28-238 钻孔被誉为记录气候变化的罗塞达碑（Rosetta stone）。此后数十年，更多和更长时间尺度的海洋记录、大陆黄土记录和极地冰芯记录不断问世，揭示同样记录，使得 Milankovitch 之后的冰期天文理论成为解释第四纪气候环境变化的成功学说。

4.2.2 冰期天文理论的基本原理

冰期天文理论基于三个轨道要素的变化周期和幅度参数。这三个轨道要素是轨道偏心率、地轴倾角（又称为黄赤交角）和地轴进动（又称为岁差）。

轨道偏心率（eccentricity）及其气候意义：Kepler 第一定律表明，所有行星轨道都是椭圆，太阳位于其中一个焦点上，故一年中，日地距离变化于近日点和远日点之间。地球上接收的太阳辐射与日地距离的平方成反比，即

$$I = I_0 / \rho^2 \sin h = I_0 / \rho^2 \cdot (\sin\varphi \sin\delta + \cos\varphi \cos\delta \cos\omega) \tag{4-1}$$

式中，I 为地球大气顶日射；I_0 为太阳常数；ρ 为日地距离；h 为太阳高度角；φ、δ、ω 分别为纬度、赤纬和时角。

偏心率（e）是轨道圆心至焦点的距离与半长轴之比。现在为 0.0167，以约 100 ka 周期变化于 0～0.06 之间。e 值越大，轨道越扁。又根据开普勒第二定律，行星在公转运动中，相等时间扫过与太阳连线围成的面积相等（图 4-5）。故而行星在近日点公转速度要比远日点快，这决定冬夏两半年的时间长度。所以，轨道偏心率决定了日地距离在一年中的远近变化和冬夏两半年时间长短的不同组合。

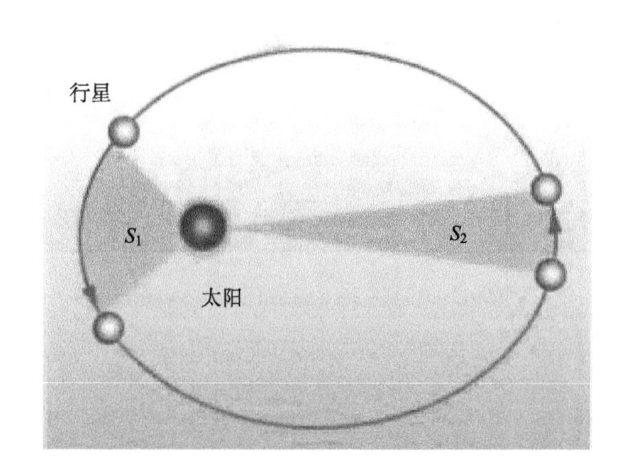

图 4-5　开普勒第二定律示意图

地轴倾角（obliquity）及其气候意义：地轴倾角是指地球自转轴与黄极轴之间的角度。因赤道面与黄道面不重合，故赤道面与黄道面之间存在一夹角，即黄赤交角或地转轴倾角。现在的黄赤夹角为 23°27′。以 41 ka 的周期变化于 22°～25°之间。该值越大，极地和高纬度接受太阳辐射能越多；该值越小，则太阳辐射越向赤道和低纬度集中。另外，由于地球自转轴北极恒指北极星（实际上如下文所述，在慢速旋进），使地球每个地方均有机会不同程度分享阳光，形成四季交替。所以地轴倾角及其大小决定太阳辐射能在全球的时空分布。

地轴进动（precession）及其气候意义：遵循陀螺原理，地球自转时，其自转轴指向也慢速旋进。即为地轴进动（图 4-6），表现为岁差。地球公转一周（360°）为恒星年（365 日 6 时 9 分 9.5 秒），而以春分点为参考点公转周期（355°0′35″）称为回归年（365 日 5 时 48 分 46 秒）。回归年比恒星年短 20′23.5″，是为岁差。由于地转轴的进动，赤道面与黄道面的两个交点春分点和秋分点每年向西移动 50.25″的角度来迎合西来的地球，所以地球公转 355°0′35″便又到达春分点。由此算出，地转轴进动一周的时间为 25791 年（通

常说法 25800 年）。另外，由于近日点（或轨道长轴）也在向东缓慢进动（图 4-7），迎合春分点，使得春分点向西移动不到 360°便又遇到近日点，即春分点相对于近日点的进动周期约减为 22000 年。近日点相对于春分点的位置称为近日点黄经，是决定两半球季节及其长短配置的关键因素。由于两至点间的连线与两分点间的连线互相垂直，故而春分点相对于近日点（或远日点）运动意味着两分点和两至点相对于近日点（或远日点）运动。

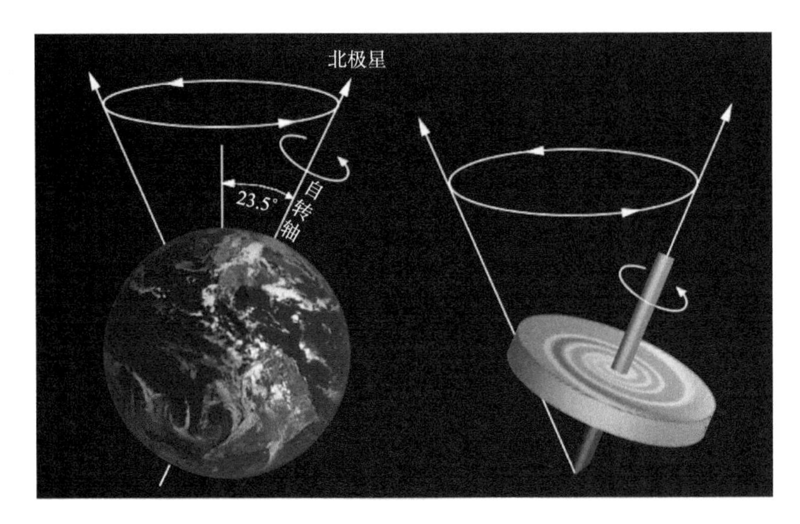

图 4-6 地轴进动（陀螺原理）示意图

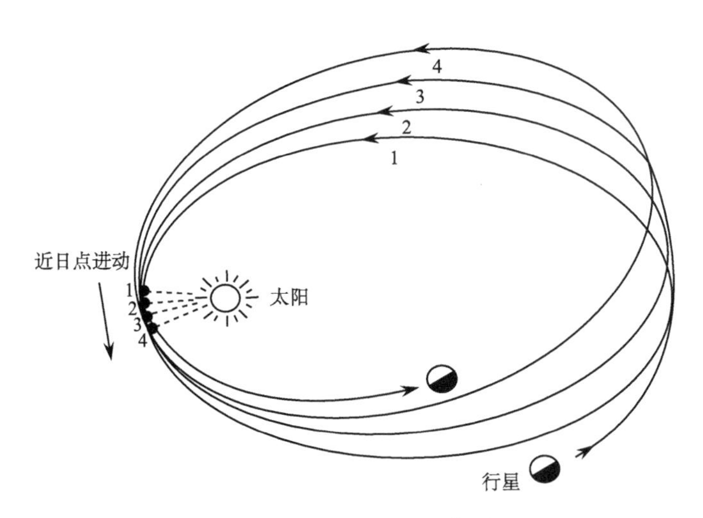

图 4-7 近日点进动示意图

1、2、3、4 分别表示近日点进动过程中地球轨道的不同位置

Milankovitch 理论把一年分为冬夏两个半年来考察太阳辐射。即春分至秋分为夏半年，秋分至春分为冬半年。两半年的时间之差由式（4-2）决定：

$$T_s - T_w = 4T/\pi \times e\sin\lambda \approx 1.273Te\sin\lambda \tag{4-2}$$

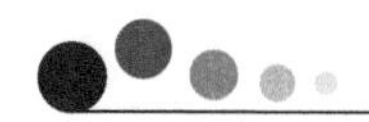

式中，T_s 为夏半年时间长度；T_w 为冬半年时间长度；T 为一年的时间；e 为偏心率；λ 为近日点黄经。由此式可以算出，现在北半球夏半年比冬半年长约 7 天（南半球冬半年比夏半年长约 7 天）。当偏心率达到 0.07 且夏至点对应远日点时，夏半年的时间要比冬半年长 32.6 天。

综合以上 3 个轨道参数及其控制地面太阳辐射的作用，我们可以得知在偏心率足够大的情形下，当夏至点位于远日点附近（冬至点位于近日点附近）时，北半球由漫长而凉爽的夏半年和短暂而温暖的冬半年构成一年，南半球相反；而当夏至点位于近日点附近（冬至点位于远日点附近）时，则北半球由短暂而炎热的夏半年和漫长而严寒的冬半年构成一年，南半球相反。当春分点和秋分点分别对应近日点（或远日点）时，南北两半球的冬夏两半年日地距离之和与时间长度均相等，接受太阳辐射一样多。Milankovitch 认为夏至点位于远日点（近日点黄经 90°）附近是北半球发生冰期的决定性原因。因为此时北半球漫长而凉爽的夏半年利于保存冬半年降雪，而短暂而温暖的冬半年又利于高纬度降雪，冬夏都有利于冰雪积累。

由前文得知，偏心率变化幅度为 0～0.07（据 A. Berger 计算），周期有 100 ka 和 400 ka；地轴倾角变化幅度为 22°～25°，周期为 41 ka；岁差周期为 22 ka。于是，任意纬度夏半年、冬半年和全年的太阳辐射分别由式（4-3）计算：

$$
\begin{aligned}
Q_s &= TI_0 \big/ 2\pi\sqrt{1-e^2} \cdot (b_0 + \sin\varphi \sin\varepsilon) \\
Q_w &= TI_0 \big/ 2\pi\sqrt{1-e^2} \cdot (b_0 - \sin\varphi \sin\varepsilon) \\
Q_y &= TI_0 \big/ 2\pi\sqrt{1-e^2} \cdot b_0
\end{aligned}
\tag{4-3}
$$

式中，T 为地球公转周期；I_0 为太阳常数；e 为偏心率；φ 为纬度；ε 为地轴倾角；b_0 为与纬度有关的常数。

Milankovitch 由此计算各纬度 600 ka 以来夏季辐射量变化。他将 600 ka 以来 65°夏季辐射换算成纬度当量值（图 4-8），更加形象地表明了其与纬度之间的关系，被用来较为成功地解释冰期-间冰期变化。

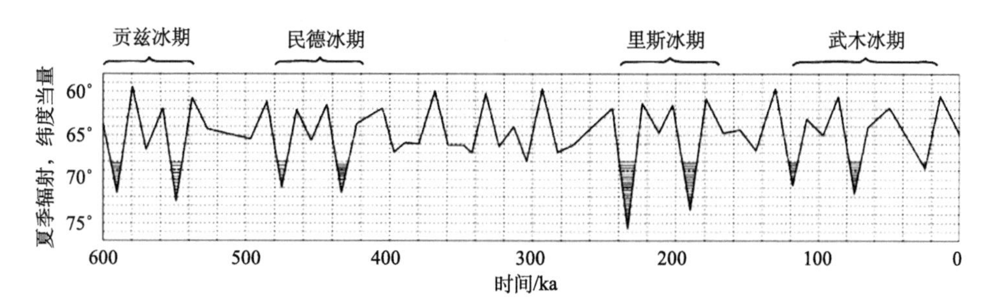

图 4-8　Milankovitch 65°夏季辐射曲线

注：如 226 ka 前 65°的辐射相当于现在 75°的辐射

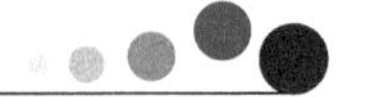

4.2.3 冰期天文理论的修正

虽然目前得到的长时间地质记录以三种周期证明 Milankovitch 理论的正确性。但是，记录曲线同时表明，冰期并不发生在偏心率高值期间，而是发生于低值期间（图 4-9）。这和理论创立者高偏心率期间发生冰期的说法正好相反。在重新研究偏心率变化时，一个重要的细节引起重视，即偏心率变化时，长轴的长度恒定不变。于是，低偏心率期间的年平均日地距离要比高偏心率期间大为增加，引起全球接受的太阳辐射的减少。这样，100 ka 周期的冰期成因则由原来着眼于半球某纬度某季节的辐射量的多少转变为着眼于全球辐射量的多少。这种着眼点的转变也自然修正了另外两个与岁差相伴随的疑难问题，即到底夏至点在远日点附近时有利于发生冰期，还是冬至点在远日点附近时有利于发生冰期；两半球发生冰期到底是同步的还是异步的？因为 100 ka 周期的冰期发生在低偏心率期间，此时岁差作用微弱，所以，这两个问题不再显著。但在 100 ka 高偏心率的间冰期期间，岁差周期就表现突出，这在各种同位素记录曲线上都得到验证，如 MIS 5 的 a、b 、c、d 和 e 就是偏心率较高时表现出来的，而在偏心率低值的冰期，岁差周期就不太明显了。由此可以得到一个认识，如果要以冰川进退证实两半球异步问题，需要对高偏心率岁差谷值期间（如 MIS 5b、MIS 5d）两半球山地冰川的进退进行年代学研究，而岁差峰值期间（如 MIS 5a、MIS 5c、MIS 5e）的代替指标（如植物）则会更加有效。

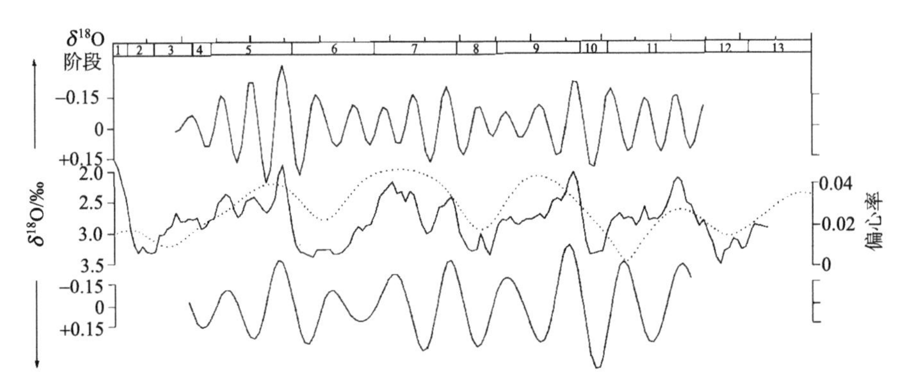

图 4-9 深海 $\delta^{18}O$ 记录的冰期对应高偏心率（Hays et al.，1976）

中间实线为同位素记录，点线为偏心率曲线；上部为 $\delta^{18}O$ 曲线提取的岁差信号；下部为倾角信号

4.2.4 冰期天文理论面临的问题和挑战

冰期天文理论尽管在解释第四纪气候环境变化上取得了巨大成功，以至于第四纪研究无 Milankovitch 理论而不成书。但是，仍然存在不少记录与理论之间的细节问题需要进一步探讨。

Berger 基于多体问题的天体力学计算表明，至少从 6 Ma 以来，3 个轨道参数的变化具有稳定的规律性。然而，Lisiecki 和 Raymo（2005）对 57 个深海氧同位素记录进行了技术处理和合并，显示 5.3 Ma 以来的海洋 $\delta^{18}O$ 记录却显示截然不同的分段响应模式：41 ka 周期的倾角周期在 1.4～5.3 Ma 一直是曲线主要特征；北半球冰川作用只是在 2.7 Ma 才开始大规模出现；也是从这时起，记录中岁差周期的反应才更加灵敏；如 Lebreiro 于 2013 年指出，MIS 11 是个偏心率很低的时期，但记录中却是冰期-间冰期振幅最大的时期，即低偏心率时期为什么能够出现最大的间冰期（现在所处的间冰期——全新世也是这种情况）。另外，科学家早就发现，所有记录曲线都显示，由间冰期进入冰期时同位素曲线显示经过两个周期的岁差时间，而由冰期进入间冰期时，则不需要经过两个岁差周期，而是从谷底一跃而升到谷顶。在所有深海氧同位素记录中，从 0.8 Ma 开始，100 ka 周期成为主要特征，而此前却以 41 ka 周期为主。这个重要的转变被称为中更新世转型或中更新世革命。这么多的细节问题又衍生出了许多不同的解释，推动第四纪气候变化研究向前发展。不过，这些问题也可能已不属于冰期天文理论本身的问题，而属于地球系统的复杂响应问题。

冰期天文理论对我们认识未来长尺度环境变化也有深刻的指导意义，Berger 根据该理论预言，在不计人类干扰的情况下，下一次冰期将于 60 ka 后发生，北半球最大冰量可能会达到 $27\times10^{6}\,km^{3}$。

思　考　题

1. 海洋氧同位素和两极冰芯氧同位素有怎样的关系，为什么说它们主要反映北半球太阳辐射？

2. 如何理解岁差尺度上的两半球冰期同步或不同步的问题？

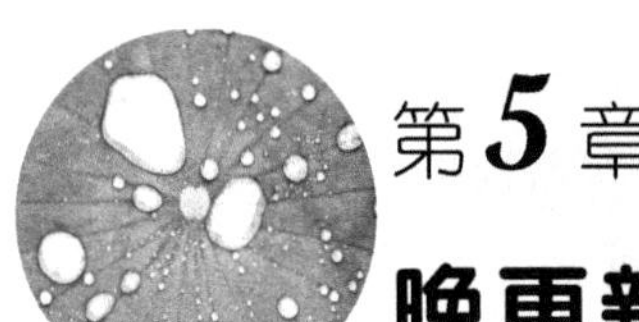

第5章 晚更新世以来亚轨道尺度冰冻圈变化

古气候变化可划分成不同的时间尺度：如构造尺度、轨道尺度和亚轨道尺度，且不同时间尺度的气候变化有不同的驱动机制。构造尺度的气候变化是边界条件的长期变化引起，地壳运动是其原动力，如海道开合、山脉抬升和大陆漂移等。轨道尺度的气候变化，即大家熟知的冰期–间冰期尺度的气候变化，由于轨道尺度气候变化具有明确的驱动力，即太阳系各星体作用于地球的引力场的周期性摄动，及由此引起的地球轨道参数的周期性变化和到达地球大气圈顶部太阳辐射能量配置的周期性改变，故其驱动机制研究最为深入。然而，晚更新世以来地质记录（冰芯和海洋沉积等）显示，冰期或间冰期内气候并不总维持一种相对稳定的状态，而是呈现出相当强烈的震荡和突变特征，并以不太具有周期规律的千年乃至百年尺度发生变化，用 Milankovitch 冰期天文理论不能解释，被称为亚轨道尺度变化，其成因比较复杂。

5.1 末次冰期亚轨道尺度气候变化事件

末次冰期是距离现今最近的一次规模较大的冰川作用期。国际上通常将 MIS 5d-2 定义为末次冰期，年代大约为 115 ～11.7 ka；末次间冰期则仅指 5e 阶段（相当于欧洲的 Eemian 期）。中国学者依据黄土及冰芯等记录则认为末次冰期对应于 MIS 4～2，大约始于 71～75 ka，末次间冰期则为 MIS 5。末次冰期内发生了 Dansgaard-Oeschger、Heinrich 和 Younger Dryas 等亚轨道尺度的气候变化事件（图 5-1）。

5.1.1 Dansgaard–Oeschger 事件

1993 年，Dansgaard 等对格陵兰冰盖 GRIP 冰芯的研究发现，末次冰期期间该地区的气候发生了一系列千年级的、快速的、大幅度的冷暖变化事件，后来把这种气候震荡称为 Dansgaard-Oeschger 事件，简称 D-O 旋回。在 D-O 旋回中，每一个暖期之后紧接着是一个冷期，即冰阶（stadials）与间冰阶（interstadials）的交替（图 5-1）；每个旋回的开始变化过程只需数十年甚至更短的时间，温度变化幅度达 5～8℃，持续数百至 2 ka，平均周期为 1.5 ka。由于该旋回导致的气候震荡主要是出现于末次冰期中，相对温暖的间冰阶较为突出，因此把这些间冰阶给予了编号，即 D-O 暖事件（图 5-1），如在 GRIP 冰芯记录中 115～14 ka 期间出现了 24 个快速的变暖事件（表 5-1）。随后的研究发现，D-O 旋回不仅出现于北半球冰芯、海洋沉积、黄土沉积和石笋记录中，在南极及其邻近海域中也有发现，因而具有全球性。

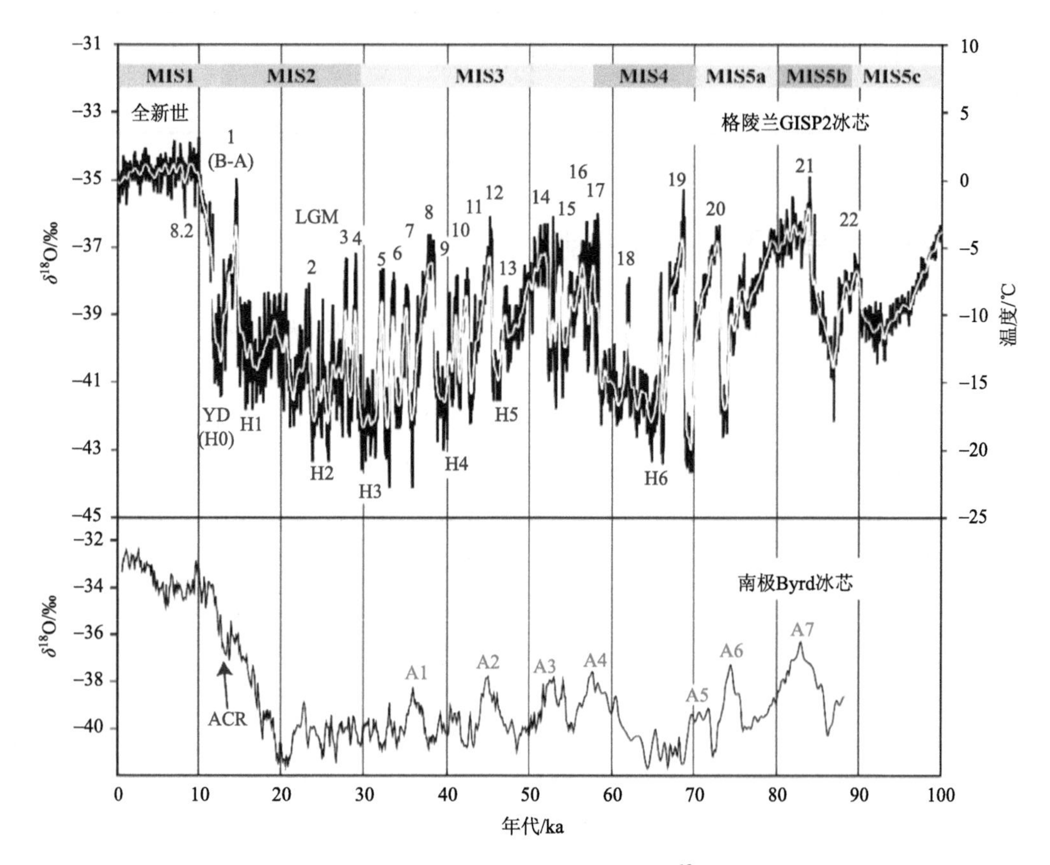

图 5-1　100ka 以来格陵兰 GISP2 冰芯与南极 Byrd 冰芯的 δ^{18}O 记录对比（Alley，2007）

红色数字为 D-O 旋回暖事件编号，H1～H6 为 H 事件，YD 为 Younger Dryas 事件，B-A 为 Bølling-Allerød 事件，8.2 为 8.2 ka 冷事件，A1～A7 为南极暖事件，ACR 为南极气候逆转变冷事件，MIS 为深海氧同位素阶段

表 5-1　末次冰期 D-O 暖事件及 H 事件的时间　（时间单位：ka BP）

时间	D-O 暖事件编号及时间	H 事件编号及时间	时间	D-O 暖事件编号及时间	H 事件编号及时间
10～20	1 （14.5）	H0 （YD 12.9）	30～40	7 （35.3）	
		H1 （16.8）		8 （38.0）	H4 （35.9）
20～30	2 （23.4）	H2 （24.1）	40～50	9 （40.1）	
	3 （27.4）			10 （41.1）	
	4 （29.0）			11 （42.5）	
30～40	5 （32.3）	H3 （30.1）		12 （45.5）	
	6 （33.6）			13 （47.5）	H5 （50.0）

续表

时间	D-O 暖事件编号及时间	H 事件编号及时间	时间	D-O 暖事件编号及时间	H 事件编号及时间
50～60	14 （52.0）		80～90	21 （84.0）	
	15 （54.0）			22 （90.0）	
	16 （57.0）			23 （104.0）	
	17 （58.0）			24 （109.0）	
60～70	18 （62.0）	H6 （60.0）	110～120	25 （114.0）	
70～80	19 （70.5）				
	20 （74.0）				

5.1.2 Heinrich 事件及其形成机制

与 D-O 旋回中的间冰阶相反，D-O 旋回中的冰阶最冷期称为 Heinrich 事件，简称 H 事件；它代表上一次旋回的结束，随后的变暖则代表新旋回的开始。1988 年，Heinrich 最早报道了在北大西洋钻取的末次冰期时深海沉积岩芯中存在 6 个粗颗粒含量显著增加、有孔虫化石减少的冰筏岩屑（ice-rafted debris，IRD）沉积层；其中上部 1～5 层对应于 MIS 2～4，第 6 层对应在 MIS 4 和 5 的分界处（图 5-1，表 5-1）。Heinrich 认为这可能是末次冰期期间发生的 6 次大规模冰架冰断裂崩解，富含岩屑物质的冰山进入北大西洋消融卸载在洋底沉积所致（Heinrich, 1988）。随后，Broecker 等（1992）指出这 6 次冰筏岩屑事件发生时伴随有海面温度和盐度的降低，并将其命名为 H 事件。Bond 等（1993）基于 AMS^{14}C 测年及沉积速率外推确定这些事件的日历年龄分别为 16.9 ka BP、24.1 ka BP、 30.1 ka BP、35.9 ka BP、50.0 ka BP 和 60.0 ka BP（表 5-1）。H 事件与 D-O 旋回是具有全球性意义的气候事件，北半球冰盖与青藏高原及周边地区的山地冰川也都有相关的记录。

有关 D-O 旋回和 H 事件等千年尺度气候震荡的形成原因存在以下几种观点：冰盖内部不稳定性、温盐环流（thermohaline circulation，THC）变化、太阳活动和气候的随机共振等。但不少学者认为 THC 变化起到了至关重要的作用。THC 最重要组成部分的北大西洋经向翻转洋流（Atlantic meridional overturning circulation，AMOC）有三种模态：现代模态、冰期模态与 H 事件模态[图 5-2（a）]。现代模态是双泵模式，东北流向的墨西哥湾流携带高温、高盐的表层水到北大西洋北部及北海海域后，冷却浓缩下沉进入深海形成北大西洋深水（North Atlantic deep water，NADW），NADW 形成时的拉力也维持着墨西哥湾流的强度，从而将巨大的热量带入到北大西洋地区。当 AMOC 由于某种原因被减弱甚至关闭时，就会转变为另两种模态[图 5-2（b）]，最终影响到气候。其变化机制大致过程如下：①当北大西洋北部及北海融冰形成过量淡水时，表层海水盐度的减小会致使其密度降低；②减弱表层水下沉小于 NADW 的形成速率，AMOC 就变成了单泵或无泵模式，最终驱使 AMOC 减弱甚至关闭；③该状态下，AMOC 向北输送的热量减少，即减弱了半球间的热量输送，使北半球变冷而南半球变暖，即为“两极跷跷板效应”（bipolar seesaw）（图 5-1 南极中 A1～A6 暖事件）；④南极陆冰与海冰融化，形成的淡水减弱南极底层水（Antarctic bottom water，AABW）；⑤驱使 NADW 再次加强，AMOC 逐渐恢复，形成一个循环[图 5-2（b）]。冰期模态中北海的深水形成停止，但北大西洋仍有深水形成。H 事件模态中，北海及大西洋深水形成均大幅减弱或停止，使 AMOC 关闭或接近关闭。

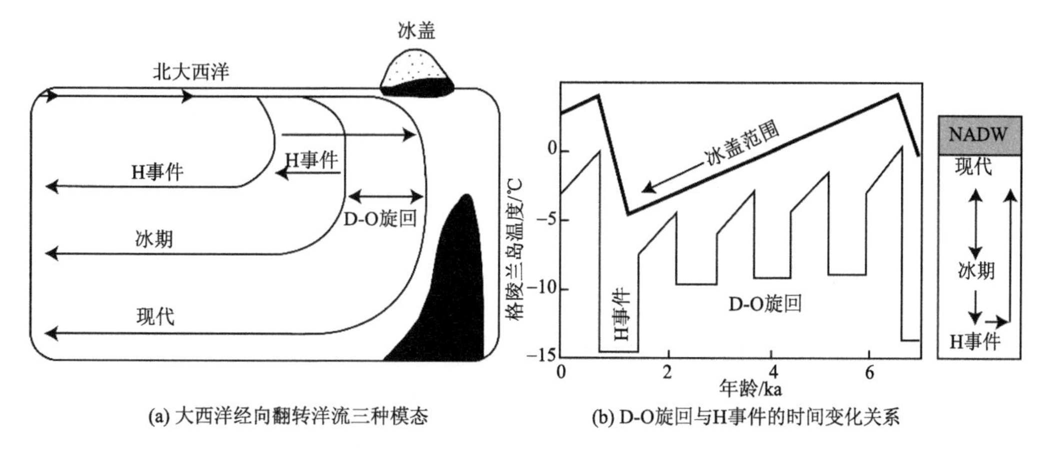

图 5-2 大西洋经向翻转洋流三种模态示意图及 D-O 旋回与 H 事件的时间变化关系（Alley et al., 1999）

5.1.3 Younger Dryas、Bølling-Allerød 与 ACR 事件

从 LGM 结束至全新世开始的时期被称为末次冰消期（Last Deglaciation）（18.0～11.7 ka BP），此时段气候总体呈现回暖趋势，但北半球中高纬度的多个古冰盖尚未完全消融，如欧洲的 Fennoscandian 冰盖至少持续到 9 ka BP，北美洲的 Laurentide 冰盖则一直持续到 7 ka BP 之后才消失（图 5-3），因而过程较复杂，期间也发生了多次气候事件（表 5-2）。

表 5-2 末次冰消期的气候事件的年代

气候事件	年代/ka BP	持续时间/ka
Oldest Dryas （OD）	18.0～14.7	3.3
H1	17.5～16.0	1.5
Bølling-Allerød （B-A）	14.7～12.9	1.8
Younger Dryas （YD）	12.9～11.7	1.4
Antarctic Cold Reversal（ACR）	14.7～13.0	1.7

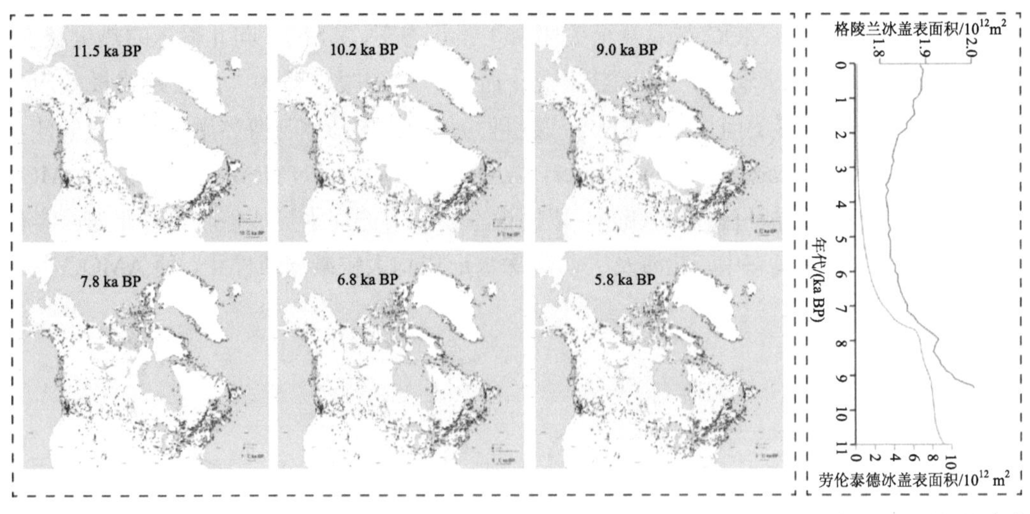

(a) 全新世早期劳伦泰德冰盖和格陵兰冰盖的范围　　(b) 全新世的冰盖面积变化

图 5-3　全新世早期劳伦泰德冰盖和格陵兰冰盖的范围及整个全新世的面积变化 （Dyke et al., 2003；Larsen et al., 2005）

新仙女木（Younger Dryas，YD）事件是大致发生于 12.9～11.7 ka BP 短暂的气候变冷事件，是末次冰期向全新世过渡的急剧升温过程中出现的最后一次快速变冷事件。仙女木（*Dryas octopetala*）是一种生长在北极的八瓣花植物，这种植物发现于英格兰和北欧 11 ka BP 前的沉积中，是温度降低的记录，科学家将之命名为仙女木事件，类似的降温不止一次，故按照时间先后分别被命名为老仙女木、中仙女木和新仙女木。这三次降温事件被发生于 14.7～12.9 ka BP 间的 Bølling 暖事件和 Allerød 暖事件分开。老仙女木事件发生在 18～14.7 ka BP，H1 事件包含其中，这个过程以 Bølling-Allerød（B-A）事件为标志而结束。之后则是发生较大幅度的降温和冰川前进的 YD 事件（该事件在北半球降温幅度相当于冰期–间冰期的 50%～75%左右，因而有学者认为也可将其称为 H0 事件），这次降温后，才真正进入冰后期，故将新仙女木的结束定为全新世的开始。新仙女木事件在冰芯、树轮、石笋等气候载体中有广泛的记录，也有山地冰川沉积的证据，在北半球高纬度地区表现尤为明显且强烈。

末次冰消期的气候变化，特别是气候突变与格陵兰冰盖一致，且其振幅随着纬度增加而增大，被称为“北半球响应”；而南半球的记录多与北半球呈反相位，被称为“南半球响应”。如末次冰期最盛期结束气候变暖的过程中于 14.7～13.0 ka BP（相当于北半球 B-A 温暖期）南半球高纬度发生了南极气候逆转变冷事件（Antarctic cold reversal，ACR）（图 5-4），该事件在 40°S 以南区域表现最为强烈；这是由“两极跷跷板效应”所驱动，使北半球冷南半球暖（反之，AMOC 增强，则北半球暖南半球冷）。

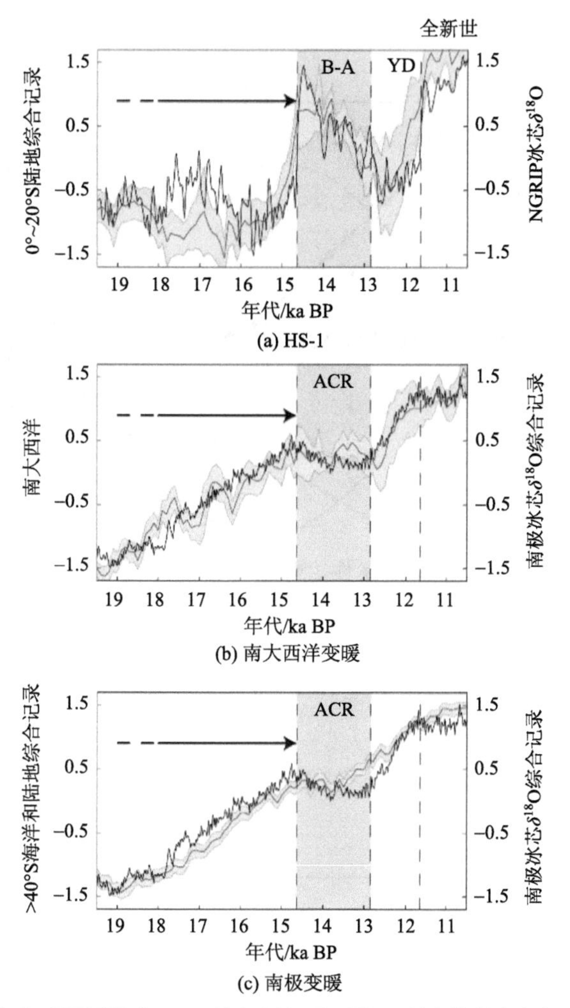

图 5-4　南半球不同纬度 ACR 的气候记录对比（所有数据都经标准化处理以进行对比）（Pedro et al., 2016）

5.2　全新世亚轨道尺度气候变化事件

国际地层委员会将格陵兰岛 NGRIP 冰芯记录中新仙女木事件结束的时间定为全新世的开始，即 11.7 ka BP。全新世是第四纪最近的一次冰川消融期，又称冰后期，也有人认为是一次新的间冰期，对应于 MIS 1。

5.2.1　全新世环境变化基本特征及其气候分期

全新世早期，北半球夏季太阳辐射要比现代要高 7%，冬季则要比现代低 8%，之后夏季太阳辐射减少，冬季太阳辐射增强（图 5-5）。然而，年辐射量主要受控于夏季太阳辐射，因此全新世的气候总体经历了升温期、高温期和降温期这样一个完整的间冰期气候变化过程[图 5-6（a）]。

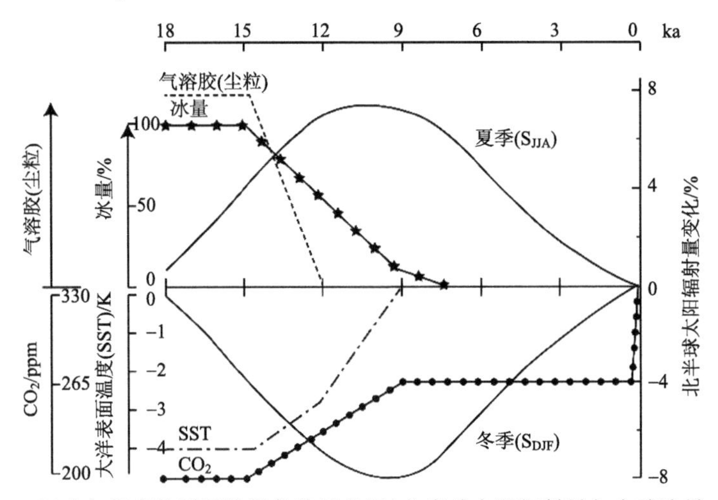

图 5-5 模拟 18 ka 以来气候变化采用边界条件示意图（北半球太阳辐射量与全球冰量、大洋表面温度、CO_2 变化）（Kutzbach and Guetter, 1986）

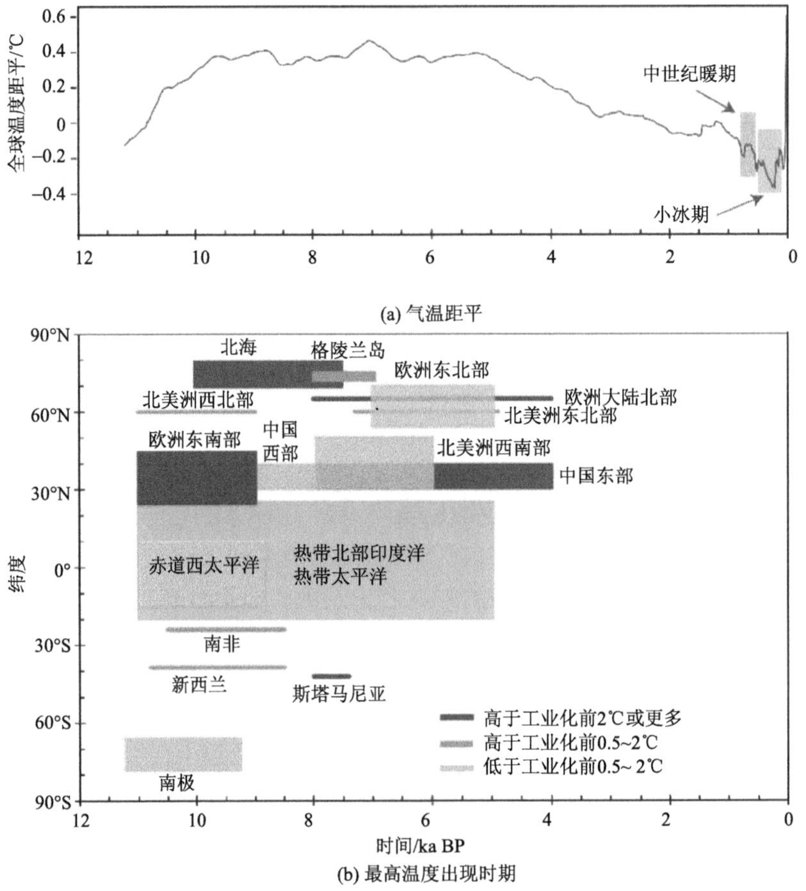

图 5-6 全新世全球气温距平（a）（Marcott et al., 2013）与最高温度出现的时期（较工业化之前）（b）（Jansen et al., 2007）

19 世纪后期到 20 世纪初期，学者根据北欧孢粉资料划分了全新世的气候期，即前北方期（Pre-Boreal）、北方期（Boreal）、大西洋期（Atlantic）、亚北方期（Sub-Boreal）和亚大西洋（Sub-Atlantic）期（表 5-3）。20 世纪早、中期就有学者开始提出 “Hypsithermal Interval”“Climatic Optimum”和“Thermal Maximum”等名称定义全新世气候中最温暖的时期；随后 Deevey 和 Flint（1957）则将北欧全新世孢粉带中三个最暖的时期（11.0～2.5 ka BP）定义为冰后高热期（postglacial hypsithermal interval，PHI）（表 5-3），并推算当时温度较现代高 2～3℃。Hafsten（1970）则考虑到孢粉带在全新世有明显的地理迁徙，为了便于各地统一比较，把全新世分为 3 段：温度上升期（Microthermal）、大暖期（Megathermal）及温度下降期（Katathermal），并仍然把北方至亚北方期作为大暖期（表 5-3）。目前，大暖期的定义则通常指最为温暖的北方和大西洋两个时期（11.0～5.0 ka BP）；又大致以 8 ka BP 前后和 4 ka BP 两个时间节点划分全新世早、中和晚期，它们分别对应全新世的两次千年尺度气候突变事件（详见 5.2.2 节）。

表 5-3　全新世气候分期（王绍武，2011）

Blytt-Sernander 北欧孢粉带气候分期	气候特征	^{14}C /ka BP	大致日历年 /ka BP	Deevy 和 Flint（1955） 气候分期	Hafsten（1970） 气候分期
前北方期	比较冷干	10～9.5	11.7～11.0		温度上升期
北方期	比较暖干	9.5～7.5	11.0～9.5	冰后高热期	大暖期
大西洋期	温暖湿润	7.5～5.0	9.5～5.0		
亚北方期	比较暖干	4.5～2.5	5.0～2.5		
亚大西洋期	比较凉湿	2.5～0	2.5～0		温度下降期

然而，大暖期的出现时段、持续时间和温暖程度也存在较大的区域差异，IPCC 第四次评估报告对其进行了系统的总结[图 5-6（b）]。北大西洋及其邻近极地地区（北海与北美洲西北部地区），夏季温度最高值出现在早全新世（10～8 ka BP），表明海冰受夏季太阳辐射极大值的影响；北半球中纬度海洋表面温度也在早-中全新世偏高，以后持续下降，则反映其受年平均太阳辐射及夏季辐射强迫的影响。靠近北美洲及北欧冰盖地区，最暖时间出现得较晚，北欧与北美洲东北部都在 7～5 ka BP。此外，赤道西太平洋、中国、新西兰、南非及南极有暖期出现较早的证据。不过南半球的暖期不能用当地的太阳辐射变化来解释，可能与大尺度纬度间热量输送的变化有关。热带大西洋、太平洋、印度洋及地中海的大洋表面温度（sea surface temperature，SST）在早全新世偏低，以后逐步上升，则可能是热带年平均太阳辐射增加造成。就大暖期的温暖程度而言，中高纬度更显著，低纬则相对较弱，如热带太平洋和印度洋地区可能比工业化之前还要低。中国的大暖期整体较现代要高 2℃左右，华北可能高约 3℃，而华南仅高 1℃。

大暖期时，相较于中高纬度气候的显著变暖，热带地区降水量的变化则更为突出，如非洲季风区、北美洲季风区、南美洲季风区的北部以及亚洲季风区都表现为显著的气候湿润期。众多学者认为，是岁差使得早全新世北半球的热带地区夏季太阳辐射增加，引起了陆地急剧升温，海陆温差增加，进而增强了中低纬度季风区内的夏季风，带来了更多的降水所致；后期随着太阳辐射的减弱，夏季季风减弱，降水也变少。由于岁差引起的太阳辐射在南北两个半球的变化是反相的，因此北半球的北非、南亚、中国、南美洲北部出现湿润期时，南半球相应的地区应该变干，但由于海陆热力分布、南北半球陆地面积的差异等原因，南半球对岁差的反映不如北半球强烈。例如，非洲湿润期不仅在北非，在赤道非洲，一直到 10°～14°S 以南早全新世才有干旱的迹象。相比之下，南美洲中、南部与北部则呈现出了较为显著的反相位变化。

5.2.2 全新世气候突变事件及其驱动机制

全新世气候曾被认为温和且稳定，如格陵兰冰芯氧同位素记录就显示出了这种相对稳定的气候状态，仅在 8.2 ka 左右出现过一次显著的气候突变事件（图 5-1）。然而，Bond 等（1997）依据北大西洋沉积岩芯中直径>150μm 颗粒数（冰筏岩屑含量）、火山玻璃和染色赤铁矿石英或长石含量三个指标的研究，发现全新世北大西洋地区发生过 8 次冷事件（编号 1～8），时间分别为 1.4 ka BP、2.8 ka BP、4.2 ka BP、5.9 ka BP、8.1 ka BP、9.4 ka BP、10.3 ka BP 及 11.1 ka BP；后来发现 0.4 ka BP 的小冰期气候特征也与 8 次冷事件类似，并编号为 0，这样全新世就有了 9 次冷事件（Bond et al.，2001）。这些事件出现的周期为 1470±500 a，因而全新世期间千年尺度的气候波动依然存在，相似周期的气候变化在末次冰期时已经出现，只是冰期信号加强（D-O 旋回），全新世信号减弱而已。上述全新世的冷事件中以 8.2 ka BP 事件强度最大，其他冷事件（如 LIA）强度仅为 8.2 ka 事件的 1/2～1/3。然而，8.2 ka BP 事件的温度变化却只有末次冰消期新仙女木事件的 1/3 左右，YD 事件的振幅一般又只有冰期中冰阶-间冰阶的 3/4～1/2，因此全新世的冷事件表现出来的千年尺度震荡振幅比冰期中冰阶–间冰阶变化要小得多。

尽管这些冷事件是由北大西洋深海沉积被认知并定义，全球其他古气候环境资料的系统对比研究显示，北半球高纬度以外的区域、热带地区以及南半球也都发生了这种周期性的快速气候变化（rapid climate change，RCC），多集中于 9～8 ka BP、6～5 ka BP、4.2～3.8 ka BP、1.2～1.0 ka BP 及 0.6～0.15 ka BP 时期，与北半球高纬度地区气候事件的发生时代具有较好的一致性；甚至全球各区域的冰川也记录下了全新世这种亚轨道度的快速气候变化事件，发生了 5～7 次显著的冰进。因此全新世冷事件的气候影响具有全球性，但各区域的表现形式略有差异，北半球中、高纬度主要呈现变冷而低纬度季风气候区（小冰期除外）的变干更为突出（王绍武，2011）。

有关早全新世千年尺度冷事件（如 8.2 ka 事件等）的驱动机制，多认为可能是由于该时段冰盖大量融水或融水引起的冰湖溃决，使得淡水爆发减缓了 NADW 或其他海域中/深层水的形成，从而减弱 AMOC 使得气候突变（详见 5.1.2 节中 AMOC 的三种模式）；同时期太阳活动的减弱也可能加强了这一过程。但 6 ka BP 之后，北大西洋周边的欧洲和北美洲两大冰盖几乎完全消融（图 5-3），只剩格陵兰及北大西洋极地岛屿尚有冰川/冰盖，因此中–晚全新世就难再用大量冰盖融水或融水引起的冰湖溃决来进行成因解释了，所以学者们认为火山活动或亚轨道尺度太阳活动减弱等成为其重要的影响因素（图 5-7）。北大西洋地区发生的冷事件，再通过海–陆–气相互作用进而传递到其他区域，如可迫使热带辐合带（intertropical convergence zone，ITCZ）南移而使得北半球季风区的夏季风减弱，从而导致干旱事件的发生，或“两极跷跷板效应”也可能施加一定程度的影响。

1. 8.2 ka 事件

8.2 ka 事件是全新世 11.7 ka BP 以来最强的一次冷事件（图 5-1）。在格陵兰冰芯记录中，该事件开始于 8.4 ka BP，在 8.0 ka BP 前后结束，最冷期时的降温幅度达到了 6±2℃，积雪量也减少了 20%左右；但该事件的强度仅为 YD 的 1/3～1/2 左右，较之

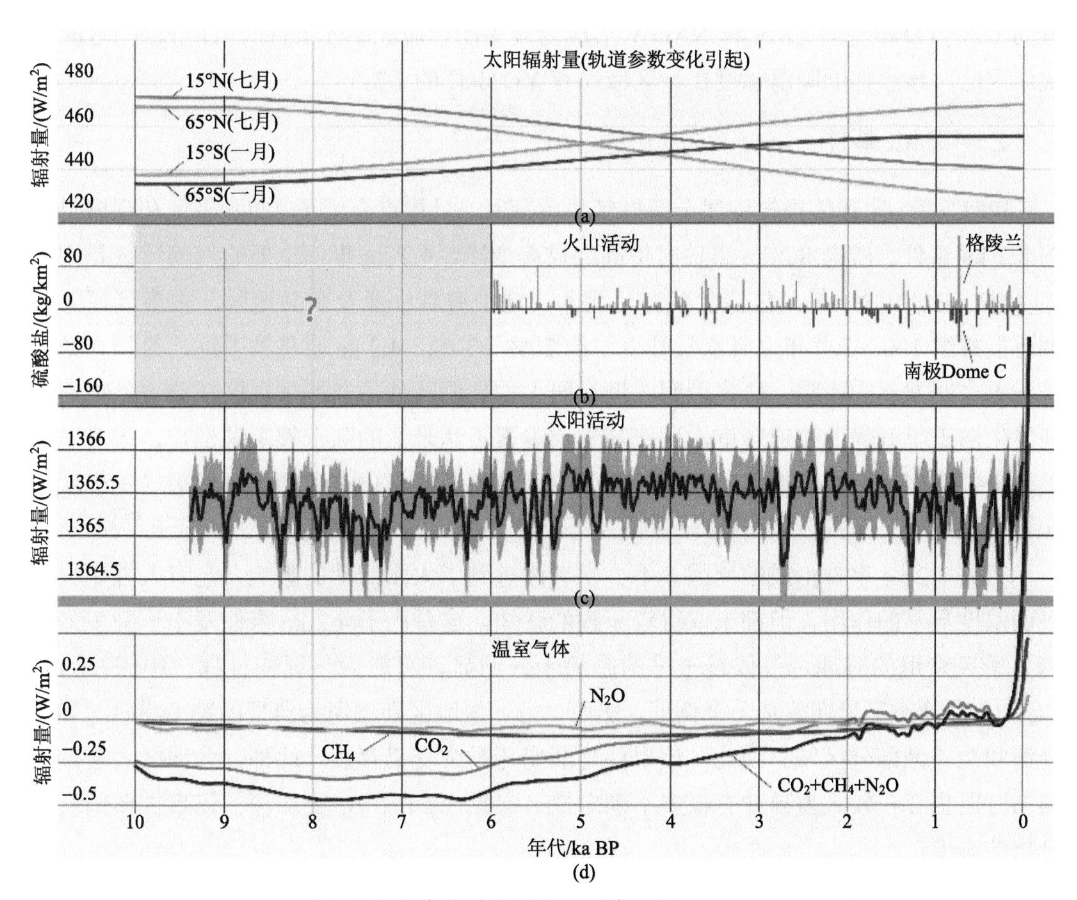

图 5-7　全新世气候变化的主要驱动因素 （Wanner et al., 2015）

（a） 轨道因素驱动的南北半球冬季和夏季太阳辐射量；（b） 6ka 以来硫酸盐指示的火山活动；（c） 太阳活动强度；（d） 温室气体含量

YD 持续时间（1 ka 左右）也要短很多。该事件时，北半球高纬度地区的降温幅度最大，向南逐渐降低。除了南大西洋呈现微弱变暖外，南半球无明显的反应。如北大西洋高纬度大部分地区>5℃，欧洲大部分地区在 0.5～1℃，至亚热带大西洋则要<0.5℃。青藏高原可能由于面积大且海拔高，会使得积雪对气候变化存在显著的反馈作用，从而增强了对该冷事件的响应，降温幅度可达 7.8～10℃。此外，北半球中、高纬度以及低纬度季风区同时还伴随着干旱事件的出现。但最近有学者的研究表明，该事件促使 ITCZ 南移，不仅会造成北半球季风区夏季风减弱而引起干旱，还可能造成南半球的夏季风增强（如南美洲），使得南北半球间季风区呈现反相位的变化（Voarintsoa et al., 2019）。

全新世早期 Laurentide 冰盖的快速退缩，在其外围的哈德逊湾西南侧形成了两个巨大的冰坝阻塞的冰前湖（Agassiz 湖和 Ojibway 湖），两者湖面要超过当时海平面 175 m。8.47 ka BP 时，冰坝消融使得两个湖泊总量约 2×10^{14} m^3 的淡水通过哈德逊海峡被注入拉布拉多海，减缓了拉布拉多海中层水（Labrador Sea intermediate water，LSW）的形成，被认为是 8.2 ka 事件形成的主要原因。目前，LSW 形成向北传输的热量是 NADW 传输量的 1/2。YD 事件时 LSW 和 NADW 形成均被关闭，而 8.2 ka 事件时可能只有 LSW 关闭。因此，该事件的降温幅度在该区域仅有 YD 事件的 1/3。

2. 4.2 ka 事件

IPCC 第 4 次评估报告讲述全新世气候突变时，只重点介绍了 4.2ka 事件和强度最大的 8.2 ka 事件。较之 8.2 ka 事件时中高纬显著变冷，4.2 ka 事件主要的气候特征是中低纬（45°～15°N）干旱，包括北美洲、北非、地中海到中亚及东亚地区。很多区域干旱期可能持续 100～200 年，降水量减少了约 20%～30%。4.2 ka 事件被关注，最初来源于其对古文明发展的影响。研究表明，世界四大古文明所处的亚非季风区在该事件前后普遍发生向干旱气候的快速转变，可能是导致美索不达米亚的阿卡德王国消亡，埃及王国发生分裂，印度河哈拉帕文明衰落以及中国西部旧石器文化衰退的重要原因（王绍武，2011）。

有关 4.2 ka 事件形成的原因，不少学者注意到了太阳活动的影响，也有人强调大洋表面温度异常的作用，但都未取得较一致的认知。这是由于 4.2 ka 事件发生于受岁差影响夏季风衰退的时期，气候转干旱的趋势十分明显，可能为一渐变过程，中国在 4～2 ka BP 持续的干旱期就是一个例证。然而，另一些地区则表现为典型的突变事件，如阿曼湾和北美洲部分区域。因此，该事件是渐变还是突变仍存疑。此外，各地区大暖期持续的时段也存在较大差异并有很多不确定性（参见 5.2.1 节），更加深了该事件形成机制分析的难度。

3. 中世纪暖期（MWP）和小冰期（LIA）

中世纪暖期（medieval warm period，MWP）与 LIA 是距现代最近的暖期和冷期[图

5-6 (a)]。MWP 大致发生于约 10 世纪中期至 13 世纪末（950～1200 AD），气候总体较为温暖，由于时间上与欧洲中世纪大体一致，所以被命名为中世纪暖期。Lamb（1977）曾称之为小气候最适宜期（little climatic optimum）。此外，因为不少地区气候干旱的特征更为明显，也有作者称为“中世纪气候异常”（medieval climatic anomaly，MCA），但目前多采用 MWP 这个名词。

LIA 大约从 13～14 世纪开始到 20 世纪结束（约 1300～1900 AD），气候以寒冷为主要特征。LIA 的名称是 Matthes 等在 1939 年提出来的，当时泛指全新世大暖期/适宜期后（大致 4 ka BP 以来）的冰川活动时期。后来，这些寒冷时期被称为新冰期（Neoglacial），而现在的 LIA 这一术语，则专指中 MWP 之后，全球气温开始下降，世界上许多地区冰川都发生明显扩展和前进的时期。现代冰川外围较为新鲜，形态完整且清晰的冰碛地形表明其规模和范围要比现今冰川大得多，这也是 LIA 一词由来最直接的依据。LIA 并非为持续几个世纪的连续冷期，期间还存在次级的冷暖波动，其中 16 世纪中期至 19 世纪中叶为这次气候变冷的主要时期，尤以 17 和 19 世纪后半叶最为寒冷。我国西部现代冰川外围普遍都保存了 1～3 道形态清晰的冰碛垄，如天山乌鲁木齐河源 1 号冰川外围的三道终碛垄（图 2-10），地衣测年结果显示，它们分别形成于 1538±20 a、1777±20 a 和 1871±20 a AD，就是 LIA 冰川波动最有力的地质地貌学与年代学证据，最近的 TCN^{10}Be 测年结果再次确定它们是 LIA 冰进的产物。

MWP 和 LIA 在世界各地的起止时间存在差异，如 LIA 在中国相当于明清时期，因此也被称为“明清小冰期”，欧洲则出现于 1500～1850 AD。此外，当时气候的干湿程度也有显著差异，中国 MWP 时表现为西风控制区干旱而东部季风控制区湿润，同时季风区又大致以淮河为界，呈现北湿南干的模式。LIA 时，气候寒冷，干湿气候模式则相反，呈西湿东干，季风区南干北湿的模式。多数学者认为太阳活动和火山活动是这两个时期气候形成的重要因素（图 5-7）。

这两个时期的气候变化不仅对当时社会发展、农业经济、民族迁徙产生了重要的影响，还由于它们发生于现代气候变暖之前，属于自然气候变率，因此认识这两个时期的气候特征及形成原因将有助于识别人类活动对气候的影响及对未来气候变化的预估。

5.2.3 现代全球变暖及其原因研究

目前全球气候以变暖为主，这从全球冰川以退缩为主、多年冻土加速融化、两极海冰范围减小、海平面升高、气候极端事件与灾害频发等事实反映出来。IPCC 评估显示，过去百年全球平均气温升高 0.8℃。并认为气温升高的驱动因素主要是大气中温室气体（greenhouse gas, GHG）CO_2 浓度的增加。为此，科学家们研究各类介质的 CO_2 记录，并重建了数千万年以来的 CO_2 浓度的变化。虽然这项研究涉及的地质时代越远，代用指标的误差越大，因而科学认知的不确定性也越大，但如果我们将此类记录前后连起来，

则有助于认识长期自然过程和当今人类活动尤其温室气体排放对气候系统演变的作用和扰动。

从岩石和沉积物层中保存的烯酮、硼同位素和化石叶气孔得到的信息可提供对过去数千万年间 CO_2 浓度的估算。这些资料有助于估算气候系统对高于工业化前水平的 CO_2 浓度的敏感度，从而有助于调试和改进气候、冰盖和地球系统模式（图 5-9）[①]。可分几个重点时段来看：①在 34 Ma 之前，大气 CO_2 水平通常大于 1000 ppm。温度太高，使得地处极地的南极洲不具备冰川发育所需的低温条件；②在约 17～15 Ma 的中新世中期，大气 CO_2 降到 400～650 ppm，全球平均地面气温比今天高 3～4℃。在最暖的间冰期，东南极洲的冰盖退缩到南极洲的内部，导致海平面上升了 40 m；③距今 5～3 Ma 的上新世中期，是 CO_2 浓度高于 400 ppm 的最后一个时段。在此期间，全球平均地面温度比今天高 2～3℃，格陵兰和西南极冰盖、甚至是东南极冰盖部分区域发生了退缩，造成海平面比今天高 10～20 m。这些宝贵的资料是打开过去的一把钥匙，有助于了解环境因子对高浓度 CO_2 和温度条件下的响应速率，从而为模拟预估未来 GHG 排放情景下地球系统各子系统变化及其影响提供有用的约束条件。

在过去十多年来，高分辨率冰芯记录已被用于研究过去 CO_2 是如何快速变化的。这些记录来自西南极洲内陆（西南极洲冰盖分冰岭）和南极洲沿海，这些区域雪的积累率大，记录具有精确的时间分辨率（如 Law Dome 冰帽、Talos 冰帽和罗斯福岛冰帽），且可与全球大气本底站（GAW）如夏威夷 Mauna Loa 记录和全球 CO_2 平均摩尔分数进行直接比对。水平冰芯中存在着暴露在地表附近的，且年代十分久远的冰（例如泰勒冰帽和艾伦山），这些水平冰芯向前增大了时间跨度，并通过采集大冰量样品进行更多的测量，包括测量 CO_2 中稳定的同位素，以探讨造成 CO_2 浓度变化的源和汇。基于这些高分辨率记录，对 LGM 以来 CO_2 变化的进程和机制有如下认识：大约 23 ka BP，随着大气 CO_2 浓度增加和温度开始上升，地球终于摆脱了末次冰期； 在 23～9 ka BP，大气中的 CO_2 含量增长了 80 ppm, 从 180 ppm 升至 260 ppm。最新的测量和分析技术表明，在相关的温度变化之前的几个世纪中 CO_2 已经增长了。西南极洲的冰芯记录显示这个时期 CO_2 变率的三种不同类型：①CO_2 缓慢增长期，在 18～1.3 ka BP，约每千年 10 ppm。这种缓慢变化被认为是由于海洋温度和盐度的变化而导致储存在深海中的碳释放增加而吸收减少，以及南大洋的海冰和生物活动减少所致。②CO_2 突然增加期，有三个时间段中在 100～200 年间 CO_2 快速增加了 10～15 ppm，分别是：16 ka BP、15 ka BP、12 ka BP。这三个时期的快速变化几乎占冰消期 CO_2 总增长量的一半，并且与海洋环流模式的突变有关，这是指北大西洋和南大洋深海洋流之间的“拉锯战”海流现象，造成碳被迅速释放到大气中。相比之下，在过去的 150 年中化石燃料燃烧使 CO_2 增加了 120 ppm。③CO_2 稳定停滞期，奇怪的是，每次快速事件过后则是稳定的 CO_2 状态，这种状态能

① WMO, 2017. WMO Greenhouse Gases Bulletin, number 13.

持续大约 1000～1500 年。虽然对这些稳定状态的解释仍有争议，但较为合理的原因是：冰盖融化造成的海洋环流进一步变化、陆地植物生长的缓慢变化以及 CO_2 快速增长后发生的海洋-大气交换。

冰芯记录表明，CO_2 至少 800 ka 都没有达到今天如此高的水平，上升也没如此之快，如今的温度可能是近 100 ka 最高的。工业化以来，CO_2 成为大气中一种最重要的人为温室气体，贡献了约 65%的长寿命温室气体辐射强迫，它对过去十年辐射强迫增幅的贡献超过 80%。过去 150 年来，全球温度比工业化前增暖了约 1℃，其中 20 世纪 50 年代以来的增暖有一半以上的原因是人类活动造成的，对此结论的可信度达 95%。2019 年，大气中的 CO_2 浓度超过 415 ppm，2014～2018 年是自 1880 年有记录以来陆地和海洋最热的五年. 众所周知，过去几十年恰恰也是全球冰冻圈明显退缩的时期，且有加速趋势。

未来人类生产生活方式及其碳排放将会是何种情景？科学家设定了一系列假定情景（图 5-8）。可以预料，如果不改变高排放高污染的粗放式生产方式，大气累积 CO_2 浓度必将进一步攀升，全球温度必将进一步升高，全球冰冻圈将进一步融化乃至在某些区域完全消失，并可能引发气候系统一系列不可逆变化，后果堪忧！值得世人警惕！

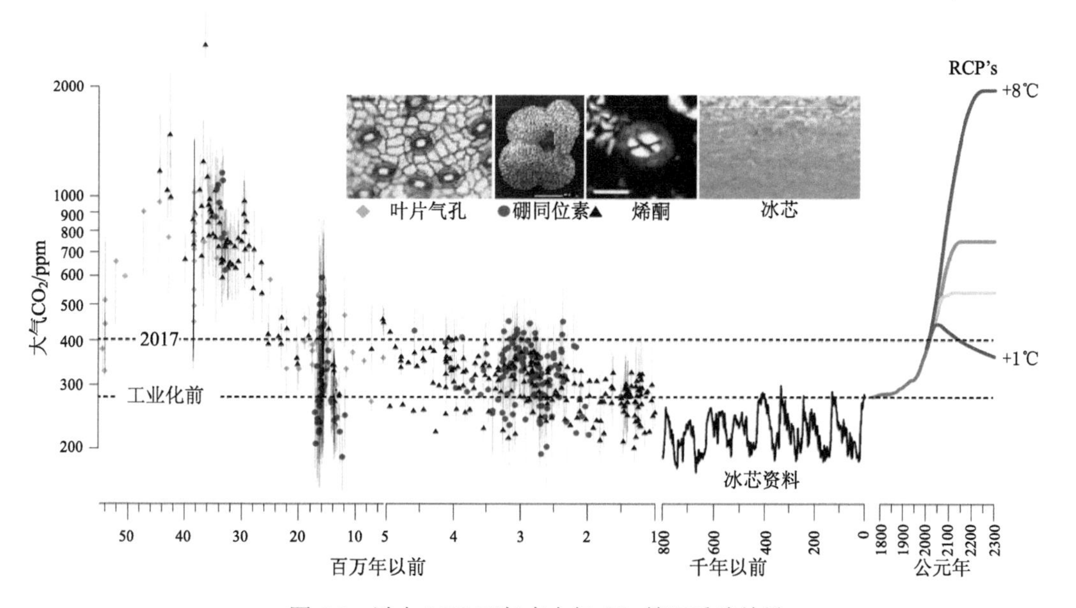

图 5-8　过去 5500 万年来大气 CO_2 情况重建结果

使用的代用资料包括硼同位素（蓝色圆圈）、烯酮（黑色三角形）和叶片气孔（绿色菱形）等（WMO，2017）。过去 80 万年的直接测量结果是利用南极冰芯和现代器测（粉红色）获得的。未来预估使用了代表性浓度路径（RCP）8.5（红色）、6（橙色）、4.5（浅蓝色）和 2.6（蓝色）。图中显示的所有资料的参考文献见在线扩展版本（http://www.wmo.int/pages/prog/arep/gaw/ghg/ghg-bulletin13.html）

思 考 题

1. 亚轨道尺度的冰冻圈变化的原因到底是什么？
2. H 事件是什么事件，对低纬度气候到底影响到什么程度？
3. 到底该如何认识全球变暖趋势和原因？

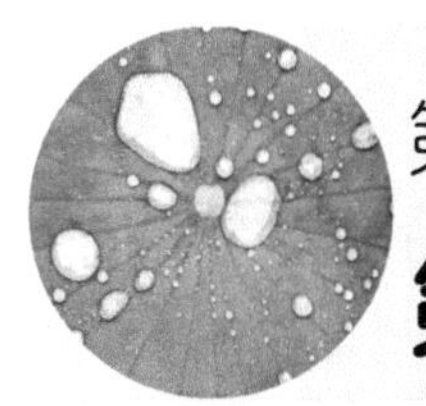

第6章 第四纪岩石圈运动与冰冻圈

冰冻圈与岩石圈有密切的互动关系。地质历史上的大冰期均与海陆板块分布格局存在耦合。第四纪 2.6 Ma 时段内，全球大陆板块分布格局虽没有较大的变化，然而新构造运动活跃的大区域，几千米的垂直抬升量则足以改变水热环流格局，从而对冰冻圈产生重大影响。研究表明，新近纪的造山运动已经基本奠定了欧洲阿尔卑斯山的地形格局，多数山地的海拔已达 2500～3000 m。自上新世中期（约 3.5 Ma）开始，地球气候变化振幅逐渐增大，地表剥蚀随之加剧，由此引起了较强烈的地表均衡抬升。此时，部分海拔较高的山地开始发育冰川。至中更新世转型期（约 0.87 Ma，对应于 MIS 22），气候变化周期由此前的 41 ka 逐渐转变为 100 ka，冰期降温幅度进一步加大，阿尔卑斯山大范围进入冰冻圈并开始发育冰川。在冰川的反复前进与退缩过程中，地表也经历着较此前更剧烈的剥蚀，由此引起的地表均衡抬升也进一步增大了地形高程以及部分山体的海拔高度。在南美安第斯山中部，古植物证据显示 20 Ma 前平均海拔不足现代（3700 m）的三分之一，自 12～9 Ma 至今，平均抬升幅度为 1705±695 m。在山地抬升的同时，气候也在逐渐变冷，两者的耦合导致了安第斯山脉最早的冰川作用（7.0～4.6 Ma 前；安第斯山南端巴塔哥尼亚地区）。随着气候的进一步变冷和山脉的逐渐抬升，安第斯山脉中低纬度山地也依次进入冰冻圈并发育冰川；至 1.2 Ma 前，巴塔哥尼亚地区形成了更新世期间最大的冰帽；安第斯山北部进入冰冻圈发育冰川的时间则要晚很多，最大范围的冰川作用出现在 MIS 8-6。

本章我们将重点关注青藏高原和其他地貌单元新构造运动与冰冻圈之间的相互作用。南北半球中低纬度山地的古冰川作用除气候因素外，构造隆升也在其中扮演着重要角色，换句话说，当冰期气候来临时，只有当山地已抬升到一定高度，即高于当时的理论 ELA，这些山地才有发育冰川的可能，否则将不具有冰川发育的地形与地势条件。

6.1 青藏运动与冰冻圈

青藏高原作为晚近地质时期强烈隆起的中低纬度高大的地貌单元，是第四纪冰冻圈

与岩石圈相互作用的典型地区，对大气环流、水循环、生物进化及分布均有深刻影响，在全球气候环境演化中扮演着重要角色。

6.1.1 青藏高原隆升进入冰冻圈的时间和证据

青藏高原面积约 2.50×10^6 km²，位于 27°～40°N，70°～105°E。平均海拔 4500 m。是世界上最高、最年轻的高原，号称世界屋脊，也被称为地球第三极。青藏高原由广阔的夷平面、耸立其上及周边的高大山脉以及少量的断陷盆地构成。世界上 96 座超过 7000 m 的高峰全部分布在青藏高原及其周边山系，最高的珠穆朗玛峰 2020 年最新测量海拔 8848.86 m。青藏高原有现代冰川约 1.2×10^5 km²，多年冻土约 2.20×10^6 km²，是亚洲众多大江大河的发源地，被誉为亚洲水塔。

青藏高原隆升研究是个复杂的学术课题，其抬升的时间、幅度和形式涉及包括地质地貌和古生物等多方面的证据以及对证据可靠程度的认识，产生了许多观点。这里主要介绍近几十年关于青藏高原抬升时间和幅度研究所形成的、得到大量证据印证并被多数学者所接受的主流观点。

1）地质证据

50 Ma 前后，印度次大陆板块和欧亚板块相碰撞。35～33 Ma 两个板块缝合，此时海水完全退出，古特提斯海消失，喜马拉雅山北坡遮普日灰岩及其上浅海相砂岩在 34 Ma 结束沉积。Wang 等（2008）研究青藏古近纪和新近纪以前的地层连同始新世以来沉积的风火山组发生褶曲运动，南北水平缩短约 43%；冈底斯山早期侵入的大型花岗岩体被抬升剥露，印度河—雅鲁藏布江缝合带出现湖盆，启动 2500 m 厚的 Kailas 磨拉石（Molasste）沉积，故这次运动被称为冈底斯运动（李吉均等, 1979）。25～22 Ma 发生喜马拉雅运动。喜马拉雅山开始抬升，主中央断裂活动，浅色花岗岩侵入，藏北钾质玄武岩广泛喷发，部分覆盖在老第三纪夷平面上。西瓦里克凹陷等高原周边典型前陆盆地形成，西瓦里克组沉积开始。高原东北缘 22 Ma 开始发生剧烈的造山运动和盆地分割。

冈底斯运动和喜马拉雅运动主幕是两次以垂直隆升为主的构造运动。这两次隆升之后均有长期的构造稳定时期，使外力夷平作用得以持久进行。如今高原上保留两级夷平面，高夷平面，即山顶面，海拔在 6500 m 左右，现在多发育冰帽或平顶冰川；另一级是广阔的高原面，被称为主夷平面，平均海拔约 4500 m，高原边缘一些地方可降至 3600 m。这两个准平原夷平面是两次地貌循环的证据，两者高度之差一般在 2000 m 左右。两级夷平面的高差也意味着喜马拉雅运动主幕使高原约达到 2000 m。

喜马拉雅运动之后，经历了长期的夷平过程，于上新世后期，青藏高原被夷平为伫立若干蚀余山的准平原。接着开始新的快速抬升。这一轮抬升被称李吉均等（2005）命名为“青藏运动”。

2）古生物证据

1964 年，施雅风和刘东生在野外考察中发现 5700～5900 m 野博康加勒上新世地层中保存有高山栎化石。现在的高山栎分布上限为 2500～3000 m，以此推断，该地区上新世以来上升了 3000 m。接着又在 4100～4300 m 吉隆盆地、4600 m 布隆盆地上新世地层中发现三趾马化石和 4950 m 亚汝雄拉和阿里札达盆地的上新世地层中发现三趾马和小长颈鹿化石。这些盆地中发现的三趾马动物群和南亚西瓦里克 Chinji 组三趾马动物群一样，均属森林和森林-草原型。在高原边缘和其他地方，上新世三趾马动物群化石除了有名的华北保德红土三趾马，后来又有大量新的发现。如高原东北缘和政、东乡、柴达木盆地；甘肃武都、秦安、静宁、河西，云南元谋，陕西府谷、蓝田，河南新乡，山东淄博，内蒙古四子王旗等地方。这些发现表明，中新世至上新世三趾马动物群分布广泛。除了青藏高原之外，其他化石产地现在均在海拔 1000 m 以下。且三趾马化石都与上新世低海拔红土共生，含有其他物种。如临夏盆地晚中新世（10～7 Ma BP）三趾马动物群含有四棱齿象、大唇犀、无角犀、板齿犀、额鼻角犀、长颈鹿、剑齿虎、竹鼠等指示湿热环境的物种。斯文赫定考察队的布林于 20 世纪 30 年代在柴达木盆地发现了大量的大象化石，柴达木盆地中新世油砂山组至上新世狮子沟组地层（11.5～5 Ma BP）三趾马动物群也含大象、犀牛、长颈鹿（Zhang et al., 2012）。三趾马动物群无疑生存于低海拔湿热环境，不仅与红土共生，其地层中孢粉成分也分析得出了为大量喜暖植物组合，如海金沙、紫萁、水龙骨、凤尾蕨、苏铁、雪松、罗汉松等。这种生存环境与现今青藏高原高寒环境不可同日而语，说明上新世以来高原隆升 3000 m 以上。

3）地貌学证据——夷平面与侵蚀循环

大面积、跨流域的夷平面就是戴维斯地貌侵蚀循环理论中的准平原，它必然形成于接近海平面的高度，因为海平面是全球统一的侵蚀基准面。经典地貌学家定义准平原可以有千分之一的坡度和波状起伏的表面，允许有残山（monadnock）以及局部薄层沉积物存在。准平原是陆地侵蚀循环中的终极形态，也是下一轮循环的起始形态。目前的高原面是个古老的夷平面，构成现在青藏高原的主体。青藏高原夷平面在其形成时，推测中心地带接近 1000 m 的海拔高度。这时的侵蚀作用十分缓慢，伴有较强的化学风化，形成以红土为主的风化壳，是三趾马动物群生活的低海拔湿热环境。此前喜马拉雅运动造成的山脉和盆地沉积地层被夷平为平坦统一的广阔地面。现在的高原面已隆升到平均海拔 4500 m，大致从西北部高达 5000 m 向东部边缘 3600 m 过渡，但仍然保持大体完整的形态。大江大河只是在边缘切割，尚未深入到高原腹地，所以青藏高原尚处于地貌循环的婴年阶段。根据各大河流监测，现在高原每年侵蚀输出的物质大约是 3.4×10^9 t，以此估算，一个 2.5×10^6 km^2，平均海拔 4500 m 的高原，只需要约 8.6 Ma 就会蚀低到海平面高度。考虑地壳均衡调整以及进入老年期后侵蚀速度减慢，8.6 Ma 的时间虽不能全部夷平，但足以使主夷平面消失殆尽。按高原侵蚀形成的河谷容积粗略估计，侵蚀输出的物质目前只占到全部体积的 20%～30%。表明主夷平面边缘开始大切割的年龄不早于 2 Ma。

恒河、印度河、长江、黄河中上游过渡带最高阶地砾石层测年为 1.9～1.7 Ma 即是印证。

4）沉积学证据

青藏高原周边和内部磨拉石建造的研究成果越来越多，如临夏盆地积石组巨砾岩，酒泉盆地玉门砾岩，塔里木盆地西域砾岩，四川盆地大邑砾岩等底部年龄均在 3.6 Ma 左右。克什米尔的卡列瓦系下部砾岩在 4 Ma 开始堆积，喜马拉雅山南麓始于 2.3 Ma 的上西瓦里克地层于 1.8 Ma 开始堆积巨砾。与此同时，高原内部也出现许多构造盆地，如克什米尔盆地约 4.0 Ma，唐古拉山果曲盆地 4.3 Ma，昆仑山垭口盆地 3.4 Ma，横断山区的理塘甲洼盆地 3.4 Ma，昔格达盆地 3.3 Ma，云南的滇池和元谋盆地均为 3.4 Ma。可见高原内外于 3.6 Ma 前后开始为一个旺盛的砾石层堆积时期。砾石层堆积需要一定的地形差，说明高原内外此时因压缩-拉伸生成许多盆地，即意味着主夷平面开始解体。主夷平面开始解体还伴随着火山喷发，在芒康一带形成玄武岩盖层，用 K-Ar 法测得 3.4～3.8 Ma 的年龄。

以上证据表明，青藏高原是个年轻的高原，大约于 3.6 Ma 前的上新世后期开始隆升，被李吉均等（2015）命名为“青藏运动”A 幕。A 幕之后，还有后续的 B 幕和 C 幕，以及昆-黄运动、共和运动等。这些隆升阶段都有地质地貌证据与年代学资料的支持。其大略如下：

“青藏运动”B 幕发生于 2.6 Ma。临夏盆地 3.6 Ma 开始沉积的积石组砾岩发生变形，形成东山古湖，开始湖相沉积，并伴有水下黄土。此时的青藏高原面海拔高度估计达到约 2000 m。2.6 Ma 也正是北半球稳定形成冰盖的时间，也是黄土沉积开始盛行的时间（刘东生等，1985），此时亚洲季风初步建立。

“青藏运动”C 幕发生于 1.7 Ma。长江、黄河、印度河等河流的在高原外围的最老阶地砾石层均形成于这个时段，表明河流逐渐切向青藏高原。

“昆-黄运动”发生于 1.1～0.6 Ma。分布于海拔 4700 m 的昆仑山垭口羌塘组湖相地层沉积于 2.5～1.1 Ma，含有盘星藻、眼子菜、黑三棱、香蒲及莲的温暖淡水植物，同一植物组合在柴达木达布逊湖 800 m 深的钻孔中也有发现，此处海拔仅 2000 m。说明羌塘组曾与之处于同一海拔高度，之后羌塘组及其上覆的扇形三角洲和河流相砾石层剧烈抬升，致使羌塘组湖相沉积垂直断距达 2700 m。昆仑山大断层 0.7 Ma 以来左旋走滑达 30 km；1.2 Ma 黄河干流向上游切穿积石峡，0.6 Ma 切穿李家峡。崔之久等（1998a）将这次构造运动命名为“昆-黄运动”。川西大渡河在 1.13 Ma 以来下切近 1000 m。“昆-黄运动”使青藏高原面抬升达到 3000 m 以上，部分山地达到 4000 m 以上，出现了最早的希夏邦马冰期、昆仑冰期，标志着青藏高原由此进入冰冻圈。

“共和运动”发生于 0.15 Ma 以来，这次运动使 2.6 Ma 以来沉积于共和盆地的河湖相共和组地层被黄河切穿；日月山隆起，青海湖与共和盆地隔绝，生成倒淌河；龙羊峡河谷下切 800 m，形成峡谷。近些年业已查明，共和运动使青藏高原东缘目前海拔介于

4000～4500 m 的山地首次达到与末次冰期气候相耦合的高度并开始发生冰川作用。如雪宝顶、九顶山、达里加山、马衔山、玛雅雪山等。

青藏高原目前仍然在快速隆升，导致高原边缘大地震频发。1970～2012 年期间的观测数据表明，贡嘎山和西秦岭的抬升速率达到约 6 mm/a，有些部位甚至达到 1 cm/a 的量级。

青藏高原抬升的时间研究上，除了上述观点外还存在其他的观点（图 6-1）。如 Coleman 等（1995）根据尼泊尔木斯塘地堑谷东侧一个张性断裂面上取得的新生矿物的年代数据，推论青藏高原在 14 Ma 前就隆升至最大高度，之后因重力塌陷而下降；Molnar 等（1993）甚至认为高原曾一度达到 6000 m，后因上地幔“对流剥离”而导致正断层和重力崩塌；Spicer 等（2003）据南木林附近地层中发现的树叶化石也推算出 15 Ma 高原已达到 4600 m 以上的高度；Harrison 等（1992）根据羊八井地堑两侧正断层切穿年龄为 11 Ma 的矿物和石英流变、长石破裂所需温度及对应的地质年代，将正断层活动年代定为（8±3） Ma，认为青藏高原 8 Ma 达到或接近现代高度，以后高原没有上升；Rowley 和 Currie（2006）据降水氧同位素计算高原于 35 Ma 已达到 4000 m 以上高度。可见，青藏高原抬升的观点各异，呈现百家争鸣的局面。由于研究者所侧重的证据不同，得出的结论迥然不同。青藏高原隆升本质上是板块运动和岩石圈构造变形的问题。其证据必然表现在地质、地貌和古生物等方面，任何单一证据都需要谨慎。例如，Rowley 和 Currie（2006）认为青藏高原于 35 Ma 已达到 4000 m 以上的结论与冈底斯山 5000 m 高度上 Kailas 地层中的湖相地层形成于 26～24 Ma 相矛盾，因为 2500 m 厚的 Kailas 磨拉石是在印度河—雅鲁藏布江缝合带湖盆沉积后褶皱成山的，现在却是构成冈底斯山的山顶物质。至少说明 26～24 Ma 时青藏高原不可能在海拔 4000 m 以上。

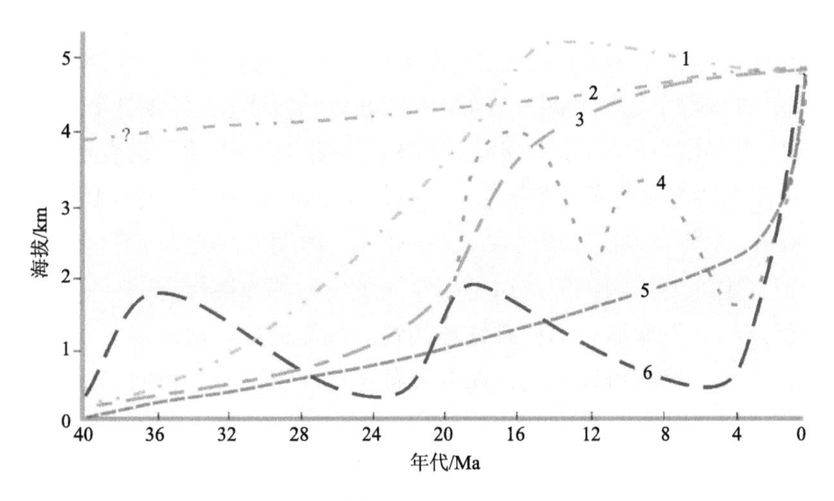

图 6-1　青藏高原隆起过程的不同观点

1. Coleman et al., 1995; 2. Rowley and Currie., 2006; 3. Harrison et al., 1992;4. 钟大赉和丁林, 1996; 5. 徐仁等, 1973; 6. 李吉均等, 2015

6.1.2 青藏高原对冰冻圈的响应与影响

1）青藏高原对冰冻圈变化的响应

青藏高原更新世冰川研究在高原内外各大山脉命名了数以百计的区域性冰期。最后归纳为有大量地质地貌学与年代学资料支持的昆仑冰期、中梁赣冰期、古乡冰期和大理冰期。这四次冰期分别对应于 MIS 18-16、MIS 12、MIS 6 和 MIS 4-2（赵井东等，2011）。MIS 18-16 是个很特殊的地质时段，重要地质过程均发生重大调整。例如，古地磁由松山负极性倒转为布容正极性（即 B/M 界限）；冰期-间冰期旋回的 41 ka 周期突然转变为 100 ka 周期（即所谓中更新世转型）；冰期时北半球冰盖开始显著扩大，山地冰川大规模发生作用。青藏高原也正好于此时为昆（仑）-黄（河）运动后期，高原面普遍达到 3000 m 以上高度，高原内外山脉达到更高的高度。与全球冰期相耦合，发生了最早的昆仑冰期冰川作用。在喜马拉雅山为希夏邦马-聂聂雄拉冰川作用，在念青唐古拉山西段为硫黄山冰川作用，在喀喇昆仑山为夏诺兹冰川作用。之后，MIS 12 的中梁赣冰川作用，特别是 MIS 6 的古乡冰期，高原所有高大山脉具发生了冰川作用。这些冰期共同表明自 800～700 ka 之后，青藏高原高各山系陆续进入冰冻圈，成为地球上中低纬度山地冰川的作用中心，也名副其实地成为地球第三极。高原早期的冰川地貌和沉积均遭到后期各种营力不同程度的破坏，有时留下残破的冰川地形，而末次冰期冰川作用距今时间较近，留下的冰碛垄高大而完整，常常高达 200～300 m。末次冰期时，雪线（或 ELA）降低值由腹部数百米向边缘增大到 1000 m。读者可参阅重建的青藏高原末次冰期冰川分布图（李炳元等，1991）及在此基础上推算的 ELA 下降值分布图（施雅风等，2006）。

末次冰期 75～15 ka 分为两个冰阶和中间一个间冰阶，对应 MIS 4、MIS3 和 MIS 2。MIS 3 虽为间冰阶，但许多山地也发现冰进现象且极地与中高纬度的巨大冰盖依然存在。在青藏高原东部，许多现今处于 4000～4500 m 的高山，只发现末次冰期甚至仅为 MIS 2 的冰川作用，表明这些高山经过共和运动才达到与末次冰期气候相耦合的高度开始发育冰川。

作为冰冻圈主要组成要素的多年冻土，目前在青藏高原达到 1.3×10^6 km^2，其最大厚度达到 120 m。主要是末次冰期残留下来的冻土。冰期形成的冻土在间冰期持续保存，只在顶部形成一定深度的融化层，这是多年冻土作为冰冻圈标志的一大特点。因地表以下有利于保温，且不像冰川那样有快速的物质代谢循环，故深层多年冻土的稳定性或持久性超过冰川。据此可以推断，如今青藏高原深层冻土不排除形成于昆仑冰期之前的可能。

在探讨青藏高原抬升与冰冻圈耦合问题时，需要澄清青藏高原第四纪统一大冰盖的争论问题。过去，部分中外学者认为青藏高原曾发育过覆盖整个高原的统一大冰盖。不过在冰盖形成时间上存在不同的认识。有的学者认为其形成时间为末次冰期，有的学者认为时间久远，为第四纪的初期。经过几十年广泛的野外考察及测得的绝对年代数据等并不支持大冰盖观点：青藏高原第四纪期间多次冰川作用均是以高大山系为依托发育的，各大山脉发生冰川作用期次清楚，界限清晰；末次冰期的冰缘证据在高原面有大量发现；有些湖泊的沉积作用连续；高原内部的冰川 ELA 降低值较小等均说明冰盖论与事实不符。顺便指出，中国东部中低山地乃至沿海低山丘陵带也一度盛行发生过第四纪冰川的观点。经过详细的考察研究，该观点是不成立的。其一，中国东部中低山地与沿海低山丘陵带不具备冰川发育所需的地形、地势与气候条件；其二，持中国东部泛冰川论观点的学者多运用了李四光学派的研究思路、工作方法及冰川地形判别依据。中国东部只有数座高山，如秦岭太白山、宁夏贺兰山、台湾高山和长白山主峰天池周围有过末次冰期的冰川作用。东部中低山地第四纪期间从未进入冰冻圈，开始发育冰川，其所谓冰川遗迹均属误判。

2）青藏高原隆升对冰冻圈的影响

有学者认为，青藏高原抬升引起化学风化加强，消耗了大气中的 CO_2，发生“冰室效应”而使气候变冷（Ruddiman and Kutzbach, 1989; Raymo and Ruddiman, 1992），导致冰期。这在时间上和 2.6 Ma 北半球启动冰期并不矛盾。也有学者推测，中更新世转型，即约距今 800 ka 前后，气候变化幅度突然加剧，主导周期由 41 ka 的地轴倾角周期变为 100 ka 的地球轨道偏心率周期，这与青藏高原昆（仑）-黄（河）运动的时间一致，不排除此时青藏高原上升到 3000 m 高度引起效应的可能性。这些大胆的推论，尚需要进一步探讨。这些也说明了第四纪冰冻圈与青藏高原隆升之间可能存在的内在联系。

总的来说，中更新世以来青藏高原抬升和冰冻圈变化可如图 6-2 所示。深海氧同位素曲线表示大陆冰量或海平面变化，也可看作是全球 ELA 变化的另一种表现形式，理论上完全可以订正任何一个区域的 ELA 在冰期-间冰期中的升降变化。

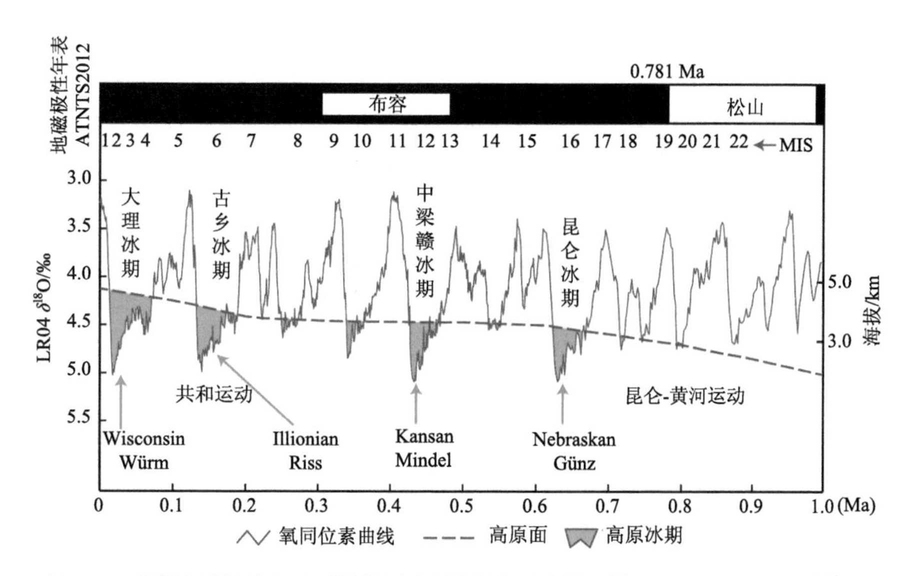

图 6-2　青藏高原抬升与全球冰期-间冰期耦合示意图（据 Zhou et al., 2006 改绘）

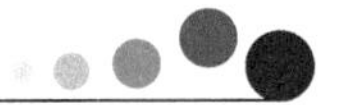

3）季风环流形成与青藏高原的隆升

研究表明，白垩纪-古近纪时行星风系占主导地位，亚洲地区也和同纬度其他地区一样属于副热带高压控制的干旱地带（张林源，1981）。膏盐沉积从西藏一直延伸到长江中下游。推测原因，可能那时青藏高原尚未隆升，而且古特提斯洋还有很大海域，即亚欧大陆尚未成型。

渐新世中国东南开始变得湿润，东亚干旱草原带大收缩，湿润森林大发展，预示季风已经出现，替代了行星风系。这也意味着亚欧大陆已连接成超级大陆。但记录显示，此后干湿还有反复，8.5 Ma 重新变干，6 Ma 森林植被再度出现。推测这次长时间变干可能是全球性的。

与亚洲中低纬度湿润化相对应的是亚洲中部变干的问题。亚洲中部现在是沙漠广布的干旱地区，这与青藏高原的形成关系密切。研究表明，昆仑山高寒荒漠泉华沉积中分析出第四纪初的枫、杨、柳等植物化石，说明第四纪初期比较温暖湿润。风成黄土与沙漠是孪生的，物源一致，只因粒度不同而导致搬运堆积范围不同。中国黄土是世界上最厚的黄土，在兰州附近厚达 400 余米，西昆仑山北麓的塔里木盆地南缘厚达 600 余米。黄土堆积始于 2.6 Ma 前的青藏运动 B 幕，连同沙漠，是亚洲腹部干旱化的主要证据。也有钻孔证据显示，8.2 Ma 太平洋粉尘沉积曾达到高通量，以及 8 Ma 乃至更早的中国风成红黏土，似乎都与变干有关，但这风尘物质就其规模与堆积速率而言，都不能与第四纪沙漠黄土同日而语。

数值模拟研究甚至表明，当不存在青藏高原时，现有的西伯利亚-蒙古高压就不复存在（Manabe and Terpstra, 1974）。这说明高原隆起对于亚洲季风形成的重要作用，但似乎对季风形成的海陆热力作用有所忽视。

4）青藏高原与地域分异

青藏高原的形成，特别是“昆（仑）-黄（河）运动”隆升到与当时冰期气候耦合高度进入冰冻圈开始发育冰川之后对亚洲自然面貌产生了重大影响。青藏高原造就了中国三级阶梯的大地貌格局和世界上最强大的亚洲季风气候系统，表现出世界上最典型的三向地带性，形成了中国三大自然区域。再加上地表岩性差异，这样多重要素在空间上的不同配置使得中国乃至亚洲地区的自然地理表现出无与伦比的多样性。

中国的大地形由平均高度 4500 m 的青藏高原、1500～2000 m 的云贵高原与黄土高原和接近海平面的东部平原构成，这就是所谓三大阶梯。高原上的喜马拉雅山和横断山等高大山系，展示出由热带到冰雪带的世界上最齐全的垂直自然带谱。这样一种大地貌格局就是在晚新生代，特别是第四纪以来随着青藏高原的抬升而逐渐形成的。地球上南北纬 30° 地区一般都是由副热带高压控制的干旱沙漠带，而在中国，受惠于亚洲季风，以 30° N 为主轴的长江流域却是雨热同期温暖湿润的亚热带，是中国最富庶适宜的区域。而干旱沙漠则移到 35° N 以北的内陆。这是季风取代行星风系造成的大区域环流格局所致。亚洲季风的形成有两个原因。一是海陆热力作用，即亚洲大陆冬半年 1036 hPa 高气压和太平洋、印度洋 1010 hPa 低气压之间盛行冬季风；太平洋、大西洋夏半年 1024 hPa 高气压和亚洲大陆 1000 hPa 低气压之间盛行夏季风。故在亚洲形成与地中海型气候迥然相反的雨热同期的季风气候。二是青藏高原的动力和热力作用。即青藏高原的存在使海陆基础上形成的季风环流得到进一步加强。动力作用是指由于青藏高原地势高大，地形宽广，在大气环流中起到屏障作用，使南下的冬季风和北上的夏季风都受到阻挡而导向东侧，使高原以东的地区冬季变得更加严寒而夏季变得更加湿润。青藏高原的热力作用是指高原高山效应，由于高原面同样接受太阳能而产生长波辐射，故在日照丰富的夏季为热源，而在冬季为冷源，造成外围大气夏季向高原辐合、冬季由高原辐散的所谓“高原季风”环流。虽然相对尺度较小，但对区域影响不可忽视。以上种种原因，奠定了特色鲜明的中国东部季风区、西北内陆干旱区和青藏高寒区三个自然大区。

6.2　冰盖作用与地壳均衡运动

冰盖消长引起的地壳均衡运动是冰冻圈与岩石圈耦合关系的一种形式。当增加或减少足够负载时，地壳会通过下沉或抬升来做出响应，即地壳均衡运动。能引发地壳均衡运动的因素很多，如侵蚀搬运会减少地表物质，地壳会补偿性地抬升一定量，而沉积区域则会因加载而长期沉陷，使沉积地层往往达到几千米厚。较大河流的河口三角洲地区可通过沉积物的加积引发地壳的沉降，如我国长江三角洲地区在全新世期间的沉降速率达到了每年 1.6～4.4 mm，尼罗河河口则达到每年 4.7 mm（Anderson et al., 2013）。除这些仅能对局部范围形成影响的地壳均衡运动外，较大范围冰盖的扩张和退缩能在更大区域上对地壳产生影响。

冰期时，占地表面积约 70%的海洋中的一部分水分向大陆冰盖转移，这会导致冰川作用区的地壳下沉。相反，间冰期时，冰川融水回归海洋，冰川区的地壳又会因负荷减少而抬升，这就是冰川-地壳均衡运动原理（图 6-3）。冰川-地壳均衡运动的幅度及速率与陆地上冰川体积的变化相关，如图 6-4 所示，在三个曾发育更新世冰盖的地区中，劳伦泰德冰盖最大，它在全新世期间的均衡抬升量也最大，最小的不列颠冰盖区抬升量最小。在中更新世冰川作用最盛时，劳伦泰德冰盖中心区的均衡下沉幅度可能超过了 900 m（Anderson et al., 2013）。

目前对地壳均衡下沉地质记录的掌握相对较少，但均衡抬升的记录则相对丰富，尤其是被抬升的海岸阶地（Andrews, 1970）。根据现有认识，可以将均衡抬升过程划分为三个阶段：①冰盖开始消融时的受限反弹；②冰后期冰川加速消融时的快速抬升；③冰川基本消失时由于海洋水量增多引起的陆壳边缘反弹。目前，北半球末次冰期冰盖退缩后的区域仍然处在第三阶段的抬升过程中，如重建数据显示，全新世早期，苏格兰东部地区的倾斜速率为 18 mm/(km·ka)，这一速率在全新世晚期减小到 10.9 mm/(km·ka)。

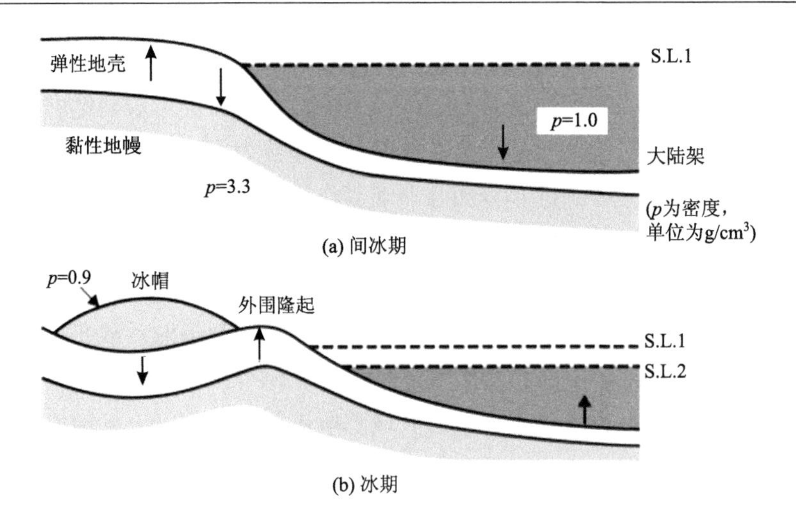

图 6-3 冰川作用对区域海平面影响的简化模型（Anderson et al., 2013）

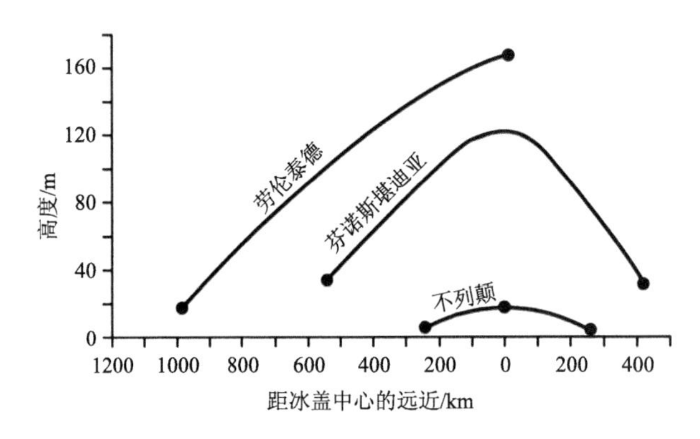

图 6-4 过去 7000 年劳伦泰德、芬诺斯堪迪亚和不列颠冰盖作用区地壳均衡抬升的差异（Ives et al., 1975）

在有些古冰盖的外围地区[图 6-3（a）和图 6-5]，冰后期却出现了幅度较大的沉降，而沉降量不是全新世海侵的加载所能解释的。目前把这种现象归因于上地幔或下地壳物质的流动（图 6-5），例如，在欧洲斯堪的纳维亚冰盖外围隆起区出现了一个沉降带，从北海经德国北部和波兰中部一直延伸到俄罗斯西北部的伊尔曼湖（Steffen and Wu, 2011）；类似的情况还出现在美国的大西洋沿岸，这里冰盖前缘沉降幅度随距离冰川加载中心（哈德逊湾）的远近而发生变化，下沉速率最大的地方在弗吉尼亚州和卡罗莱纳州。说明均衡补偿不仅发生在垂向上，同时也包括水平方向上的物质运动。

在冰盖直接覆盖的区域，均衡反弹幅度最大，例如，北美洲曾抬升 300 m 左右，芬诺斯堪迪亚为 307 m[图 6-6（a）]，但不列颠的抬升幅度要小一些[图 6-6（b）]，冰岛也有较大幅度的抬升（Le Breton et al., 2010）。格陵兰大部和南极地区因目前仍有较大范围/重量的冰川覆盖，还处于均衡沉降的状态[图 6-6（c）]，其中，格陵兰北部大范围基岩面目前仍处在或低于现代海平面高度，重力和冰川厚度测量数据揭示，在冰盖形成之前，这些地区是一个高出海平面约 1000 m 的高原，如果冰川消失，它将缓慢回弹到这个高度。

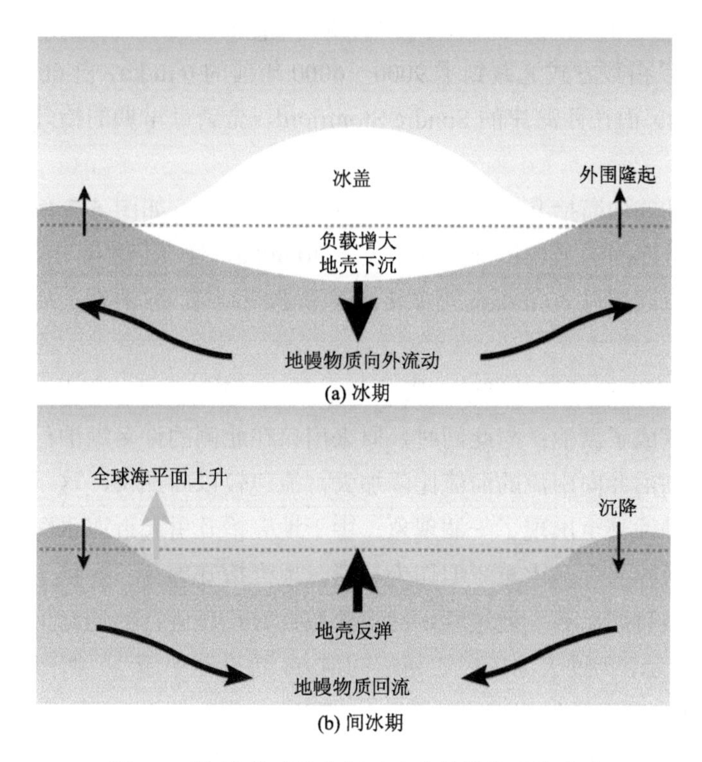

图 6-5　冰川-地壳均衡运动中上地幔物质的流动

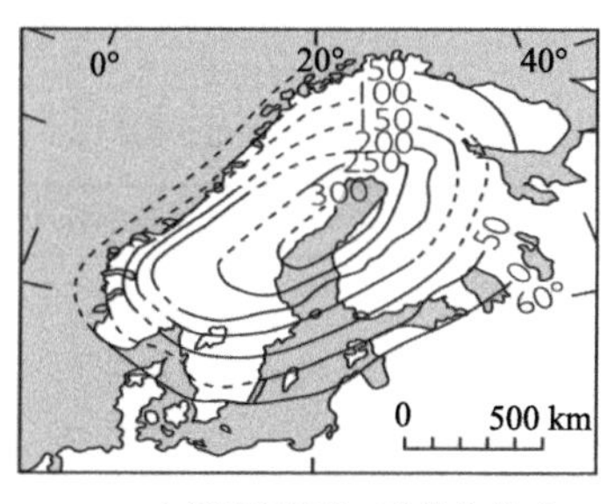

(a) 10ka来芬诺斯堪迪亚的均衡抬升

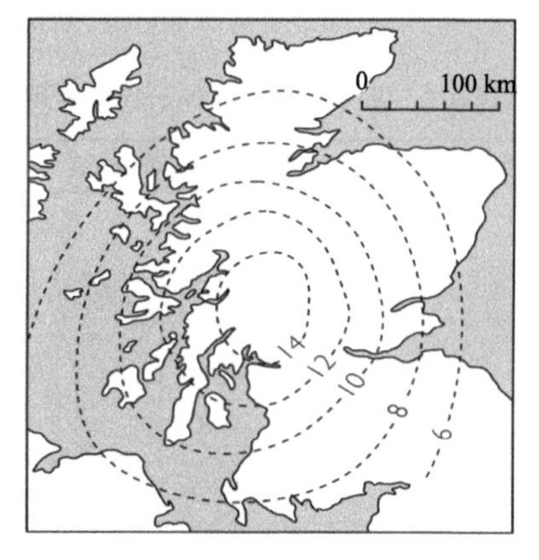

(b) 苏格兰地区冰后期海岸线重建

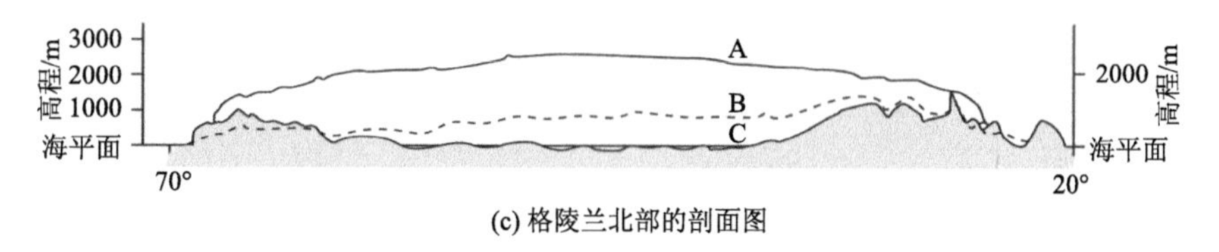

(c) 格陵兰北部的剖面图

图 6-6　不同地区的冰川-地壳均衡运动（Ives et al., 1975）

(c)中 A 为现代冰盖轮廓，B 为现代冰盖下伏基岩面，C 为推测的无冰状态下地面均衡抬升后的剖面

现有的证据显示，在冰盖经历较大幅度的消融后，格陵兰在全新世早期经历了非常快速的均衡抬升。比如，在格陵兰东部的 Mesters Vig 地区，全新世早期的抬升速率达到了 90 m/ka，然后以指数方式递减到了 9000～6000 年前的 6 m/ka，自 6000 年前到现在基本保持在 0.7 m/ka。而在西海岸的 Søndre Stømfjord，全新世早期的抬升速率甚至达到了 105 m/ka。

加拿大东北部的均衡抬升过程也出现过较明显的变化。如图 6-7 所示，在哈德逊湾的东南角，全新世期间的平均抬升速率超过了 30 m/ka，现在仍然有 13 m/ka。全新世早期的抬升速率应该远超过 30 m/ka，正如格陵兰和挪威一样，冰消期之后的几千年是地壳快速反弹的时期。

冰川-地壳均衡运动对芬兰湖泊的影响非常有趣。均衡掀升使得开口向北（波的尼亚湾）的峡湾已经变成了湖泊；与此同时，原来出口在北侧的许多湖泊已经变为向南流出了；原本发源于湖泊并向南流的河流比降加大，流速较以前加快，这一变化已被应用到水力发电；有些湖泊甚至出现了干涸现象。由于地壳抬升引起近海水深变浅，芬兰北部的一些海港当前面临着许多困难。但作为补偿，地壳抬升为芬兰提供了许多由湖海转变而来的新的土地。目前，芬兰通过潮汐的观测数据对正在进行的均衡抬升速率做了较深入的评估，结果显示，离过去冰盖中心越远的地方，抬升速率越小，如南部地区（Helsinki 和 Hamina）得到的速率仅为北部地区（Oulu 和 Kemi 等）的 1/4（表 6-1）。人们还认为，由于均衡抬升，芬兰大湖区海拔较低的南部海岸带、森林和草地将会演变为湿地和沼泽，而北部海岸带则会变得更加干旱。

表 6-1 潮汐测量数据揭示的芬兰现代均衡抬升速率（Anderson et al., 2013）

潮汐观测站	平均抬升速率/(cm/10 a)	潮汐观测站	平均抬升速率/(cm/10 a)
Kemi	7.37	Oulu	6.53
Raahe	7.63	Pietarsaari	8.50
Vaasa	7.60	Mantyluoto	6.20
Rauma	4.93	Turku	3.53
Kaskinen	7.03	Hanko	2.73
Degerby	4.20	Helsinki	1.83
Hamina	1.80		

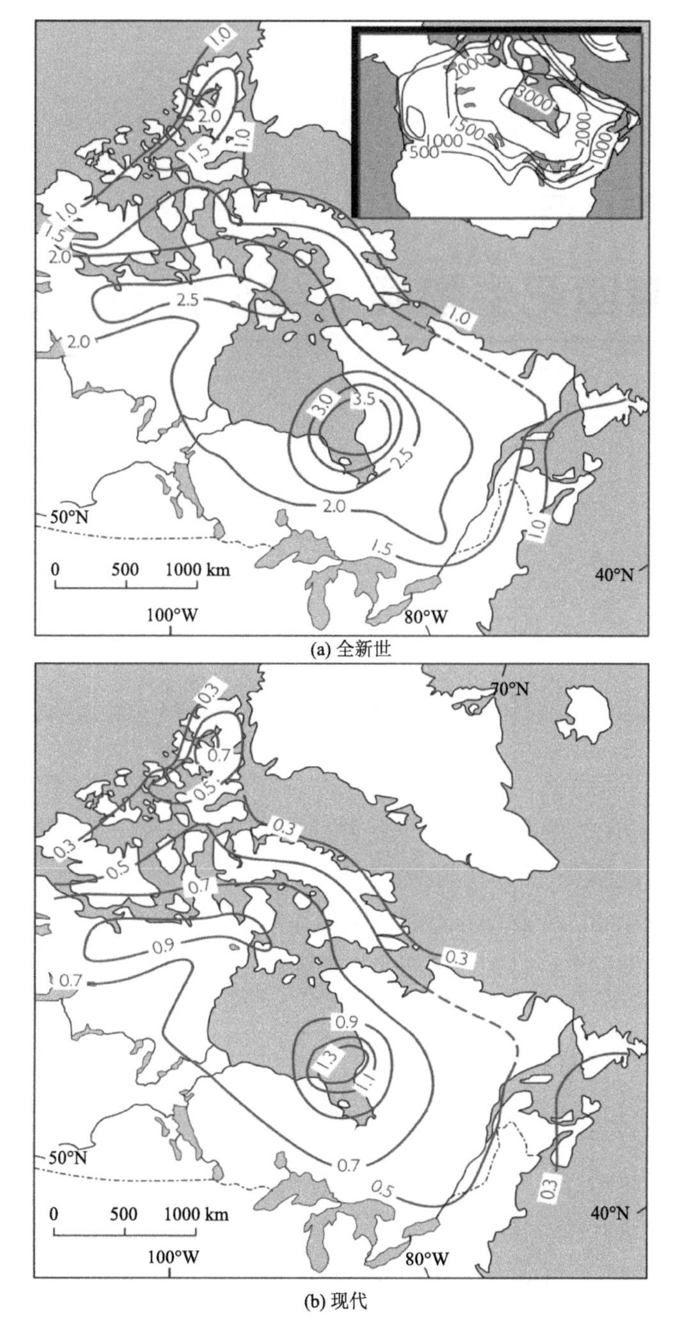

(a) 全新世

(b) 现代

图 6-7　加拿大东北部全新世期间和现代平均抬升速率（m/100 a）（Andrews, 1970）

图（a）右上方插图为 LGM 时劳伦泰德冰盖的厚度（m）

思　考　题

1. 青藏高原到底在第四纪冰冻圈演变中扮演着怎样的角色？
2. 大冰盖地区为什么会发生地壳均衡运动？

第7章 第四纪生物和人类演化与冰冻圈变化

在生物演化史上，第四纪是个比较短暂的地质时期，古近纪与新近纪形成的动植物物种在第四纪有较大的变化，除了部分物种灭绝及新生种出现外，大部分主要以迁徙形式适应冰期-间冰期气候环境的交替变化。因此，研究第四纪生物演化是重建冰冻圈变化的重要途径之一。

7.1 第四纪植物演化

与古近纪与新近纪相比，第四纪植物群的木本植物减少而草本植物增加，木本植物中耐寒的落叶阔叶和针叶种增加，被子植物空前繁荣，这是第四纪植物种群的基本特征。然而，更能反映冰冻圈变化的则是植物群落的多次迁移，纬度变动幅度多达 20°，垂直带谱上下移动达到 1000～2000 m。这些变化也是第四纪冰冻圈退缩与扩张程度的直接证据之一。因此，本节的重点是关注第四纪植被迁移与冰冻圈的关系。

7.1.1 第四纪植被演替的一般情况

植被迁移演替反映在孢子花粉及菌藻类化石记录上。如寒温带植物群主要由针叶林与混生的落叶阔叶树构成，其建群属种（花粉比例须达到 40%～80%）如冷杉、云杉等，优势属种如铁杉、落叶松、桦树、高山栎、高山杜鹃，耐旱的蒿、藜、菊、十字花、蓼等草本植物，该植物群一直到冻原草甸。湿热的热带-亚热带气候下的植物群主要由常绿阔叶林、常绿落叶阔叶林构成，其建群与优势属种如山毛榉、枫香、槭、枫杨、青冈栎、冬青、桃金娘、水杉、雪松、银杏等及喜暖的蕨类。目前是相对温暖的间冰期，就亚洲纬度地带性而论，寒温带和寒带群落分布在 45°N 以北，如大兴安岭及其以北的整个西伯利亚。而热带亚热带主要分布于 30°N 以南地区，如中国秦岭以南、东南亚、南亚南部，中间是过渡的温带、暖温带。这样，作为过渡带的温带与暖温带在冰期与间冰期时成为植被南北演替的角逐地带。深钻孔和厚剖面从下到上的孢粉构成的时间变化，即反映植物群落乃至生态系统的地带性迁移，如贝加尔湖深钻孔和冲绳海槽浅钻孔孢粉组合反映的植被演替（图 7-1 和图 7-2）。

早更新世冰期，寒温带植被向南扩张。如华北平原及其泥河湾组地层、渭河谷地、山西午城黄土，乃至上海、浙江四明山均发现云杉、冷杉暗叶针叶林属种。早更新世间冰期也比现在温暖，亚热带植被带向北扩展，东北平原、华北平原均发现松、桦、栎、山核桃、雪松、罗汉松组成的混交林。

中更新世冰期，草原及森林草原型植被广布于华北和东北，说明气候变得寒冷而干旱。云冷杉针叶林分布于河北蓟县、天津、呼和浩特—包头平原，一直到上海。周口店底砾层含有藜、阴地蕨、卷柏、苔藓等冻原植被。这种冻原植被现今分布在小五台山 2600 m 的高度，表明华北平原当时的气温比现在低 10℃以上。日本琵琶湖钻孔中记录的堪萨斯冰期植被主要是云冷杉、落叶松和铁杉组成的针叶林。其后的间冰期中，周口店上砾石层有山核桃、枫香、铁杉、漆、立碗藓等喜热成分。

在晚更新世，冰期时云冷杉针叶林也发现于北京城内乐心居剖面、华北平原蠡县钻孔、陕西渭南北庄村剖面，直到上海等长江中下游地区，南界仍与中更新世冰期一样，达到 30°N。日本北海道主要为寒带针叶林占据。在欧洲，北极圈的仙女木出现于英格兰等地。末次冰期冰消期，气候反复，植被也频繁变动，各地已有大量孢粉资料可以证明。

冰期-间冰期气候环境变化也反映在植被垂直带谱的变化上。如青藏高原东缘高山，冰期时，云冷杉生长幅度下降 1000 m 左右，而间冰期时，基带的阔叶林上限升高数百米。

这里必须说明，冰期-间冰期交替使所有植被带谱发生移动。在温带以南，云冷杉出现代表冷湿气候，但如果在极圈和高山冰雪带曾生长云冷杉群落，则又表明相对温暖的气候。换言之，气候变冷，则植被带南移；变暖，则北移。另外，云冷杉群落在温带和亚热带出现，虽表明寒冷气候，但距离冰川发育的条件尚远。在现在的青藏高原边缘，云冷杉针叶林上限距离冰川平衡线一般有 1000 m 的垂直高度。中间尚有高山灌丛、高山草甸和苔原等多个带谱，然后才过渡到冰雪带。在纬度带上，校正在同高度的生长北界到冰川平衡线至少有 10°。中间还有众多带谱。

第四纪冰冻圈大幅度扩展，使高纬度植物物种向低纬度扩散，到了间冰期，这些喜冷的成分便保留在高山。通过这样的途径形成面积广大的所谓泛北极植物区系。同时，古近纪和新近系部分植物在第四纪冰期中灭绝。而有一些植物大面积灭绝，却幸存于个别地区，这些地区被称为“避难所”，如水杉、银杉、水松、台湾杉、金钱松等古老的树种在古近纪和新近纪曾广泛分布于各大陆，现在唯独孑遗于中国南方，被称为“活化石”。这也是中国东部中低山地没有遭受泛第四纪冰川作用的旁证。

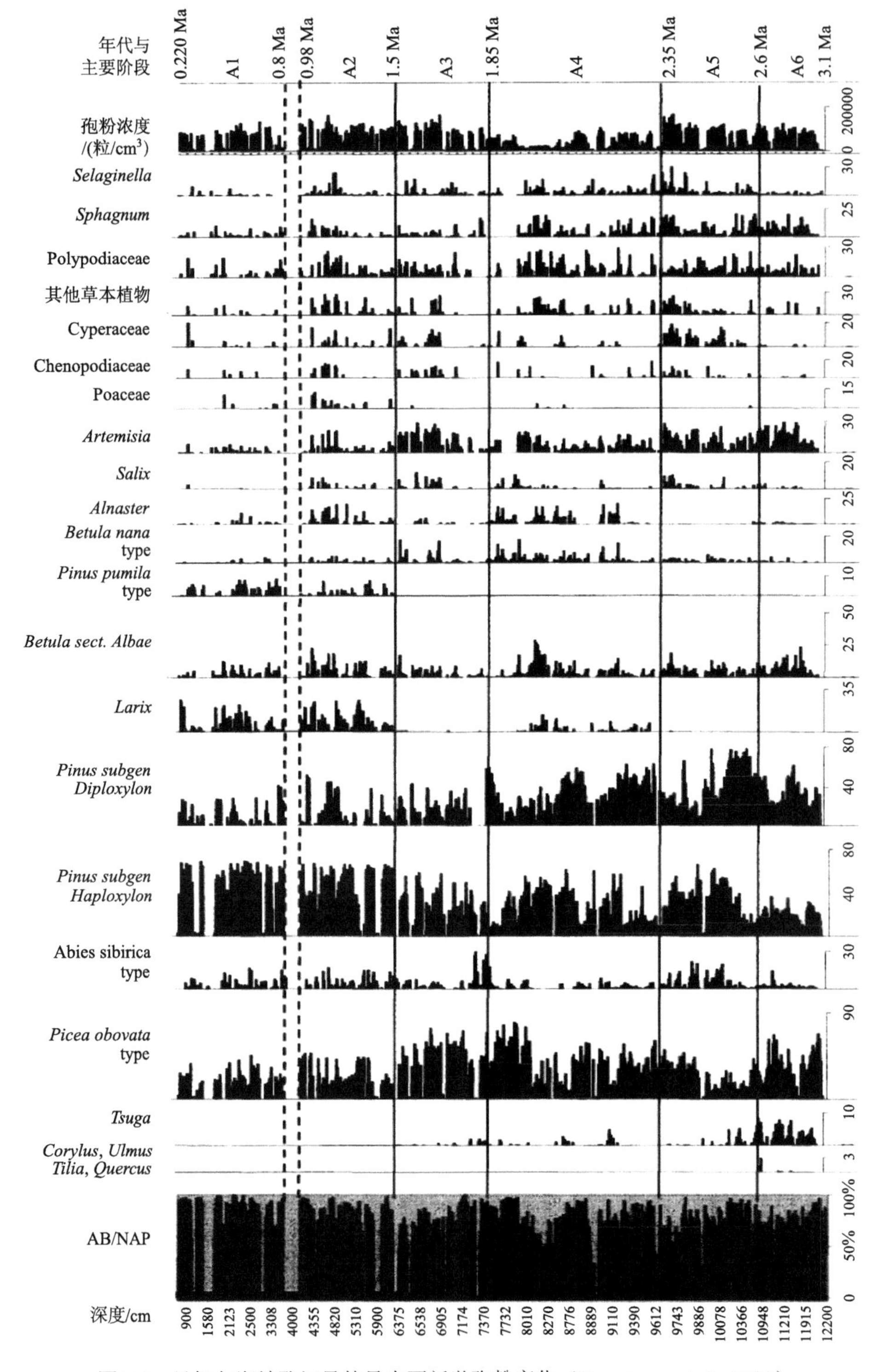

图 7-1 贝加尔湖钻孔记录的早中更新世孢粉变化（Bezrukova et al., 2003）

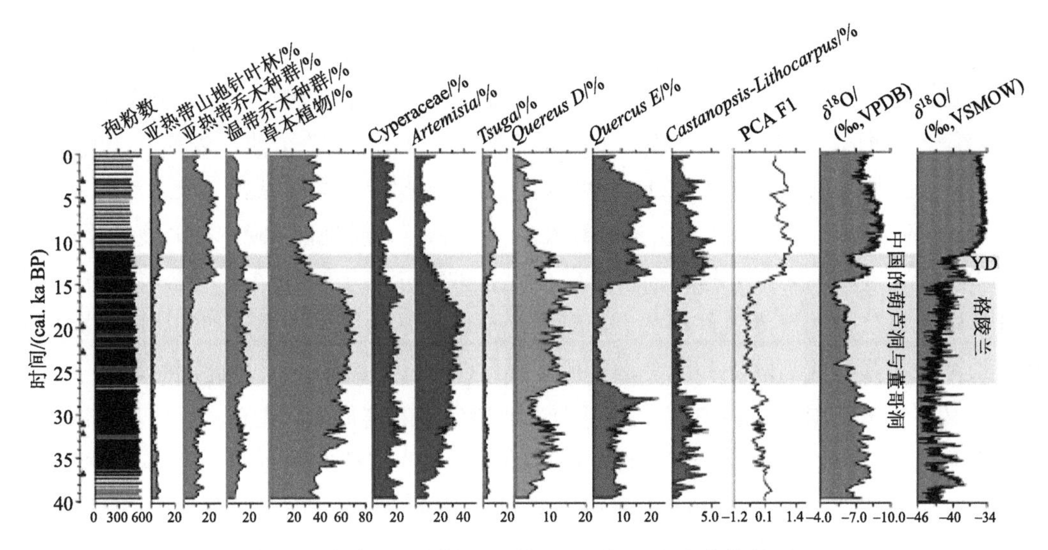

图 7-2 东海冲绳海槽 4 万年来主要孢粉与石笋、冰芯氧同位素变化的对比（Xu et al., 2013）

7.1.2 晚第四纪植被变化研究

晚第四纪植被变迁的研究受到了特别重视，国际上成立了 BIOME（全球古植被制图计划）研究组织，已在北美洲、欧洲、非洲、拉丁美洲和亚洲建立了多个陆地孢粉数据库。英国学者在全球收集了 94 个孢粉记录，探讨了末次冰期以来气候事件对于植被的影响。结果表明：末次冰期时北半球高纬度苔原扩张，北方温带森林向南迁移并且呈现了斑块化；而热带和亚热带地区耐旱植被的存在则反映了低纬地区较干的气候条件，森林面积减少了 18%。

亚洲第四纪植被变化的研究表明：在末次冰期中，华北和东北的温度比现在低 9 ℃左右。干旱加剧，草原扩张，森林中耐旱植物增加。而北亚热带气候凉爽，云杉等植物存在。在云南南亚热带地区，末次冰期最盛期温度与现在几乎没有区别，但降水量更多。中国学者于革、倪健等参加了国际合作 BIOME 项目并取得了系列成果。该项研究主要利用花粉植被化模拟技术。最先进行的是 BIOME6000 的工作，该研究选取了 112 条孢粉记录，设计了由 68 种花粉类型构成的功能型植物，作为花粉植被化模拟的基本依据。模拟结果表明：末次冰期最盛期时，草原和荒漠植被向中国东部海岸扩展，部分替代了现在的温带落叶阔叶林，热带森林在中国大陆消失，常绿阔叶林和混交林后退至热带纬度，泰加林和冷混交林向南扩展至大约 44°N 附近。在全新世大暖期，中国东部的森林生物群都有不同程度的北移和西扩。与现在植被分布相比，热带森林的北界北移约 100 km，常绿阔叶林北界约北移 300～400 km，温带落叶阔叶林北界约北移 800 km。截至 2010 年，中国共有 2324 个表土/湖泊表层花粉采样点和 987 个第四纪晚期的地层沉积剖面和钻孔，其中高质量的地层孢粉采样点 714 个，比 2000 年前后增加了好几倍。在这

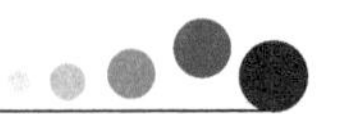

些更新的采样点基础上，曹先勇等学者持续进行数据库建设。在收集了 271 个数据点之后，建立了过去 22 ka BP 东亚大陆孢粉数据库。建立过程主要包括孢粉百分含量的重新计算，统一种属信息，年龄-深度模式的修正。最后孢粉谱内插为分辨率为 500 年的序列。在此基础上，树生植物在过去 22 ka BP 的时空分布规律也被同时获得。在末次冰期最盛期，喜温的和广温的阔叶树主要分布在现在的热带和亚热带地区；晚冰期时变化不明显；到了中全新世晚期，大部分树种的密度减少，空间分布没有变化。14 个树种的时空分布主要是跟季风气候的湿度条件相关，而到了晚全新世则加入了人类活动的影响。冰后期树生植被的扩张方式与欧洲和北美洲有所区别（Cao et al., 2014）。与此同时，同一个研究团队又描绘了中国 22 ka BP 以来的更为详细和完整的植被演化图谱，发现从末次冰期最盛期到全新世突然的植被转型事件。田芳等学者再次将研究的时空尺度加大。他们收集了 468 个东北亚地区过去 40 ka BP 以来的孢粉记录，并且采用气候驱动的植被模型对植被进行了重建。结果表明：在冰消期的末期，森林植被开始增加，早中全新世森林植被广泛分布，在晚全新世季风边缘区森林植被开始减少。在苔原地带的南部和西南部地区，早全新世森林增加，出现种属替代现象；而在苔原地带的北部地区，末次冰消期由于草原的存在，常绿针叶林的扩张并没有随着温度升高而向北扩张（Tian et al., 2017）。除了基于孢粉资料的植被重建之外，利用种属重建模型来模拟末次冰期和中全新世的植被分布也是常用的方法。该模型的特点是充分考虑了气候以及地形等因子对植被分布的影响，借助模型方法来建立预测面。中国东南和西北地区植被的面积比例从过去到现在几乎没有发生变化。然而，青藏高原、中国北方和东北方及 30°N 左右的中国中部和东南部地区的植被面积则发生了较大的变化。通过对比模型重建结果以及孢粉重建结果发现：两者在大趋势上保持了较好的一致性，但是有轻微差别。有学者收集了 268 个孢粉点记录，采用生物群区划方法重建了末次冰期最盛期以来中国的植被演化史。并且探讨了中国南北方植被变迁和气候要素之间的关系。在末次冰期最盛期，草原和沙漠植被均向东南方向扩张，并且是中国北方的主要植被类型。然而森林植被则向南收缩至长江中下游地区。接下来，18～12 ka BP 森林开始扩张。与今天相比，早中全新世时期热带季雨林、暖温带常绿阔叶林或混交林以及温带落叶阔叶林分布位置分别靠北 2°、4°及 5°。晚全新世开始，森林又收缩。同时发现降水对北方植被变迁起了主要作用，而温度和降水的共同作用主导了南方地区植被变迁。总之，在植被重建方面，后期的研究并没有改变早期研究得出的主要结论。但是，后期研究在细节上完善了很多，并且空间有所扩大，技术方法有所突破。

欧洲的孢粉数据库建于 20 世纪 80 年代，并且在 20 世纪 90 年代有了较大的发展。该数据库建立的目的是为了第四纪孢粉数据存档、交换和分析研究的需要。截止到 2009 年，该数据库大约包含了 1032 条孢粉记录，其中 668 条有年龄深度模型，使得年龄对比成为可能。目前，该数据库主要用来重建过去的气候变化、研究末次冰期以来植物尤其是树种的扩张过程和了解过去植物的时空分布规律。研究团队试图建立新的 web 基础的欧洲古植被分布图。早在 90 年代，Huntley（1990）就利用多变量聚类分析的方法重建了欧洲过去 13 ka BP 来的植被分布图，时间间隔为 1000 年。该研究得出了晚冰期以来欧洲植被的分布规律：晚冰期植被类型简单，在欧洲的西部和北部地区，东西梯度较为明显；11 ka BP 时植被复杂性增加；到了 8 ka BP 虽然植物种类仍然很多，但是每一个斑块的范围变大；从 6 ka BP 开始南北梯度开始形成；6 ka BP 以来欧洲中部和南部植被分布异质性增强，现代植被格局逐渐形成。近期，在欧洲进行了长叶车前时空分布的案例研究。该种植物孢粉可以反映人类对土地利用的强度，尤其是可以反映中世纪人类对森林的高强度破坏过程。重建的欧洲 15 ka BP 以来的植被变迁历史则显示了冰后期植物的快速扩张过程，这一过程受到了快速气候变化、湾流以及西风的影响。到了晚全新世人类活动对植被分布的影响加剧。而关于 LGM 植被分布的模拟工作正在展开。通常有三种方法来重建植被景观分布，分别为孢粉记录重建、动态植被模型以及古分布模型。单点孢粉记录通常只能重建小区域的植被历史，动态植被模型尽管能够反演植被的空间分布，但是这种模型的空间分辨率比较低。而古分布模型则综合考虑了现代数据和过去的数据，在细节上要好于动态模型。利用古分布模型获取的结果为：欧洲东部 LGM 古植被分布由北到南依次为苔原带、森林-苔原带、北方森林、森林-草原以及草原地带。而此时的欧洲西部以草原和灌丛草原为主。南欧的大部分地区也是草原植被，中欧主要分布着极地灌木和草本植物。该模型对于中欧和东欧植被重建可靠性较高，但南欧和西欧部分可靠性较低。

北美洲西部山区，对气候敏感的孢粉会随着气候变化在垂直分布上发生移动。而在东南部地区则表现为植被的纬向移动。孢粉记录显示了北美洲轨道尺度的气候变化对于植被变化有着强烈的影响。冰期以冷干物种占据主导地位，而间冰期喜暖的植被广泛分布。千年尺度的气候变化和轨道驱动的叠加效应影响了植被分布。LGM 树木盖度最低。从 14 ka BP 开始，美国东南部阔叶林以及美国西部和东南部的针叶林密度开始增加。该地区正是环劳伦泰德大冰盖的南缘。到了中全新世，北部和西部的针叶林已经连成一体。在欧洲人定居之前，这里针叶林和阔叶林的盖度持续增加。通过 700 个沉积剖面的孢粉图谱分析，学者重建了美国东北部的植被分布图。结果表明：在末次冰期（21～17 ka BP）以及中晚全新世（7～5 ka BP）植被分布较为稳定；而在晚冰期和早全新世以及近 500 年来植被变化较快。生物群落会随着时间变化在分布、组成以及结构上发生变化。同时，末次冰期时北美洲东部地区分布着冷混交林，而近 500 年来这里分布的是温带阔叶林以及喜暖的混交林。在太平洋西北地区近 500 年来是以针叶林为主，而末次冰期时这里为草原环境（Williams et al., 2004）。同样，美洲西北地区在冰期时分布着小树林和灌丛；而间冰期时则更适宜森林和沙漠的扩张（北美洲第四纪孢粉和植物大化石的数据库也已经建立起来，可供免费下载使用）。

7.2 第四纪动物演化

在第四纪大幅度频繁的冰期-间冰期气候波动中，动物区系、种群和成分都有惊人的变化。这种变化同样反映在部分古近纪和新近纪物种的灭绝、新生种的出现以及栖息地的迁徙等方面。

7.2.1 第四纪动物演化的一般情况

第四纪动物演化研究主要靠化石证据。意大利北部有名的维拉佛朗地层发现含有大量的上新世末到第四纪的动物化石，被命名为维拉佛朗动物群，分为四段。其中第一段为上新世动物群，含有三趾马（*Hopparion*）、乳齿象中的轭齿象（*Zypolophodon borsoni*）等第四纪中已灭绝的动物。而第二段以上，发现了若干古近纪和新近纪地层不曾发现的新种，如真象（*Elephas*）、真马（*Equus*）和真牛（*Bos*）。这个标准被称为豪格线（Hang's Line），成为新近纪和第四纪动物的分界。中国泥河湾动物群也类似。上新世含有三趾马、轭齿象、剑齿虎。而第四纪出现特有的属种，如纳马象、三门马、布氏大角鹿、双叉四不像、桑氏鬣狗和丁氏鼢鼠等。俄罗斯有名的哈普罗夫动物群，也与意大利的维拉佛朗和中国的泥河湾相当。下层也含有三趾马、乳齿象、剑齿象、平额象、南方象、河马、犀牛、貘、剑齿虎等构成的暖湿气候动物群。在随后的冰期气候中，三趾马、乳齿象、剑齿虎灭绝，河马、貘、犀牛等迁移到南方。到了晚更新世冰期，演化为猛犸象-披毛犀动物群王国。

生物学家将现在全球分为六个动物区系，他们分别是古北界（Palaearctic realm）、新北界（Neorctic realm）、新热带界（Neotropical realm）、旧热带界（Ethiopian realm）、东洋界（Oriental realm）和大洋洲界（Australian realm）。这是由于各大陆相互分离之后，生存于其上的动植物在冰期-间冰期气候环境交替变化中各自演化逐渐形成的，彼此有很大不同。例如，东洋界、古北界和旧热带界在上新世同属于统一的三趾马动物区系，在冰期中分化而成。并且，分化之后的古北界范围受冰期影响较大，物种改观，种类大大减少。东洋界物种相对比较稳定。三趾马动物区系后从巨猿动物区系经大熊猫-剑齿象动物区系演化成现在的东洋界动物区系，其间的变动远不如我国北方显著，保留了不少当时的孑遗物种。中国境内东洋界范围，包括广东、广西、湖北、浙江、江苏、安徽、云南、四川、贵州等秦岭以南地区。广泛发现“猩猩-大熊猫-剑齿象动物群”或“大熊猫-剑齿象动物群”。其中含有巨貘、中国犀、竹鼠、交麂、水鹿等。

动物区系适应第四纪冰冻圈变化的方式主要表现在迁徙、灭绝、发展三个方面。

除了气候变冷直接导致的向赤道低纬度收缩之外，冰期中的陆桥通道作用和冰川阻隔作用十分重要。冰期时，海平面降低，大陆架广泛出露，为动物扩散提供陆桥方便。

尤其像东南亚岛屿广布，冰期时互相连通，才形成东洋界区系。人类在第四纪冰期中的扩散也是如此，如大洋洲土著人，原是在末次冰期时由东南亚迁入的，美洲印第安人也是在末次冰期中由亚洲通过白令海陆桥迁徙扩散到北美洲和南美洲的。如果没有冰期陆桥，这三大洲只有等到造船时代才有可能被人类占据。然而，冰期时大冰盖的存在、山地冰川以及积雪的扩大却又成为动物迁徙的障碍。例如，阿尔卑斯山、喜马拉雅山这样高大的山脉加上冰雪覆盖，必然成为动物难以逾越的屏障。青藏高原被冰期时高大山脉的冰川所分割，连鸟类都受到限制，演化成多区域鸟类分区（刘迺发等，2013）。

第四纪冰期气候变冷，除了使古近纪和新近纪部分动物灭绝外，也使第四纪形成的新种的一部分灭绝。例如，陕西蓝田公王岭猿人地层（最新研究为距今 2.1 Ma，Zhu et al., 2018）中有大熊猫-剑齿象动物群共生，含有貘、猎豹、毛冠鹿、水鹿等以及大量现生种。经过冰期气候，其中 61%已灭绝。与云南元谋人（1.7 Ma）共生的动物群含有剑齿象、爪蹄兽、最后枝角鹿等，82.6%灭绝，现生种只占 17.4%。北京周口店（700 ka 前）北京人地层中，含有剑齿虎古近纪和新近纪残遗分子，也含有更新世新属种三门马、扁角肿骨鹿等和大量的现生种。其中 10.94%的属和 63.07%的种已经灭绝。更加引人注目的是，形成于更新世广布于中国秦岭以南的“猩猩-大熊猫-剑齿象动物群”在反复变冷中，分布范围越来越收缩。剑齿象灭绝，大熊猫已作为活化石残存于秦岭以南横断山以东狭小区域，金丝猴则蛰居于贵州梵净山中。此外，适应第四纪冰期气候发展起来的“猛犸象-披毛犀动物群”在末次冰期占据欧亚大陆，但在冰后期气候变暖中全部灭绝。

第四纪动物区系的新格局意味着大量现生种的形成，如面积广大的古北区所包含的温带-寒温带动物群，包括了所有驯养的动物。中国发现不少晚更新世以来的古人类遗址及其伴生的动物群，如与河套人共生的著名的萨拉乌苏动物群，长阳-马坝人动物群、丁村人动物群、山顶洞人动物群等。由动物群灭绝属种的比例看出，越早的动物群现生种的比例越低，越晚的动物群现生种比例越高。可知第四纪冰期-间冰期的反复演替，将生物界适者生存、优胜劣汰的自然法则体现得至为深刻。在不断的筛选后，形成最适宜于当前环境的现生种。

另外需要注意到，和植物类似，中国长江流域也在某种程度上成为孑遗动物的避难所。除了前述大熊猫、金丝猴之外，还有长江中残留了稀有物种扬子鳄和白鳍豚。这些活化石的存在也说明，长江流域，特别是中下游地区，即使在冰期也没有严酷地使它们灭绝。据研究，钉螺也是更新世期间扩散到长江中下游地区的，其具有严格的温度要求，不可能生存在冻土层中。这些情况也佐证中国东部中低山地在第四纪期间不具备泛冰川发育的条件。

7.2.2 晚更新世动物大灭绝

第四纪冰期形成的动物群，在末次冰期以来，却发生了大灭绝，这令人费解。大约有 178 种世界上最大的哺乳动物灭绝，约占所有哺乳动物的 2/3。与地球历史上已经发生的六次大灭绝事件相比，这是一次速率最高，损失最大的灭绝。其原因已经有很多假说，主要是气候驱动、人类活动（如过度捕杀、用火、传播细菌）以及两者综合的结果。

在动物灭绝过程中，人类是否参与以及如何发挥作用仍是考古学界争论的主题之一。尤其是在美洲和澳洲，冰期结束时大型猎物灭绝所造成的损失要比亚洲和非洲严重得多，灭绝的不仅是猛犸象和乳齿象，在美洲甚至还包括类似马这样的动物。关于大型猎物灭绝的争论中有两个主要方面的观点，以美国科学家 Martin 为首的学者认为：人类抵达新大陆和澳大利亚后，对猎物的过度捕杀造成了灭绝。第四纪晚期陆地和海洋脊椎动物的大灭绝来自于现代人的全球扩张，这些人群采取了不可持续发展的狩猎方式。大型猎物容易灭绝的原因是：种群数量较低，并且生育率也低，更容易灭绝。澳大利亚获得的新资料支持这一观点，从三个不同气候区发现的大型陆生鸟类 *Genyornis* 在大约 50 ka 前突然消失了，而这正是人类到达这个大陆的时间。在一个气候变化并不显著的时期内，巨型鸟类从所有遗址同时消失，说明人类是造成这一灭绝的主要原因。但是，这一观点无法说明同时灭绝的另一些哺乳动物和鸟类，而且人类进入这两个大陆的确切时间也没有成定论，经常被认为是在这些动物灭绝以后。关于这一观点的疑问主要集中在以下几个方面：①人口密度很低，技术简单，他们怎么能使那么多大型动物在那么大的范围内灭绝？②在欧亚大陆北部，大型动物灭绝发生在现代人到来之后的几千年以后。③晚更新世灭绝的动物中包含了许多人类不喜欢食用的小型哺乳动物和鸟类。④全新世时期人类密度更高，陆地上的大型动物灭绝的数量却很少。⑤许多被人类大量猎取的动物，如驯鹿、马等却生存了下来（科林·伦福儒和保罗·巴恩，2004）。

以地质学家 Ernest Lundelius（1967）为代表的另外一种观点认为：气候变化是造成大型猎物灭绝的首要原因。但是无法解释为什么以前发生过的许多类似气候变化没有造成这一后果，而且许多种类的灭绝发生在很广阔的地理分布范围和气候生存条件中。由于气候变化造成的动物灭绝在以前也发生过，这种气候作用通常对所有动物种类是公平的，而且消失的种类会被外来的或新出现的种类所替代，但这些都没有存在于更新世灭绝事件中。另外一个问题是为什么那些灭绝的动物不能像生存下来的动物一样迁移到更适宜它们生存的地区？是因为地形和植被的原因阻止了它们的迁移吗？环境变化假说的有力证据可以在欧亚大陆北部和阿拉斯加地区找到，但是其他地区的证据缺乏。

南非学者 Owen-Smith（1987）提出了一个妥协的理论，综合考虑所有因素。他认为，首先是由于人类的过度开发造成了巨型食草类动物的灭绝，而这又导致了植被的改变，由此造成了有些中等身材的食草类动物灭绝。该种假设的优点是可以通过对植被变化的分析以及动物灭绝的先后次序进行检验。在距今 13～10 ka 前从更新世向全新世的过渡时期，很多大型哺乳动物迅速灭绝。这一事件与人类有多大关系，始终是一个激烈争论的问题。

不同地区的灭绝事件主因可能是不同的。末次冰期时，北美洲经历了和欧亚大陆北部相似的气候和植被变化过程，然而这里的冰盖要远大于欧亚大陆北部。冰盖覆盖了北美洲大陆的北部，只有阿拉斯加的内部和育空部分地区是无冰的。然而在晚冰期时，东西冰盖之间已经形成了通道允许动植物在这两个地区的迁移。人类直到更新世晚期才到达美洲，他们首先到达阿拉斯加地区，时间大约为 14 ka BP。直到无冰走廊出现，人类才能进一步向南方迁移。然而，也有人认为：人类可能已经开始使用航海技术，沿着太平洋海岸地带的岛屿向南扩张，时间大约为 15 ka BP。Guthrie（2004）以前所未有的细致程度对那个时期阿拉斯加和加拿大育空地区的动物群落进行了研究，其中包括对各种不同动物的骨头进行 600 次以上的放射性碳年代测定。虽然猛犸象和马灭绝了，但麋鹿、野牛和驼鹿等动物却存活并繁衍了下来，说明动物群落的变化是生态和植被变化的一个函数，而不是人类诱导的“过度捕杀”。极地阿拉斯加地区在末次冰期中发生了动物大灭绝事件。草原野牛、马、带毛的哺乳动物灭绝，人类和驼鹿入侵，然而麝牛和驼鹿却存活了下来。冰期时这个地区动物种类是现在的 6 倍，而大型动物的生物量可能是现在的 30 倍。从数量上来看，马是最多的。同时狮子、短脸熊、狼还有灰熊是人类屠杀的主要动物。麝牛和驼鹿充分利用了暖湿的生境条件，其他物种则主要生活在干旱的环境中。当冰期来临时，湿度增加，导致干旱环境中的物种失去了栖息地。然而，极地阿拉斯加地区的灭绝事件是局地的，非全球性的，因为这里灭绝的动物在其他地方仍然存在。总之，狩猎不可能是动物灭绝的主要原因，然而人类的到来加速了这一过程。欧洲大型动物灭绝的重要性经常被忽略，因为这里不像北美洲那样大量动物发生灭绝。但是，欧亚大陆北部的损失也是相当大的，49 种大型动物（45 kg 以上）中的 18 种灭绝了，约占 37%。欧亚大陆北部的灭绝事件集中发生在四个时期：①末次冰期早期，即 40 ka 以前；②末次冰期最盛期开始的时候；③晚冰期以及早全新世；④晚全新世。末次冰期时，欧亚大陆北部的每种大型动物都呈现了独特和复杂的分布趋势，一些物种灭绝了，一些却生存了下来。有些物种先是在空间上剧烈收缩，然后是局部扩张，最终又收缩直至消失。有些物种则呈现了持续收缩的趋势。欧亚大陆北部的动物灭绝发生在现代人到来之后的数千年之后，因此快速过度捕杀的可能性可以被排除。而气候和植被导致种属发生变化从而增加了灭绝概率的证据（图 7-3）。

研究表明：大洋洲和北美洲部分动物灭绝的主因是人类，欧洲的主因是气候变化。这一灭绝过程也反映了现代人探索和开发未知领域的过程。动物成群分布在一些资源比较集中的区域内，人类顺着动物的足迹可以很方便地找到它们，并且更容易集中猎捕这些动物，从而导致这些动物成群的消失。

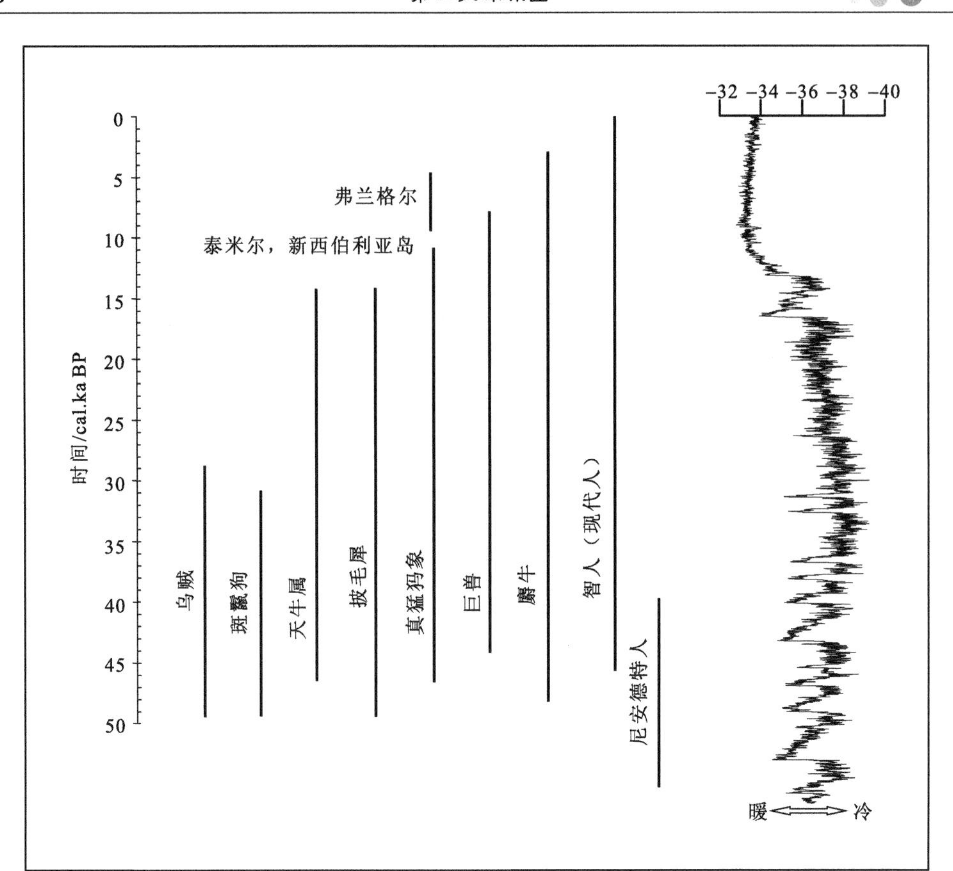

图 7-3 欧亚大陆北部灭绝动物图谱（Stuart, 2015）

左边竖线代表了这些种属存在的年代范围。斑鬣狗现在只生存在非洲，麝牛只分布在格陵兰以及加拿大和阿拉斯加等地区；其他种属已经在全球灭绝了。右边竖线代表了尼安德特人和现代人存在的大致时间范围。最右图曲线代表了格陵兰冰阶和间冰阶的情况

晚更新世动物大灭绝（Late Pleistocene Megafaunal Extinctions）是一个全球现象，已经有学者开始在全球尺度上研究这一问题。巴西科学家 Araujo 等（2017）收集了大型动物最后出现的时间以及现代人首次出现的时间。这些地区包括南美洲、北美洲、加勒比群岛、欧亚大陆西北部、澳大利亚、塔斯马尼亚、马达加斯加、新西兰以及日本。用格陵兰和南极冰芯同位素 12.25 ka BP 以来变化作为气候波动参考，采用 CLMM 模型来验证到底是气候变化还是人类活动导致了动物大灭绝事件的发生。结果表明：人类扩散对于晚更新世动物灭绝是个必要条件，而气候变化是辅助条件，它加速了动物灭绝的速度。更新世时期发生了 30 多次规模不一的冰川作用，许多冰川作用强度可与 LGM 相当，可是这些冰川作用中却几乎没有大型动物集中灭绝事件发生。而晚更新世动物集中灭绝，则与人类直接捕杀或者是改变动物的生境条件以及带入动物不能抵抗的疾病等有关，表明人类数量和能力增加到了一个足以影响自然的水平。

7.3　第四纪古人类活动

古人类起源于非洲至少可以追溯到上新世。早期猿人基本上限于非洲，约 2 Ma 开始扩散。但是，至今发现的化石点仍然很少，只有中国（蓝田人、元谋人、北京人）、格鲁吉亚、土耳其、以色列、印尼、越南、德国、匈牙利、捷克、阿尔及利亚、摩洛哥发现零星化石。一直到了晚更新世，古人类才逐渐扩散到世界各地。这种情况极大地限制我们了解早、中更新世人类与冰冻圈的联系。故本节侧重介绍人类演化基本情况和晚更新世人类与冰冻圈的关系。

7.3.1　人类进化简史

发现于乍得 7～6 Ma 的疑似古人类化石还没有得到最后的确认。目前较为确定的人类进化史大致可分为四个阶段：①南方古猿阶段：南方古猿代表了最早的人类祖先属种。最为人熟知的南方古猿分类种是南方古猿湖畔种、南方古猿阿法种、南方古猿非洲种和南方古猿鲍鱼氏种，他们是人类始祖的潜在成员。其时代大约 4.2～1Ma。最重要的特征是能够两足直立行走。②能人阶段（*Homo habilis*）：2.2～1.6 Ma，脑容量 680 mL。半个世纪前，英国的古人类学家 Louis Leakey 等（1964）提出了一个观点，即在坦桑尼亚东非大裂谷中发现的一具化石遗骸是真人属中的一个新种属——能人。能人具有直立姿势、两足步态和熟练制作原始石器。与现代人相比，身材矮小，保留更长的手臂。③直立人阶段（*Homo erectus*）：2～0.2 Ma，分布于东非、北非、欧洲、亚洲。直立人身材变得更高，姿态更直立，股骨更长，以适应更强的运动，脑容量较大。下颚和后齿变小变宽，可以让这些人吃各种各样软的和硬的食物。④智人阶段（*Homo sapiens*）：一般又分为早期智人和晚期智人（现代人）。早期智人生活在 0.2～0.1 Ma。晚期智人生存年代始于 0.1 Ma，其解剖结构与现代人相似，因此又称为解剖结构上的现代人。

在更新世开始的时候，古人类只生活在东非。逐渐发展起来最为有效的骨骼结构，并且双脚功能加强。这使得他们流动性加强，能够长距离迁移。这也增加了他们利用热带雨林以外地区资源的能力。间冰期时，较好的气候条件有利于古人类人口数量的增长。随着人口增长，他们开始迁移到非洲其他地区、欧洲以及亚洲。因此，欧亚大陆是 2 Ma 以来人类生存和发展的主战场。在这里也有更为丰富的气候变化记录和考古学记录，为研究冰冻圈变化与人类生存提供了线索。欧亚大陆过去 2 Ma 的气候和考古记录之间在轨道和亚轨道尺度上的关系可以分为以下六大专题：①2 Ma 以来人类对于亚洲的征服；②人类在早更新世向欧洲扩散及其在中更新世最终占据欧洲；③阿舍利文化的扩张，也就是双面石器在 600 ka 后，从黎凡特地区扩展到西欧和印度的过程；④中更新世时期人类对于轨道尺度的气候变化的响应过程；⑤10 ka 以后，现代人向欧亚大陆的扩张，以及

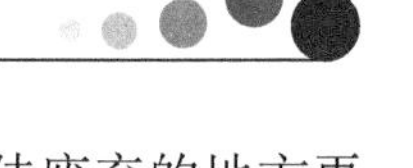

此后向澳大利亚和美洲扩散的过程；⑥末次冰期结束后，人类在欧亚大陆废弃的地方再定居的过程（Dennell, 2008）。当较早冰期来临的时候，人类对寒冷气候做出了响应，他们制造衣服、找山洞藏身以及学会用火，或者迁移到更为温暖的地区。人类在迁徙过程中发生了融合。人类进入澳洲和美洲的时间比较晚，大约在 60 ka 前。到了 30 ka 的时候，人类已经迁移到了新几内亚的太平洋岛屿上。直到约 30 ka 以前，人类才进入北美洲地区。这都是通过冰期海面下降而出露的大陆架陆桥实现的。

末次冰期来临时，欧亚大陆气候干旱，生物量急剧下降，人类食物来源大幅度减少。在此情况下，他们不是迁徙就是死亡。末次冰期中欧洲以及北亚大部分地区的人口消失了。在末次冰期快要结束的时候，地球上人口最多的地区可能是墨西哥周围的大陆架、中美洲以及加勒比海沿岸。

在过去大约 100 ka 里，已知最重要的人类是早期现代人和尼安德特人（简称“尼人”）。早期现代人即克罗马龙人，是我们当代人最近的祖先，形态与我们基本上一致。尼人比早期现代人稍矮但身体和四肢粗壮，平均脑量稍大，晚更新世广布于欧洲，在西亚和中亚也有分布，消失于大约 30 ka 之前。本节重点叙述尼人衰亡与冰期-间冰期的关系以及现代人到来对尼人产生的影响。同时展示末次冰期与广谱革命及农业起源之间的关系。

与其他动物不同，人类对于气候变化的响应不是一成不变的，随着人类进化，其对气候变化的适应能力也在不断加强，基因上产生分化，出现不同的人种。不同人种之间由于进化程度的差异，对气候变化的响应能力也存在差异，导致一些人种生存下来，而另外的人种却灭绝了。

7.3.2 尼安德特人与冰期-间冰期气候

1. 尼安德特人的地理分布和生存年代

尼人居住在从欧洲到西亚和中东的广大范围内。来自 DNA 证据表明晚期尼人可分为三大人群分布区，分别为中东、南欧和西欧。尽管大的分布区域是确定的，但是尼人分布的最北界限，如他们是否曾经越过 55°N 扩散至斯堪的纳维亚地区，还存在较大的争议。广泛接受的观点是：由于气候以及扩散障碍，他们不可能居住在 55°N 以北的地区；另有观点认为他们可能偶然越过 55°N 带，由于研究或者埋藏的原因，使得考古学界还没有发现相关证据。古气候和居住模型的综合研究表明：气候条件的剧烈变化和生存空间压缩不足以解释尼人在 Eemain 间冰期以及 Weichselian 冰期早期在斯堪的纳维亚缺失的原因。然而，地理障碍的确阻止了尼人在 Eemain 暖期的向北迁移。

尼人至少在 150 ka 以来就已经存在了。DNA 证据表明在中东和南欧老于 48 ka 的尼人有着更大的基因多样性，而居住在西欧晚期的尼人基因更为稳定。这一证据说明在现代人到来之前，西北欧的早期尼人曾经消失了，后来他们在中东地区重新定居。而南欧的人群持续存在。因此，后两个地区的基因更加复杂。Benito 等（2017）也认为在 Eemain 时期地中海地区的气候最为适宜，而山区和陆地平原地区则有较低的适宜度。在现代人到来后，他们限制在一个特定的区域内。同时，由于基因的单一性，使得晚期尼人具有更低的生育率和高的死亡率，并且最终灭绝。关于尼人灭绝的时间也还没有定论，一种观点认为是在 40 ka（对应于 Heinrich 4 事件）前后，而有些观点认为在 28～24 ka 的时候尼人才最终从温暖的南欧避难所消亡。尼人在欧洲东北部灭绝较早，西南部较晚。

2. 尼安德特人灭绝与人口动力模型

尼人的灭绝是考古学上长期关注的问题，已有研究提到了多种原因，但是气候恶化以及现代人从 40 ka 开始到来是人们广泛接受的原因。Dodge 等（2012）重建了古气候年龄框架下的人口演化模型，人口随时间的变化过程得以展示。重建了尼人是怎样对于恶化的气候和现代人的到来做出响应的。这一人口演化模型是用基于贝叶斯统计方法的 BEAST 软件来实现的。BEAST 模型要求要有相当数量的有精确测年的基因数据作为基础。由于古 DNA 数据的污染和分解问题显著影响了获取数据的质量和数量，因此该研究中有精确测年的 DNA 数据样本为 12 个。由于模型对最小样本数量的要求，使得目前还不能直接以尼人数据进行分析，而是以鬣狗样本作为尼人数量的代用指标，这是因为鬣狗与尼人具有相似的饮食和分布，共同的生活环境以及相似的灭绝时间。

3. 冰冻圈变化对尼安德特人的影响

自从尼人定居欧洲，他们经历了数不清的气候波动，从里斯冰期，到末次间冰期再到武木冰期最盛期。这些剧烈的气候变化必然会导致尼人的生存环境发生大的改变，他们被迫去适应和改变。

1）MIS 5e（末次间冰期）的气候与尼人生存状态

MIS 5e 是深海氧同位素记录中末次间冰期最温暖阶段，相当于欧洲西北部孢粉记录的 Eemian 间冰期。此时，海平面大约比现在高 2～12 m。欧洲最北部冬季温度比现在高 3℃。中欧的夏季温度也比现在高 0.5～1.1 ℃。中欧大陆降水格局与现在类似。欧洲大陆南部降水量比现在高大约 50～400 mm，然而德国北部、大不列颠以及斯堪的纳维亚半岛降水比现在少 380 mm 左右。

适宜的气候条件以及大量降水，使人类甚至分布到了芬兰等地。但是，在末次间冰期的中欧森林中却没有早期尼人的踪迹。因为森林中大型猎物的密度和数量要少于开放的景观地带。同时，能够被人类大规模捕获的物种在森林中也是缺乏的。在这些森林中，他们可以利用植物和小型的陆地动物来谋生。与狩猎大型的动物相比这种方式更省力气，并且有更高的稳定性。食物采集一直是狩猎-采集社会的基础。

2）MIS 4-3 时期的气候状况与尼人生存状态

地中海东部的以色列一个洞穴遗址中找到了两期尼人生存的遗迹。第一期大约对应

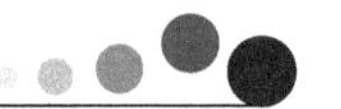

着 MIS 4，第二期对应着 MIS 3，中间有文化间断。洞穴中有大量动物遗存发现，尤其是瞪羚普遍存在，显然是人类狩猎的对象。对这些瞪羚骨骼的同位素分析表明：前后两期的尼人狩猎范围有所变化。第一期的气候较冷，低海拔地区较为干燥，瞪羚的生活范围在生物量更高的高海拔地区；而到了 MIS 3，气候转暖，瞪羚生活在了遗址周围海拔更低的地区。因此，气候变化通过影响尼人周围的生境而影响着他们的活动范围和生存状态。

伊比利亚半岛在 MIS 3 时是疏林景观，平均温度比现在低 2.8～7.7 ℃，而降水高于现在 75～350 mm。尼人在这个时期的生存与其栖息地周围大量的树林息息相关。不同区域森林覆盖率也有区别，在 40%～90%之间变动。通常伊比利亚半岛的西南部有更高的森林覆盖率，但是，这种森林覆盖率并不是一直不变的，当北大西洋冰筏事件来临的时候会导致生物量降低。伊比利亚半岛东北部的 Cova del Coll Verdaguer 遗址古环境重建表明，从 56 ka 开始，开放的草地逐渐转变为针叶林占主导的林地环境。尼人最后生活的地区包括中纬度地区、地中海地区以及石灰岩山地地区，此时为针阔叶混交林为主的森林环境。在这种环境中可以利用的生物量降低，缺乏植物性的食物资源，并且食草类动物分布较为分散，这些都不利于尼人的生存（图 7-4）。

50～30 ka 的生态转型对于北半球人类生存和命运产生了重大影响。尼人灭绝的重要原因之一是气候变化。尽管 MIS 3 处于间冰阶，但气候也是不稳定的。从 45 ka 开始，气候开始剧烈波动，42～38 ka 发生了 D-O 气候事件。从 37 ka 开始寒冷程度逐渐加剧，到 27 ka 时进入 LGM。温暖的间冰期森林环境并不一定有利于人类生存，而极端寒冷期给人类的生存更是带来了挑战。末次冰期前夕，为了适应寒冷气候，尼人形态发生了改变，气候变化对于尼人的灭绝起到了关键的作用。而同时期的其他物种发生了向南部资源更为丰富的地区迁移的趋势。到末次冰期结束时，数量众多的大型动物开始灭绝，如猛犸象、披毛犀、洞穴鬣狗以及穴熊均在这一时期消失了。

气候恶化是否能够导致尼人的灭绝？尼人至少曾经历 MIS 6 冰期而生存下来，说明他们具备一定的环境知识、具有开发不同栖息地的能力、能够迁向资源更为丰富的地区，可为何他们却在末次冰期灭绝了呢？所以，人们认为，尼人灭绝不单是气候因素，也可能与现代人的到来引起的竞争相关。

末次冰期来临时，尼人并不是一次性全部灭绝的。冰期中的很多生物避难所成为它们最后的家园。在晚更新世，欧洲地中海地区三个区域成为生物避难所，它们是伊比利亚半岛、亚平宁半岛和巴尔干半岛。尼人在 30～28 ka 仍然生存在南伊比利亚地区。海洋以及陆地记录表明：南伊比利亚地区到了 24 ka 的时候开始变得不适宜居住，尼人最终消失。这一时期是伊比利亚地区过去 250 ka 以来气候条件最差的时期，此时海水年均表面温度低到了 8℃，陆地植被藜科和蒿属占据主导地位，指示了草原环境。

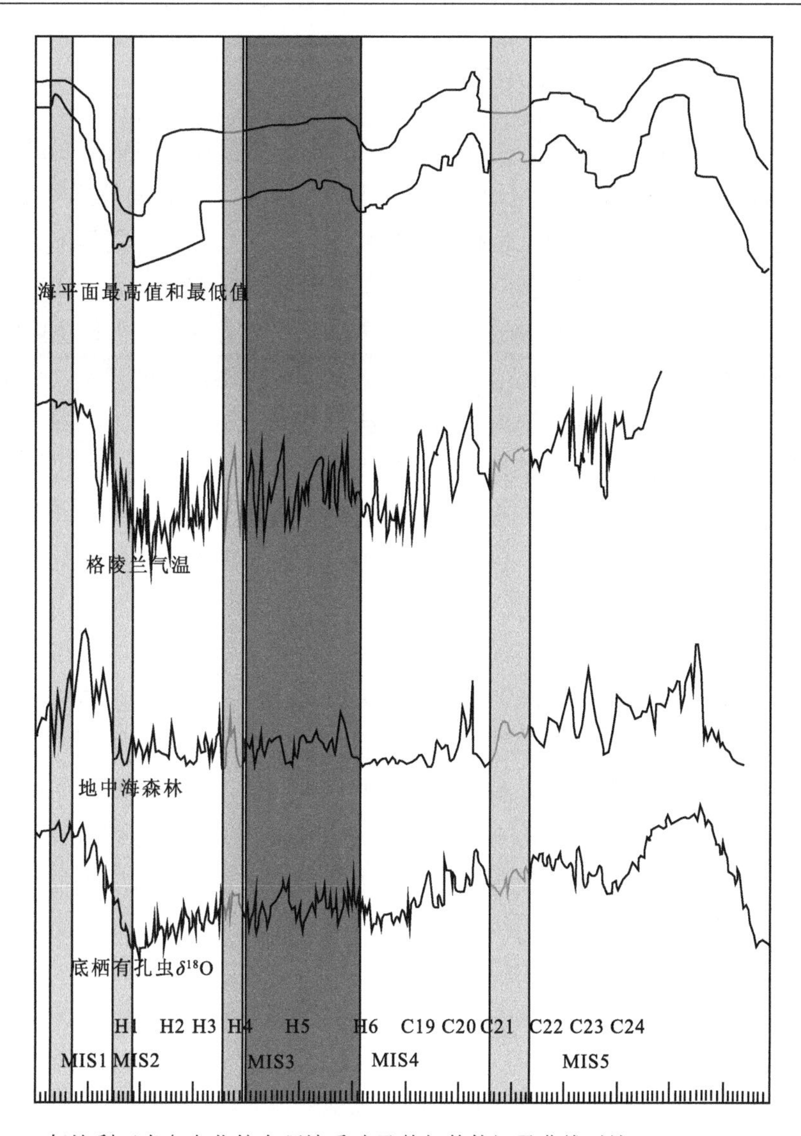

图 7-4　伊比利亚半岛东北的古环境重建及其与其他记录曲线对比（Daura et al., 2017）

尼人在伊比利亚南部灭绝的时间较其他地区晚还有另外一种解释。即 H4 事件阻止了现代人向南部的扩张，一定程度上延缓了尼人灭绝的速度。在 H4 事件发生之前，大量现代人和尼人共同分布在伊比利亚半岛北部，仅有少量尼人分布在南部海岸地带。H4 事件发生的时候，现代人很大程度上被限制在了北部，并且人口数量减少。而半岛南部干旱化加剧，生物量减少，尼人数量也减少了。但是，伊比利亚内部的半沙漠景观阻止了现代人向南方的迁移。而 H4 事件之后，气候开始回暖，现代人此时才开始扩散到南部地区，而这里的尼人开始受到了现代人的威胁。

4. 现代人与尼安德特人消失的关系

欧洲考古学记录表明，现代人大约在 40～30 ka 之间到来。目前已知最早的无争议的欧洲现代人测年为 34～36 ka，可知尼人和现代人之间有一段时间是共同存在的。他们之间可能发生了资源和领土战争。现代人在生理上或者认知上或许更具优势，使得他们最终胜出。尼人的消失还可能跟其与现代人之间的异种繁殖有关，考古证据已经证实这种现象的存在，这种交配可能会导致严重的先天缺陷，并且现代人入侵也能给尼人带来新的疾病。即使疾病致死率的小幅增加就能打破脆弱的生态系统或者人口平衡，导致尼人的灭绝。还有，现代人可能在智力和捕猎等生存技能上更优于尼人。例如，在现代人的地层中猎豹、犬科动物及貂等三类动物比尼人的地层中更为常见。现代人可能使用这些皮毛来制作衣服御寒。尽管尼人比现代人具有更为短粗的身材，更宽的胸部和更短的胳膊，更有利于保存热量。但是，尼人却没能躲过末次冰期最为寒冷的时期，这种生理上的优势并没有起到决定性的作用。

也有学者利用化石记录和古气候数据来模拟尼人和现代人可能的分布空间。采用这一种属分布模型计算了他们居住地的质量以及后续演化和发展情况。结果表明，这两个人种可能的分布范围从 44 ka 开始均呈现了持续收缩的趋势。虽然居住地减少的情况类似，但是现代人居住范围要比尼人多约 50%。开始的时候，两个种属居住地的破碎度、大小、数量以及每个居住地之间的平均距离也是相似的。然而，尼人的所有这些指标呈现了更快的恶化。在他们生存的最末期，居住地变得小而且隔绝，尼人对于气候变化的响应宽度也明显比现代人窄，灭绝风险的确加大了。现代人的栖息地特征并没有发生显著的改变，表明他们具有更强适应能力。

5. 尼人和现代人的饮食差异

现代技术方法为分析人类古代饮食提供了技术支撑。最为常用的方法是稳定同位素分析。尤其是 ^{15}N 和 ^{13}C 分析方法可以提供人类食用肉食还是植食的直接证据。欧洲有大量旧石器时代人类饮食数据发表，主要集中在莫斯特时代以及旧石器时代晚期。旧石器时代晚期人类扩散很大程度上与是否可以获取足够的食物资源有关。

尼人很大程度上以大型陆地动物为食。骨胶原研究表明：尼人的饮食与狼和鬣狗的饮食相差无几。而在现代人牙齿结石残留物发现了大量的植物遗存，且牙齿微痕研究也证明现代人的饮食是多样性的。欧亚大陆 18 个洞穴尼人骨胶原碳、氮同位素分析结果表明，其 δ^{13}C 在 21.6 ‰～19%，δ^{15}N 在 13.9‰～9%。而现代人比尼人的骨胶原 ^{15}N 含量更高，说明作为现代人重要饮食来源的陆地食草动物的 ^{15}N 含量增加。也有研究表明，尼人和现代人开发陆地资源的方式相似。尼人不仅狩猎大型陆地食草动物，他们也吃小型猎物、鸟、鱼、软体动物以及植物。与尼人相比，现代人的食物中包含了更多的海生生物资源，这表明他们不仅可以利用陆地资源，也可以选择海湾地带生存。此外，牙齿咬合微痕分析也被用来区别这两个人群之间的饮食差异。近期的一项研究共收集了 52 个 MIS 6 以前的欧洲人数据，MIS 3～6 的尼人数据以及 MIS 2～3 的 37 个现代人数据，同时收集了 11 个 MIS 6 以前的欧洲人微痕数据，获取了牙齿微痕的 5 个变量，分别为复杂度、各向异性、最大复杂度的尺度、体积填充量以及异质性。复杂性主要是测量牙齿表明的粗糙度，可以用来代表食物的硬度；各向异性主要是测量牙齿表面划痕的方向，用来指代食物的韧性；划痕填充体积可以表示牙齿划痕的大小和深度；而最大复杂度尺度可以用来代表摩擦粒度大小；最后是异质性可用来指代食物来源的变化。接下来将这些变量数据，与 3 种植被类型以及 3 种不同的技术复杂性指标进行方差分析。发现尼人更多依赖于有韧性的食物（如动物肉），而现代人除了韧性食物，也包括少量硬的植物饮食，对植物性资源表现了更多的热情（EL Zaatari et al., 2016）。因此，当气候恶化、生物量降低的时候，现代人无论适应性或竞争性都更有优势。

7.3.3　冰期人类的生存

以下我们以末次冰期为例，介绍人类与自然的抗争。

1. 末次冰期与人类生存

末次冰期来临的时候，气候条件非常残酷，但在世界很多地方却形成了一些独立的动植物避难所，迫使他们更多地依赖特殊的气候和地形条件。例如南西伯利亚的阿尔泰山—萨彦岭地区则是许多物种的避难所之一。植被证据也表明这里的植被类型比欧亚大陆北部的其他地区更为稳定。

在 LGM，欧亚大陆北部的人类遗址几乎完全荒废，他们都撤退到了大陆的更南部地区。冰后期，气候转暖后，人类才重新居住在这里。在冰期中，人类生活在相对隔绝的地区。这些地区包括非洲萨瓦纳地区、欧亚大陆西部、印度次大陆、东亚以及澳大利亚。空间上的隔绝使得人类在基因、形态和语言上都出现了分异。已有研究根据孢粉数据以及地形、气候数据模拟了 LGM 的生物量，并且对该时期的考古遗址点进行了统计，最后分析这个时期人类遗址的分布规律。结果表明大多数 LGM 的遗址落在萨瓦纳和稀树森林地带，这里比浓密森林地带有更多生产力，而比开阔的草原地带有更多树木资源可利用。在气候相对和缓的时期，人类通过具有较高初级生产力的地区而尽量避免通过浓密的森林地带来完成扩散过程。

LGM 极端干冷的气候导致西北欧和东亚地区人口大幅度减少。中国旧石器时代的遗址除了在洞穴中发现外，还有相当数量分布在黄土地带。到了晚更新世，考古遗址点呈现明显的扩散趋势，遗址的分布范围更靠北部，并且开始向青藏高原边缘扩张（Bae et al., 2018）。而近期青藏高原边缘丹尼索瓦人下颌骨的发现，将人类占据青藏高原的历史推进到了 160 ka 前（Chen et al., 2019）。在中国，相关证据认为 41°N 以南的地区从 MIS 3 到

LGM 的文化是持续发展的，但是在这个界限以北 LGM 的时候没有人类居住。LGM 时，在中国北方只有为数不多的遗址有人类居住，它们是水洞沟、油坊、柿子滩、龙王辿、下川等。当末次冰期来临的时候，北方沙漠扩张，淡水资源减少，植被带南移。人类面对恶劣的环境有两个选择：一是迁移；二是技术革新。在干冷气候条件下，包括俄罗斯、中国北方、韩国、日本在内东北亚地区普遍发展起了细叶石器以适应高流动性的生活方式。同时，为了生存，包括水洞沟、柿子滩在内的更新世晚期的人类开始努力开发和利用植物性资源。而遗址中大量骨针的出现和柿子滩亚麻纤维的存在都意味着人类可能为了避寒而制作衣服。

西北欧地区的居住是近年来备受关注的问题。现代人约 45ka 到达欧洲。尼人 DNA 的比例随着时间从 3%～6%减少到 2%。尽管冰期气候条件不适宜人类生存，然而正是在冰期中人类有了更大的群体，更为复杂的技术以及社会组织系统。实际上，考古记录表明冰期条件下的欧洲人能够适应环境，并且成功度过冰期。

2. 末次冰期与广谱革命

生态学意义上的“广谱”，是指食谱中包含回报率高低差别较大、档次较多的多种资源，因此这里所说的资源在本质上以回报率作为分类标准。考古学上是指旧石器时代晚期到新石器时代早期（生产经济开始）一段时间内，人类生计方式逐渐转向开发利用原来没有利用或忽视的动植物资源的显著变化。广谱革命这一假说最早由 Flannery（1969）在“伊朗和近东地区早期驯化的起源和生态影响”一文中提出。他认为人类为应对更新世末期的环境压力而开发利用小型动物、采集低等植物，食谱发生重大变化。1968 年，Binford（1968）发现欧洲中纬度和高纬度在旧石器时代末期，尤其是 12～8 ka BP 发生人类食谱多样化的趋势。伴随着食谱转变，狩猎、食物加工、食物储存设施快速多样化。关于“广谱革命”的原因目前主要有以下的两种观点：环境变化说、人口压力说。

环境变化说：Clark（1969）认为，中石器时代的欧洲人是复杂的采集者，是末次冰期最盛期干冷气候条件诱发了农业驯化过程。栽培技术的发展是为了使得回报率更加稳定。而另外的研究则认为冰后期气候更加温暖，使得生物量增加，人口开始扩张，促成了广谱革命。从广谱革命发生的时间和条件来看，冰后期气候转暖说似乎更有说服力。人类在 MIS 1 全球性的广谱革命中食谱范围空前扩大。食谱范围扩大和食物存储技术的发展有利于人类应对饥荒，也有利于人口数量的增加，增强生存稳定性。

人口因素说：Flannery（1969）认为，以前为人们所忽略的小型动物、鱼类和水生生物、植物资源在旧石器晚期被纳入到了人类的食谱中来。这一变化是与人口密度增加，大量人口从最优资源区转到边远地区相关，是环境承载力和人口增多之间的矛盾导致了广谱革命。尽管这一概念起源于近东，然而这应该是一种全球性的事件。西班牙北部旧石器晚期海洋资源利用程度增加被认为是广谱革命的经典案例。而埃及的广谱革命也与人口增加及农业起源相联系。人口压力可以定义为人口密度与可用资源之间的比值。在

Natufian 为代表的考古遗址中，鸟类和野兔数量增多而大型动物减少，代表了广谱的食物经济模式。研究者普遍认为发生这种转变的原因是人口数量增多导致对大型猎物的过度捕杀引起的。随着大型猎物的减少，人们不得不去开发一些小型的动物资源（Martin et al., 2017）。地中海北缘和东缘遗址中小型猎物的增加表明在旧石器中晚期人口密度增加，人类开始开发那些灵巧并且快速繁殖的竹鸡、野兔和家兔等动物，以及那些繁殖较慢但是容易捕获的乌龟和海洋贝壳类动物。旧石器时代晚期的地中海盆地曾经不止一次地发生了人口密度增加的现象。人类猎取小型动物的机会要远远高于大型猎物。过去认为随着农业发展，人类开始定居才出现了人口数量增加的现象。然而最近的基因研究表明：在旧石器时代的非洲和亚欧大陆就已经有了人口扩张的情况（Barbujani, 2013）。Sauer（1952）的人口理论也认为：在新石器时代以前就发生了人口扩张，从而引发了农业革命的发生。但是，研究旧石器时代人口数量常用的方法是统计考古遗址 ^{14}C 数据分布频率曲线，用这种频率分布曲线来指代人口的波动。应用这种方法的前提是样本量要足够大，以减少不确定性的误差。总之，人口压力说的两个要素就是人口密度和环境承载力。然而，根据现有的考古遗址及古环境数据来重建这两个要素的方法带有很大的不确定性。

7.3.4　冰后期气候与农业起源

关于农业起源问题的研究，最早发端于欧洲。早在 19 世纪 20 年代，法国植物地理学家 A. de Candolle 就发表了《植物耕作的起源》一文， 展示了植物分布规律及其可能的原因。他认为即便气候、地形和土壤条件完全相同的情况下也可能出现不同的植物物种。另外，他还分析了野生植物和农作物之间的关系。1866 年，瑞士早期湖居遗址这一早期村落中发现了农作物遗存，这再次引起了人们对农业起源问题的兴趣。1928 年，英国考古学家 V. G. Child 提出了“新石器时代革命”的概念，他认为由农耕、畜牧而达到食物生产，是人类自掌握用火以来“最伟大的经济革命”，这种革命唯有近代的工业革命可相比拟。农业起源问题已经成为世界考古学界重要的研究课题之一。而且，随着新资料的不断发现和研究技术手段的不断发展，为过去提出的新石器时代革命、农业革命等科学概念提供了可信的证据和技术支撑。长期以来，学术界对农业起源的动力以及农业传播过程提出了多种解释，而其中最为核心的理论是以下的几个方面。

1. 农业起源的原因

人类进入农业社会其标志有植物栽培、动物驯养、制陶、冶炼等。农业起源的原因和广谱革命的原因类似。

1）环境变化理论

Raphael Pumpelly 在 100 多年前提出了绿洲理论。他指出环境与生态的变化是人类从渔猎到栽培和畜牧的原因。同时指出冰期景观经历了持续干旱，水资源集中在一些河

谷地带和湖泊。在这些少数存在的绿洲中，动物、植物与人近距离生活。这种共生关系使得动植物驯化成为可能。但是，这一理论是基于他在中亚的考古和地质工作，并且对于谷物栽培没有建立起准确的时间标尺。Child 在 20 世纪 20 年代将这一理论推广，并且在近东地区进行了相关研究。他正式将这一转变命名为“新石器时代革命”，他的研究中有了清楚的考古学年代（Roberts et al., 2018）。他在 1928 年 *The Most Ancient Near East* 一书里面写道：在更新世结束的时候，北非和近东地区经历了一段时间的干旱，这种干旱使得人类和动物们都集中到绿洲和河谷地带，人类和动植物有了更近距离的接触，人口显著增加。随着人口增加，他们不得不离开肥沃的地区，向绿洲边缘地区发展。在此过程中他们不得不学习种植农作物和饲养动物。这一观点主要是从外部的自然环境变化来解释人类由食物采集者转化为食物生产者的原因。

然而，Child 的理论还有很多无法解释的问题。其一，人与动植物不得已在河谷地带的共栖关系早就应当发生过，为什么动物驯化现象没有发生在这些较早的时期呢？其二，因为这种理论没有解释为什么干旱时期绵羊和山羊只会迁到低地绿洲而不会迁到湿润的山冈上去。其三，这种理论也没有解释为什么植物栽培和动物驯化也发生在并不干旱的地方，如热带的东南亚和南美洲的亚马孙盆地（哈维兰，1987）。

后来的考古学家，如 Braidwood（1960）、Binford（1968）、Wright（1970）和 Bar-Yosef（2011）等又相继对这一理论进行阐释和修正。在此期间，测年技术开始发展，并且古气候研究也日益繁荣，这使得更加准确重建过去气候变化历史成为可能。如 Wright（1970）对伊朗高原的湖芯样品进行了孢粉分析，并且发现了环境变化和农业起源之间的关系。他认为更新世末期，一些地方成为野生谷物的避难所。植物、动物与人不是在绿洲地带，而是在一些避难所有了更紧密的共生关系。近期古生态学和考古学证据表明，人类最初从采集和狩猎经济向最初的原始农业转化在世界不同地区几乎是同时的。这一事实似乎暗示着农业的发展是由气候系统决定的（图 7-5）。此时猎人首选的大猎物种属减少，迫使人们扩大饮食范围，小猎物、植物饮食增加。也发展出诸如研磨、过滤和浸泡之类的加工技术以及动物驯化技能。开始了从渔猎生活方式向农业生活方式的转变。

2）人口压力说

人口压力说是 20 世纪 60 年代很流行的一种理论，这种理论认为人口的增长在由采集狩猎经济向生产经济的转变过程中起到了关键作用。这种理论最初由 Boserup（1965）提出，随后美国学者 Binford（1968）认为，在西亚人们通过利用混合资源来适应寒冷干旱的生活环境。人口会在资源条件最优越的生境中快速增长，然后多余的人口会向资源条件略差的边缘转移（Binford, 1968；潘艳和陈淳, 2011）。人口增长打破了原来的生态平衡，又给生计带来了新的困难。在更新世末期，由于冰川消退、海平面上升等缘故，使居民们从世界的一些海岸涌入到人口稀少的地方。农业发展对这些地区的居民就相当有利了。研究者常用考古遗址点的 ^{14}C 年龄频率累积曲线来大致重建人口规模。利用该种方法说明末次冰期后黎凡特北部和上美索不达美亚地区持续的人口增加，即使在 Y D 冷期中，新月形地带的北半部也没有呈现出人口下降的趋势。

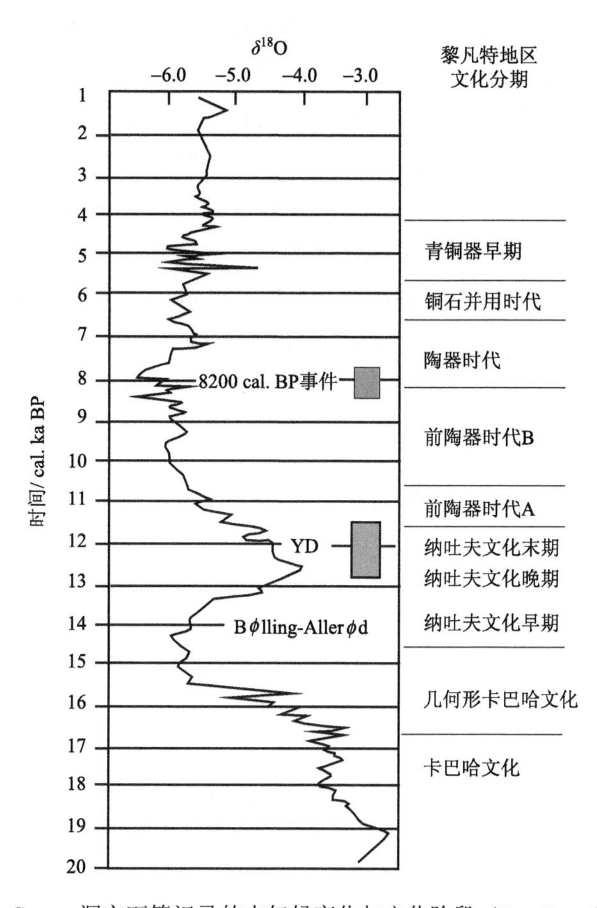

图 7-5 Soreq 洞穴石笋记录的古气候变化与文化阶段（Bar-Yosef, 2011）

然而，正如绿洲理论存在许多问题一样，人口压力说也有一些不能解释的问题。民族学资料表明，许多采集狩猎民族似乎都把人口稳定在土地容纳量之下，即在一定获取食物技术水平上可维持生存的人数。所以，这种理论不能解释当时人们为什么要把人口繁殖到需要寻求新食物的过剩状态（哈维兰，1987）。另外，这一假说不能解释的是，在较早的间冰期内也曾有过海平面的上升，为什么没有导致同样的人口压力和文化变迁。

3）文化自然进化说

系统采用田野考古发掘来研究西南亚地区的农业起源问题一直到 20 世纪 40 年代末期才开始。这一工作的主要推动者是 Robert J. Braidwood 和 Kathleen Kenyon，正是在考古发掘中得出了对农业起源的认识。

Braidwood（1960）认为农业的产生是人类几千年经验的积累以及对植物栽培和动物驯化方法逐步掌握的自然结果。他不同意 Child“绿洲说”的观点。他否认末次冰期气候回暖诱发了农业的产生，他认为：在过去 75 ka 以来同样发生了剧烈变化。并且西南亚

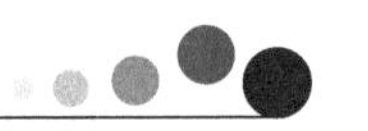

地区这些潜在可供驯化的动植物在全球其他生境条件相似的地区也存在。并且农业开始的时候气候并没有发生显著变化。一直增长的文化以及人类群体的专门化趋势达到一个阈值的时候会导致农业起源的发生。他描绘了这样的场景：到公元前8000年的时候，环绕肥沃新月形地带周围山地的居民已经对他们居住的生境条件非常了解，并且开始栽培和驯化一些他们一直采集和狩猎的动植物。在稍晚的时间内在世界其他地区如中美洲、安第斯山、东南亚以及中国均发生了这样的过程。这些核心地区的文化又将这种新的生活方式向其他地区传播。根据Braidwood的观点，农业革命最早就发生在西亚新月形肥沃地带边缘的山地上。而发掘巴勒斯坦耶利哥遗址的英国学者Kenyon（1954）则认为农耕的起源地不一定要在高地上，在低地绿洲的耶利哥地方也有可能发生最早的农业革命。值得注意的是，限于技术条件，Braidwood对过去的气候并没有系统研究。因此，这结论只能反映当时的认知程度。

2. 主要农业起源地：以植物为中心

关于农业起源的地点、时间问题，也是国际学术界普遍关心的研究课题。早在1935年，苏联学者H. И. Vavilov，从遗传学演化角度提出作物变异的分布理论，提出了农业起源可能有八个中心，即东亚、印度、中亚、西南亚、地中海区域、东非、中美洲和南美洲安第斯山地区。东亚主要指中国，为第一起源中心，这一中心栽培植物种类最为丰富，共有136种，占全世界666种主要粮食、蔬菜、果树等作物总数的20.4%（Vavilov，1982）。Vavilov的理论和观点在学术界流行了很长时间。到了20世纪中叶，由于在西亚发现了最早的农业遗存，于是，就有学者认为这一地区是世界农业文化发生的“摇篮”，农业起源一元扩散论的观点一度较为流行。持这种意见的学者认为，世界各地的农业文化都是从西亚这个唯一的起源中心出发，像缓慢移动的波浪逐渐传播到世界各地。但是，在最近的二三十年间，随着中美洲、南美洲、北非、南欧、东亚和东南亚等地区考古工作的深入开展，大量的考古新发现表明，人类在上述地区开始从事生产性经济的时间远比以往的猜测要早得多。不仅如此，不同地区作物类型之间存在的显著差异，也使得研究者们逐渐认识到农业起源可能是多源的，至少西亚和中东、中美洲、东亚等地区都是相对独立的农业革命中心。Diamond（2002）认为：农业生产在世界上九个地区独立起源，它们是新月形地带、中国、美索不达米亚、安第斯、美国东部、撒哈拉、热带西非、埃塞俄比亚和新几内亚。

农业起源的真正问题是：为什么农业最终超过渔猎生活方式，并且是在特定时间和特定地点，而不是在更早时间或者在其他地方。从农业产生的地点来看，农业起源的地区必须是能够适宜人类生存，环境条件适中的地区。对于那些环境条件特别好的地方，由于食物资源相当丰富，单纯靠采集狩猎就可以满足生存的需要了。而条件太恶劣的地方，远古人类尚不能居住，更谈不上农业的起源了。农业起源地均处于中低纬度，并且与大河冲积平原或河谷阶地相伴随。对农业起源地的判别，一般应依据两个基本条件：

一是必须发现有较早的可鉴定为栽培种的作物遗存；二是这些遗存应位于作物野生祖本的分布范围之内。

3. 主要农作物的起源和传播

农业在不同地区独立起源，起源之后这些动植物就开始随着东西方的文化交流开始了交换。根据考古材料记录，Sherratt（2006）将公元前 2 千纪早期作为文化交流的一个重要时间节点。而 Jones 等（2011，2016）根据庄稼作物跨欧亚大陆的直接证据，认为当时发生了包括小麦在内的食物资源全球化现象。这些食物资源不仅仅包括淀粉类庄稼，其他经济类作物如葡萄、桃子、小扁豆、亚麻以及芥菜等均进行了长距离的传播。尽管如此，淀粉类植物的传播是食物全球化的中心。食物全球化的驱动力主要来自于生态、经济以及文化方面。欧亚大陆最早传播的作物通常有较短的生长期和成熟期。快速成熟的黍是最初跨欧亚大陆传播的作物，接下来是荞麦、粟；最后才是成熟较慢的小麦。因此，最有可能传播的是那些在较短时间内就有较高产量的作物。而阶层社会以及附属的劳动力阶层出现也是作物跨大陆传播的重要驱动力。最后，不同的文化偏好也是影响食物全球化的重要因素。总之，食物全球化现象是一种由下到上的过程。第一阶段从公元前 3000 年开始，当时人跟动物一起移动，寻找草场、通婚对象以及其他资源。到了公元前 2 千纪中期，一个物质文化交流网络已经形成，这些网络通过一系列的山麓地带以及山地走廊相互连接。这里，我们以小米和小麦为例，了解农业的起源及传播过程。

1）粟和黍的驯化和传播

中国是全球重要的农业起源中心之一。在冰后期温暖期中，中国发展起了北方旱作农业、南方稻作农业以及华南的块茎类农业。粟和黍作为耐旱的植物，对水分和温度要求不高（年降水量多于 400 mm，年均温高于 4 ℃），使得这两种作物非常适宜中国北方地区的气候条件。甘肃大地湾遗址、内蒙古兴隆沟遗址以及河北武安磁山遗址均有粟和黍的发现。推测粟和黍从野生到驯化的过程可能很长。此后，粟长期为中国北方的主要粮食作物。

粟在中国驯化成功后，开始向中亚和欧洲传播。新疆作为东西方文明交汇的通道在农作物的传播中起到了非常重要的作用。Wang 等（2019）综合了近年来发表的新疆和欧亚大陆 52 个青铜时代的同位素资料，重建了小米由中国传向欧洲的路径，作者称这项研究为同位素揭示的小米之路。结果表明黄河中下游地区的 δ^{13}C 值非常高，表明这里的人们主要以小米等 C4 植物为食物；而河西走廊大部分遗址与黄河中下游地区具有相似的饮食结构，但是也有一些西部的遗址为 C3 和 C4 植物混合的经济模式，表明这里为饮食传播和过渡地区。而在新疆地区，δ^{13}C 的数值则要低很多，是以 C3 植物为主要饮食。但是，部分遗址与河西走廊更为相似，为 C3 和 C4 的混合经济模式；部分遗址则跟中亚地区更为相似。在新疆南部的小河墓地和新塔拉遗址都出土了黍的遗存，显示在 3800 a BP 左右黍已传播至哈密和罗布泊地区。新疆与欧洲安德罗诺沃文化最为接近的早期青铜时

代遗址是处于罗布泊地区的古墓沟。其同位素分析结果与哈萨克斯坦北部的遗址保持了高度的一致性。而在哈萨克斯坦北部地区人类主要植物性食物为C3为主的小麦而非小米。而哈萨克斯坦南部和伊朗、叙利亚、土耳其等地区则至少在公元前2千纪的时候已经有了小米遗存。哈萨克斯坦东部的Begash遗址炭化黍直接测年结果在4410～4103 a BP，该遗址是目前最早同时出土麦类和黍遗存的遗址，说明至少在4400 a BP东西方农作物已在中亚东部地区交汇（董广辉等，2017）。欧洲希腊北部以及意大利中部的一些遗址的人骨同位素分析结果也表明了小米为主的饮食习惯。然而，这些遗址很多还没有可靠的 ^{14}C测年数据。

2）小麦的驯化和传播

共有八个物种从新月形地带起源，其中有三种谷物，小麦是其中最重要的一种谷物。新月地带大体包括现今的以色列、巴勒斯坦、黎巴嫩、约旦、叙利亚、伊拉克东北部和土耳其东南部。栽培小麦出现之后向四周传播，并逐步成为世界几个主要古代文明的主体农作物品种，如两河流域的美索不达米亚文明、尼罗河流域的古埃及文明、印度河流域的古印度文明，以及后来的古希腊和古罗马文明。

在西亚，早在9970 cal. 小麦就已经开始栽培了。之所以成为小麦的起源中心，是因为这里大量分布着小麦的野生祖本。考古学上也发现了叙利亚、土耳其和伊朗的考古遗址中开发利用野生种的情况。单粒和二粒小麦的野生祖本在近东地区发现，而在里海以东从没有发现单粒小麦的野生祖本。因此，单粒和二粒小麦的驯化地区集中在近东以及安纳托利亚地区。现在食用的面包小麦（六倍体小麦）是由栽培的四倍体小麦和一种二倍体粗山羊草形成的，这种野草分布在伊朗、阿富汗、中亚、高加索以及里海地区，而野生的四倍体小麦只分布在新月形地带。因为这两个野生祖本的分布区不一致，很可能的过程是四倍体小麦先完成驯化并且传播到二倍体野草所在地区，两者完成杂交，最后形成六倍体的面包小麦，也被称为普通小麦（Betts et al., 2014）。

小麦从近东向北传播。驯化小麦出现在中亚西部的时间大约是8000 a BP，而出现在印度河流域的时间大约为7500 a BP。在经过一段时间的停滞后，于6000 a BP传播到中亚东部。小麦在4600 a BP传入中国后，于3000 a BP传播到韩国，2000 a BP传入日本。之所以在向东亚传播过程中有停滞现象，可能与西亚和东亚不同的气候特点有关。西亚地区属于地中海式气候，夏季炎热干燥、冬季阴冷湿润，主要降雨季节为冬春两季。而包括中国、朝鲜半岛、日本在内的东亚地区属于季风气候，夏季高温多雨，冬季寒冷干燥（赵志军，2015）。因此，季风区的雨热配置并不利于小麦的栽培，古代先民或许经过了很长时间的探索和实验才引种成功。

而在欧亚草原地带，农业活动开始的时间非常晚，主要以渔猎为主；到了后期则以游牧经济为主。因此，农业经济在这个地带的比重非常低，只在草原东部地区存在有限的农业活动。小麦在距今6千纪中期的时候已经到达与新疆毗邻的中亚地区，有证据表明到了5千纪中期的时候在阿富汗和塔吉克斯坦的山区已经发展起了农业。在北方的西伯利亚南部、阿尔泰山西部以及哈萨克斯坦东部地区，墓葬和相关材料表明这些人是从西部迁徙过来的。当时的经济基础主要是放牧，农业实践很少。小麦在向东传播的过程中，一支是穿过伊朗高原，到达中亚和南亚，然后向北进入高加索以及南俄罗斯。而另外一支则是到了中国。小麦传入中国，研究者提出了三种路径。第一种说法认为通过阿富汗或者中亚绿洲进入新疆北部，然后再通过河西走廊进入陕西、河南，最终到达山东。这一假说从宏观上与人群东西向的文化交流有关。但是，目前无法解释的是新疆出土小麦的年代和山东几乎是同时的（Liu and Chen, 2012）。而第二种说法认为是通过欧亚大陆西北部，穿过南西伯利亚和蒙古高原进入中国河西走廊地区，然后再由这里向西传播到新疆，向东到达黄海。这种说法的主要证据是在河西走廊东灰山遗址的小麦年代是最早的。然而，这一年代数据是来自于地层而非植物种子的测年。另外，在中国与欧亚草原相联系的非常早的农业遗址是缺乏的，只有青铜时代的遗址显示了与欧亚草原的联系。其中最早的遗址是切木尔切克遗址，与蒙古草原文化呈现了较多的联系，时代约为 5～4 ka BP。哈萨克斯坦东部的 Begash 遗址的测年为 4410～4103 a BP，并且同时发现了小麦和小米。说明当时种植小麦的人群和小米的人群曾经在这里相会，也为小麦的草原传播路径提供了可能的证据。目前，我们对蒙古国境内的考古遗址情况还了解非常少，需要更多的证据来验证这一条路径。第三种说法认为小麦在中国多个地区几乎同时出现，表明可能有多条传播路径和多个节点。已有小麦测年结果表明：山东赵家庄小麦的年代为 4562～4208 cal. BP，山东两城镇小麦的年代为 4600～3900 cal. BP，甘肃西山坪为 4650～4350 cal. BP。由这些年代数据可知，小麦在 4600～4200 a BP 之间几乎同时传入中国的（Barton and An, 2014）。小麦从南部传入中国的可能性比较小，因为这里纬度较低，具有较高的降雨量，不适宜小麦的生长（Betts et al., 2014）。

总之，冰后期农业的起源和繁荣建立在地区乃至洲际的作物物种交流、培育以及农业技术的发展上。农业全球化是人类文明史上的标志性飞跃。

思 考 题

1. 猛犸象-披毛犀和现在的非洲象和犀牛有无亲缘关系，它们的演化和冰冻圈变化有着怎样的关系？

2. 冰期气候环境还是间冰期气候环境对第四纪人类演化更有利？

参 考 文 献

陈岳龙, 杨忠芳, 赵志丹. 2005. 同位素地质年代学与地球化学. 北京: 地质出版社.

崔之久. 1981. 青藏高原冰缘地貌的基本特征. 中国科学(B 辑), (6): 724-733.

崔之久, 伍永秋, 刘耕年, 等. 1998a. 昆仑-黄河运动. 中国科学(D 辑): 地球科学, 28(1): 53-53.

崔之久, 熊黑钢, 刘耕年, 等. 1998b. 中天山冰冻圈地貌过程与沉积特征. 石家庄: 河北科学技术出版社.

董广辉, 杨谊时, 韩建业, 等. 2017. 农作物传播视角下的欧亚大陆史前东西方文化交流.中国科学:地球科学, 47(05):530-543.

葛全胜, 郑景云, 满志敏, 等. 2004. 过去 2000 年中国温度变化研究的几个问题. 自然科学进展, 14: 449-455.

龚高法, 张丕远, 张瑾瑢. 1983. 十八世纪我国长江下游等地区的气候. 地理研究, 2(02): 20-33.

哈维兰. 1987. 当代人类学. 王铭铭译.上海：上海人民出版社.

科林·伦福儒，保罗·巴恩. 2004. 考古学理论、方法与实践(第三版). 陈淳译. 北京: 中国社会科学出版社.

李炳元, 李吉均, 崔之久, 等. 1991. 青藏高原第四纪冰川遗迹分布图. 北京: 科学出版社.

李吉均. 1983. 大陆性气候高山冰缘带的地貌过程. 冰川冻土, 5(1): 1-11.

李吉均, 文世宣, 张青松, 等. 1979. 青藏高原隆起的时代, 幅度和形式的探讨. 中国科学(A 辑), 6: 608-616.

李吉均, 周尚哲, 赵志军, 等. 2015. 论青藏运动主幕. 中国科学, 45(10): 1597-1608.

刘东生. 1985. 黄土与环境. 北京: 科学出版社.

刘廼发, 包新康, 廖继承. 2013. 青藏高原鸟类分类与分布. 北京: 科学出版社.

刘顺生, 张峰, 胡瑞英, 等. 1984. 裂变径迹年龄测定-方法、技术和应用. 北京: 地质出版社.

欧先交, 曾兰华, 陈仁容, 等. 2021. 冰川沉积释光测年：采样策略与测试选择. 冰川冻土, 43: 756-766.

潘艳, 陈淳. 2011. 农业起源与“广谱革命”理论的变迁. 东南文化, (4): 26-34.

邱华宁, 彭良. 1997. ^{40}Ar-^{39}Ar 年代学与流体包裹体定年. 合肥: 中国科学技术大学出版社.

施雅风, 崔之久, 李吉均, 等. 1989. 中国东部第四纪冰川与环境问题. 北京: 科学出版社.

施雅风, 崔之久, 苏珍. 2006. 中国第四纪冰川与环境变化. 石家庄: 河北科学技术出版社.

施雅风, 黄茂桓, 任炳辉. 1988. 中国冰川概论. 北京: 科学出版社.

王绍武. 2011. 全新世气候变化. 北京: 气象出版社.

王树芝, 岳洪彬, 岳占伟. 2016. 殷商时期高分辨率的生态环境重建. 南方文物, (02): 148-157.

徐仁, 陶君容, 孙湘君. 1973. 希夏邦马峰高山栎化石层的发现及其在植物学和地质学上的意义. 植物学报, 15: 103-119.

杨景春, 李有利. 2001. 地貌学原理. 北京: 北京大学出版社.

张德二. 1984. 我国历史时期以来降尘的天气气候学初步分析. 中国科学(B 辑), 3: 278-288.

张林源. 1981. 青藏高原上升对我国第四纪环境演变的影响. 兰州大学学报, (3): 142-155.

赵井东, 刘瑞连, 王潍诚, 等. 2021. 原地宇宙成因核素(TCN)测年靶标制备——以第四纪冰川研究中的应用为例. 冰川冻土, 43: 767-775.

赵井东, 施雅风, 王杰. 2011. 中国第四纪冰川演化序列与 MIS 对比研究的新进展. 地理学报, 66(7): 867-884.

赵志军. 2015. 小麦传入中国的研究-植物考古学资料. 南方文物, (03)：44-52.

中国气象科学院. 1981. 中国近 500 年旱涝分布图集. 北京：地图出版社.
钟大赉, 丁林. 1996. 青藏高原的隆起过程及其机制探讨. 中国科学(D 辑), 26: 289-295.
周尚哲. 2012. 阿尔卑斯山地区第四纪冰川最新研究. 冰川冻土, 34(5): 1127-1133.
周幼吾, 郭东信, 邱国强, 等. 2000. 中国冻土. 北京: 科学出版社.
竺可桢. 1972. 中国近五千年来气候变迁的初步研究. 考古学报, (01): 15-38.
Vavilov H И. 1982. 主要栽培植物的世界起源中心. 董玉琛译. 北京: 中国农业出版社.
Aitken M J. 1985. Thermoluminescence Dting. London: Academic Press.
Aitken M J. 1998. An Introduction to Optical Dating. Oxford: Oxford University Press.
Alley R B. 2007. Wally was right: predictive ability of the North Atlantic "conveyor belt" hypothesis for abrupt climate change. Annual Review of Earth and Planetary Sciences, 35: 241-272.
Alley R B, Clark P U, Keigwin L D, et al. 1999. Making sense of millennial scale climate change. In: Clark P U, Webb R S, Keigwin L D. Mechanisms of Global Climate Change at Millennial Time Scales. Washington, DC: American Geophysical Union: 385-394.
Anderson D E, Goudie A S, Parker A G. 2013. Global environments through the Quaternary: Exploring environmental change. Oxford: Oxford University Press, 203-209.
Andrews J T. 1970. A geomorphological study of post-glacial uplift: with particular reference to Arctic Canada. London: Institute of British Geographers.
Araujo B B A, Oliveira-Santos L G R, Lima-Ribeiro M S, et al. 2017. Bigger kill than chill: The uneven roles of humans and climate on late Quaternary megafaunal extinctions. Quaternary International, 431: 216-222.
Bae C J, Li F, Cheng L, et al. 2018. Hominin distribution and density patterns in Pleistocene China: Climatic influences. Palaeogeography, Palaeoclimatology, Palaeoecology, 512: 118-131.
Barbujani G. 2013. Genetic evidence for prehistoric demographic changes in Europe. Human Heredity, 76(3-4): 133-141.
Barton L, An C-B. 2014. An evaluation of competing hypotheses for the early adoption of wheat in East Asia. World Archaeology, 46(5): 775-798.
Bar-Yosef O. 2011. Climatic fluctuations and early farming in west and east Asia. Current Anthropology, 52(S4): S175-S193.
Benito B M, Svenning J C, Kellberg-Nielsen T et al. 2017. The ecological niche and distribution of Neanderthals during the Last Interglacial. Journal of Biogeography, 44: 51-61.
Betts A, Jia P W, Dodson J. 2014. The origins of wheat in China and potential pathways for its introduction: A review. Quaternary International, 348: 158-168.
Bezrukova E V, Kulagina N V, Letunova P P, et al. 2003. Pliocene-Quaternary vegetation and climate history of the lake Baikal area, eastern Siberia. In: Kashiwaya K. Long Continental Records From Lake Baikal. New York: Springer-Verlag: 111-122.
Binford L R. 1968. Post-Pleistocene adaption. In: Binford S R, Binford L R, New Perspective in Archaeology. Chicago: Aldine Publishing Company, 313-314.
Bond G, Broecker W, Johnsen S, et al. 1993. Correlations between climate records from North Atlantic sediments and Greenland ice. Nature, 365: 143-147.
Bond G, Kromer B, Beer J, et al. 2001. Persistent solar influence on North Atlantic Climate during the Holocene. Science, 294: 2130-2136.
Bond G, Showers W, Cheseby M, et al. 1997. A pervasive millennial-scale cycle in North Atlantic Holocene and glacial climates. Science, 278: 1257-1266.
Boserup E. 1965. The condition of agricultural growth: The economics of agrarian change under population

pressure. London: Allen and Unwin.
Braidwood R J. 1960. The Agricultural Revolution. Scientific American, 203: 130-152.
Broecker W, Bond G, Klas M, et al. 1992. Origin of the northern Atlantic's Heinrich events. Climate Dynamics, 6: 265-273.
Cao X, Herzschuh U, Ni J, et al. 2014. Spatial and temporal distributions of major tree taxa in eastern continental Asia during the last 22,000 years. The Holocene, 25(1):79-91.
Chen F H, Welker F, Shen C, et al. 2019. A late middle Pleistocene Denisovan mandible from the Tibetan Plateau. Nature, 569: 409-412.
Clark G. 1969. World prehistory: a new outline (2nd ed). London: Cambridge University Press.
Coleman M, Hodges K. 1995. Evidence for Tibetan plateau uplift before 14 Myr ago from a new minimum age for east-west extension. Nature, 374: 49-52.
Cuffey K M, Paterson W S B. 2010. The Physics of Glaciers (Fourth Edition). San Diego: Academic Press.
Dansgaard W, Johnsen S J, Clausen H B, et al. 1993. Evidence for general instability of past climate from a 250-kyr ice-core record. Nature, 364: 218-220.
Daura J, Sanz M, Allué E, et al. 2017. Palaeoenvironments of the last Neanderthals in SW Europe (MIS 3): Cova del Coll Verdaguer (Barcelona, NE of Iberian Peninsula). Quaternary Science Reviews, 177: 34-56.
Deevey E S, Flint R F. 1957. Postglacial Hypsithermal Interval. Science, 125: 182-184.
Dennell R. 2008. Human migration and occupation of Eurasia. Episodes, 31:207-210.
Diamond J. 2002. Evolution, consequences and future of plant and animal domestication. Nature, 418(6898): 700-707.
Dickin A P. 2005. Radiogenic Isotope Geology (Second edition). New York: Cambridge University Press.
Dodge D R. 2012. A molecular approach to Neanderthal extinction. Quaternary International, 259: 22-32.
Dyke A S, Moore A, Robertson L. 2003. Deglaciation of North America. Geological Survey of Canada Open File 1574. Ottawa: Natural Resources Canada.
Ehlers J, Gibbard P L. 2007. The extent and chronology of Cenozoic Global Glaciation. Quaternary International, 164-165: 6-20.
El Zaatari S, Grine F E, Ungar P S, et al. 2016. Neandertal versus Modern Human Dietary Responses to Climatic Fluctuations. Plos One, 11(4): e0153277.
Embleton C, King C A M. 1975. Glacial Geomorphology. London: Edward Arnold.
EPICA community members. 2004. Eight glacial cycles from an Antarctic ice core. Nature, 429: 623-628.
Flannery K V. 1969. Origins and ecological effects of early domestication in Iran and the Near East. In: Ucko P J, Dimbleby G W. The Domestication and Exploitation of Plants and Animals. London: Duckworth.
Fleischer R L, Price P B. 1963. Tracks of charged particles in high polymers. Science, 140: 1221-1222.
Frakes L A. 1979. Climates Throughout Geologic Time. Amsterdan: Elsevier.
French H M. 2007. The Periglacial Environment (third edition). Chichester: John Wiley & Sons, Ltd.
Furbish D J, Andrews J T. 1984. The use of hypsometry to indicate long-term stability and response of valley glaciers to changes in mass transfer. Journal of Glaciology, 30: 199-211.
Ge Q, Zheng J, Fang X, et al. 2003. Winter half-year temperature reconstruction for the middle and lower reaches of the Yellow River and Yangtze River, China, during the past 2000 years. The Holocene, 13(6): 933-940.
Gosse J C, Phillips F M. 2001. Terrestrial in situ cosmogenic nuclides: theory and application. Quaternary Science Reviews, 20: 1475-1560.
Grün R. 1989. ESR dating for the early Earth. Nature, 338: 543-544.
Guthrie R D. 2004. Radiocarbon evidence of mid-Holocene mammoths stranded on an Alaskan Bering Sea

island. Nature, 429: 746-749.

Hafsten U. 1970. A sub-decision of the late Pleistocene period on a synchronous basis, intended for global and universal usage. Palaeogeography Palaeoclimatology Palaeoecology, 7: 279-296.

Harris C, Rea B R, Davies M C R. 2000. Geotechnical modelling of gelifluction processes: Validation of a new approach to periglacial slope studies. Annals of Glaciology, 31: 263-268.

Harrison T M, Copeland P, Kidd W S F, et al. 1992. Raising Tibet. Science, 255: 1663-1670.

Hays J D, Imbrie J, Shackleton N J. 1976. Variations in the earth's orbit: pacemaker of the ice ages. Science, 194: 1121-1132.

Heinrich H. 1988. Origin and consequences of cyclic ice rafting in the northeast Atlantic Ocean during the past 130, 000 Years. Quaternary Research, 29: 142-152.

Huntley B. 1990. European vegetation history: Palaeovegetation maps from pollen data-13 000 yr BP to present. Journal of Quaternary Science, 5: 103-122.

Ikeya M. 1975. Dating a stalactite by electron paramagnetic resonance. Nature, 255: 48-50.

Ikeya M. 1993. New Applications of Electron Spin Resnance-Dating, Dosimetry and Microscopy. Singapore: World Scientific.

IPCC. 2013. Climate Change 2013: The Physical Science Basis. Cambridge: Cambridge University Press.

Ives J D, Andrews J T, Barry R G. 1975, Growth and decay of the Laurentide Ice Sheet and comparisons with Fenno-Scandinavia. Naturwissenschaften, 62: 118-125.

Jansen E, Overpeck J, Briffa K R, et al. 2007. Palaeoclimate. In: Solomon S, Qin D, Manning M, et al. Climate Change 2007: The Physical Science Basis. Cambridge: Cambridge University Press.

Jones M, Hunt H, Kneale C, et al. 2016. Food globalisation in prehistory: The agrarian foundations of an interconnected continent. Journal of the British Academy, 4: 73-87.

Jones M, Hunt H, Lightfoot E, et al. 2011. Food globalization in prehistory. World Archaeology, 43(4): 665-675.

Kaser G, Osmaston H A. 2002. Tropical Glaciers. Cambridge: Cambridge University Press.

Kenyon K M. 1954. Excavations at Jericho. The Journal of the Royal Anthropological Institute of Great Britain and Ireland, 84: 103-110.

Kuhn M. 1979. Climate and Glaciers. IAHS Publication, 3-20.

Kutzbach J E, Guetter P J. 1986. The Influence of Changing Orbital Parameters and Surface Boundary Conditions on Climate Simulations for the Past 18000 Years. Journal of the Atmospheric Sciences, 43: 1726-1759.

Lachenbruch A H. 1966. Contraction theory of ice-wedge polygons: A qualitative discussion. In: Permafrost, International Conference Proceedings. National Research Council of Canada publication. National Academy of Sciences, Washington DC: 63-71.

Lal D, Peters B. 1967. Cosmic ray produced radioactivity on the Earth. In: Handbuch der Physik. New York: Springer-Verlag, 551-612.

Lamb H H. 1977. Climatic history and the future, vol 2: climate: present, past and future. London, England: Methuen and Co. Ltd.

Larsen C F, Motyka R J, Freymueller J T, et al. 2005. Rapid viscoelastic uplift in southeast Alaska caused by post-Little Ice Age glacial retreat. Earth and Planetary Science Letters, 237: 548-560.

Le Breton E, Dauteuil O, Biessy G. 2010. Post-glacial rebound of Iceland during the Holocene. Journal of the Geological Society(London), 167: 417-432.

Leakey L S B, Tobias P V, Napier J R. 1964. A new species of the genus Homo from Olduvai Gorge. Nature, 202: 7-9.

Lebreiro S M. 2013. Plio-Pleistocene imprint of natural climate cycles in marine sediments. Boletín Geológic-oy Minero, 124: 283-305.

Libby W F. 1952. Radiocarbon Dating. Chicago: University of Chicago Press.

Lifton N, Sato T, Dunai T J. 2014. Scaling in situ cosmogenic nuclide production rates using analytical approximations to atmospheric cosmic-ray fluxes. Earth and Planetary Science Letters, 386: 149-160.

Lisiecki L E, Raymo M E. 2005. A Pliocene-Pleistocene stack of 57 globally distributed benthic $\delta^{18}O$ records. Paleoceanography, 20: PA1003.

Liu L, Chen X. 2012. The Archaeology of China: From the Late Paleolithic to the Early Bronze Age. New York: Cambridge University Press.

Lowe J J, Walker M J C. 1997. Reconstruction Quaternary Environments (Second Edition). New York, USA: Routledge.

Lundelius E L Jr. 1967. Late Pleistocene and Holocene fauna history ofCentral Texas. In: Martin P S, Wright H E (eds.). Pleistocene extinctions: The search for a cause. Yale University Press: 287-319.

Manabe S, Terpstra T B. 1974. The effect of mountains on the general circulation of atmosphere as identified by numerical experiments. Journal of Atmospheric Science, 31: 3-42.

Marcott S A, Shakun J D, Clark P U, et al. 2013. A reconstruction of regional and global temperature for the past 11, 300 years. Science, 339: 1198-1201.

Marrero S M, Phillips F M, Borchers B, et al. 2016. Cosmogenic nuclide systematics and the CRONUScalc program. Quaternary Geochronology, 31: 160-187.

Martin L, Edwards Y H, Roe J, et al. 2017. Faunal turnover in the Azraq Basin, eastern Jordan 28000 to 9000 cal yr BP, signalling climate change and human impact. Quaternary Research, 86(2): 200-219.

Matthes F E, Reid H F, Hobbs WH, et al. 1939. Report of committee on glaciers, April 1939. Transactions, AGU, 20: 518-523.

Molnar P, England P, Martinod J. 1993. Mantle dynamics, uplift of the Tibetan Plateau, and the Indian monsoon. Reviews of Geophysics, 31: 357-396.

Murray A S, Wintle A G. 2000. Luminescence dating of quartz using an improved single-aliquot regenerative-dose protocol. Radiation Measurements, 32: 57-73.

Nesje A. 1992. Topographical effects on the equilibrium-line altitude on glaciers. Geo Journal, 27: 383-391.

Nishiizumi K, Arnold J R, Kohl C P, et al. 2009. Solar cosmic ray records in lunar rock 64455. Geochimica et Cosmochimica Acta, 73(7): 2163-2176.

Odegard R, Liestol O, Sollid J L. 1988. Periglacial forms related to terrain parameters in Jotunheimen, southern Norway. In: Sennest K. Proceedings 5th International Conference on Permafrost, Trondheim. Trondheim: Tapir Publishers: 59-61.

Ohmura A, Kaser P, Funk M. 1992. Climate at the equilibrium line of glaciers. Journal of Glaciology, 38: 397-411.

Ono Y, Naruse T. 1997. Snowline elevation and eolian dust flux in the Japanese Islands during isotope stages 2 and 4. Quaternary International, 37: 45-54.

Owen-Smith N. 1987. Pleistocene Extinctions: the Pivotal Role of Megaherbivores. Paleobiology, 13: 351-362.

Pedro J B, Bostock H C, Bitz C M, et al. 2016. The spatial extent and dynamics of the Antarctic Cold Reversal. Nature Geoscience, 9: 51-55.

Phillips F M, Argento D C, Balco G, et al. 2016. The CRONUS-Earth Project: A synthesis. Quaternary Geochronology, 31: 119-154.

Porter S C. 2001. Snowline depression in the tropics during the Last Glaciation. Quaternary Science Reviews,

20: 1067-1091.

Raymo M, Ruddiman W. 1992. Tectonic forcing of Late Cenozoic Climate, Nature, 359: 117-122.

Rea B R. 2009. Defining modern day Area-Altitude Balance Ratios (AABRs) and their use in glacier-climate reconstructions. Quaternary Science Reviews, 28: 237-248.

Roberts N, Woodbridge J, Bevan A, et al. 2018. Human responses and non-responses to climatic variations during the last Glacial-Interglacial transition in the eastern Mediterranean. Quaternary Science Reviews, 184: 47-67.

Rowley D B, Currie B S. 2006. Palaeo-altimetry of the late Eocene to Miocene Lunpola basin, central Tibet. Nature, 439: 677-681.

Ruddiman W F, Kutzbach J E. 1989. Forcing of Late Cenozoic Northern Hemisphere climate by plateau uplift in southern Asia and the American West. Journal of Geophysical Research, 94(D15): 18409-18427.

Saha S, Owen L A, Orr E N, et al. 2018. Timing and nature of Holocene glacier advances at the northwestern end of the Himalayan-Tibetan orogen. Quaternary Science Reviews, 187: 177-202.

Sauer C O. 1952. Agricultural Origins and Dispersals. New York: American Geographical Society.

Schwarcz H P. 1994. Current challenges to ESR dating. Quaternary Science Reviews, 13: 601-605.

Seltzer G O. 1994. Climatic interpretation of alpine snowline variations on millennial time scales. Quaternary Research, 41: 154-159.

Sherratt A. 2006. The Trans-Eurasian exchange: the prehistory of Chinese relations with the West. In: Mair V H, Bentley J H, Yang A A. (ed) Contact and Exchange in the Ancient World. Honolulu: Hawaii University Press, 32-53.

Smithson P, Addison K, Atkinson K. 2002. Fundamentals of the physical environment (third edition). London: Routledge.

Spicer R A, Harris N B, Widdowson M, et al. 2003. Constant elevation of southern Tibet over the past 15 million years. Nature, 421: 622-624.

Steffen H, Wu P. 2011, Glacial isostatic adjustment in Fennoscandia—A review of data and modeling. Journal of Geodynamics, 52: 169-204.

Streiff-Becker R. 1947. Glacerization and Glaciation. Journal of Glaciology, 1(2): 63-65.

Stuart A J. 2015. Late Quaternary megafaunal extinctions on the continents: A short review. Geological Journal, 50: 338-363.

Tian F, Cao X, Dallmeyer A, et al. 2017. Biome changes and their inferred climatic drivers in northern and eastern continental Asia at selected times since 40 cal ka BP. Vegetation History and Archaeobotany, 27:365-379.

Vandenberghe J, French H M, Gorbunov A, et al. 2014. The Last Permafrost Maximum (LPM) map of the Northern Hemisphere: permafrost extent and mean annual air temperatures, 25-17 ka BP. Boreas, 43: 652-666.

Voarintsoa N R G, Matero I S O, Railsback L B, et al. 2019. Investigating the 8. 2 ka event in northwestern Madagascar: Insight from data-model comparisons. Quaternary Science Reviews, 204: 172-186.

von Lozinski W. 1912. Die periglaziale fazies der mechanischen Verwitterung. Comptes Rendus, XI Congrès Internationale Géologie, Stockholm, 1910: 1039-1053.

Walker M. 2005. Quaternary Dating Methods. Chichester: John Wiley and Sons Ltd.

Wang C S, Zhao X X, Liu Z F, et al. 2008. Constraints on the early uplift history of the Tibetan Plateau. PNAS, 105: 4987-4992.

Wang T, Wei D, Chang X, et al. 2019. Tianshanbeilu and the Isotopic Millet Road: reviewing the late Neolithic/Bronze Age radiation of human millet consumption from north China to Europe. National

Science Review, 6(5): 1024-1039.

Wanner H, Mercolli L, Grosjean M, et al. 2015. Holocene climate variability and change; a data-based review. Journal of the Geological Society (London), 172: 254-263.

Washburn A L. 1979. Geocryology: a survey of periglacial processes and environments (second edition). London: Edward Arnold.

Williams J W, Shuman B N, WebbIII T, et al. 2004. Late-Quaternary vegetation dynamics in north America: scaling from taxa to biomes. Ecological Monographs, 74:309-334.

Wright H E. 1970. Environmental changes and the origin of agriculture in the near east. BioScience, 20: 210-217.

Xu D K, Lu H Y, Wu N Q, et al. 2013. Asynchronous marine-terrestrial signals of the last deglacial warming in East Asia associated with low- and high-latitude climate changes, PNAS, 110: 9657-9662.

Zachos J, Pagani M, Sloan L, et al. 2001. Trends, rhythms, and aberrations in global climate 65 Ma to present. Science, 292: 686-693.

Zhang C, Wang Y, Li Q, et al. 2012. Diets and environments of late Cenozoic mammals in the Qaidam Basin, Tibetan Plateau: Evidence from stable isotopes. Earth and Planetary Science Letters, 333-334: 70-82.

Zhao Z. 2011. New Archaeobotanic Data for the Study of the Origins of Agriculture in China. Current Anthropology, 52(S4): S295-S306.

Zhou S Z, Wang X L, Wang J, et al. 2006. A preliminary study on timing of the oldest Pleistocene glaciation in Qinghai-Tibetan Plateau, Quaternary International, 154-155: 44-51.

Zhu Z Y, Dennell R, Huang W W, et al. 2018. Hominin occupation of the Chinese loess plateau since about 2.1 million years ago. Nature, 559: 608-612.